豆腐及其制品加工技术

冯 敏 杨 景 编著

化学工业出版社
·北 京·

内容简介

本书简要介绍了豆腐的起源和文化，重点介绍了豆腐的原料特性、加工工艺及设备、质量控制及特色豆腐生产工艺；并介绍了豆腐加工制品——豆腐干、腐竹、豆腐皮、腐乳的原料要求、生产工艺流程、生产设备、产品质量控制、 HACCP 在生产中的应用、特色产品加工工艺；还介绍了豆腐加工创新和副产物的综合利用等内容。

本书内容丰富，理论联系实际，重点突出，文字通俗易懂，具有实用性和可操作性，可作为高等院校农业、轻工业相关专业师生参考书，也可作为广大豆腐加工专业人员生产的指导用书。

图书在版编目 (CIP) 数据

豆腐及其制品加工技术/冯敏，杨景编著. —北京：化学工业出版社， 2022. 9
ISBN 978-7-122-41847-0

Ⅰ. ①豆… Ⅱ. ①冯…②杨… Ⅲ. ①豆制品加工 Ⅳ. ①TS214. 2

中国版本图书馆 CIP 数据核字（2022）第 124736 号

责任编辑：张　彦　　　文字编辑：师明远
责任校对：宋　玮　　　装帧设计：关　飞

出版发行：化学工业出版社
（北京市东城区青年湖南街 13 号　邮政编码 100011）
印　　装：三河市延风印装有限公司
710mm×1000mm　1/16　印张 15½　字数 292 千字
2022 年 10 月北京第 1 版第 1 次印刷

购书咨询：010-64518888
售后服务：010-64518899
网　　址：http://www.cip.com.cn
凡购买本书，如有缺损质量问题，本社销售中心负责调换。

定　　价：69.00 元

前言

两千多年来，豆腐作为价廉物美、营养丰富的食品，被国人称为“民族精华、养生瑰宝”，在国际上被誉为世界级的“营养珍品、植物肉类”。《诗经》中有“中原有菽，庶民采之”的记载；《墨子》中载有“耕稼树艺，多聚菽粟。是以菽粟多，而民足乎食”。秦汉以后，“大豆”一词代替了“菽”字并被广泛应用。汉代《氾胜之书》载“大豆保岁易为”，故自汉代以后，我国大豆的种植面积不断扩大，产量也不断增加。

随着科学技术的不断发展，豆腐及其制品的理论和生产技术都有很多新的突破和应用，本书就豆腐及其制品包括豆腐干、腐竹、豆腐皮、腐乳等从原料选择、生产工艺流程、生产设备、产品质量控制、HACCP 在生产中的应用、特色产品加工工艺等方面把传统技术和新技术相结合做了详细介绍；并对豆腐加工创新包括大豆豆腐、内酯豆腐和非大豆豆腐的加工创新做了介绍，希望能为开发新产品起到抛砖引玉的作用；最后还介绍了副产物的综合利用，包括豆腐渣生产食品、提取蛋白质和膳食纤维等以及黄浆水的利用。

在编写过程中参考了有关豆腐生产的技术专著和近年来研究人员发表的学术论文、行业协会统计结果等，在此一并表示衷心感谢。由于时间和编者水平有限，本书疏漏之处在所难免，敬请批评指正。

编者

2022 年 8 月

目录

第一章　绪　论 / 1

第二章　豆腐的原料及性质 / 4

第三章　豆腐加工技术 / 28

第六章　豆腐皮加工技术 / 122

第七章　腐乳加工技术 / 138

第八章　豆腐加工创新 / 184

第九章　大豆加工副产物的综合利用 / 211

第一章 绪论

一、豆腐的起源和文化

两千多年来，豆腐作为价廉物美、营养丰富的食品，被国人称为“民族精华、养生瑰宝”，在国际上被誉为世界级的“营养珍品、植物肉类”，在东方健康饮食中扮演着重要的角色。对于豆腐的起源，有很多有代表性的观点，最多的是认为豆腐于公元前2世纪由西汉淮南王刘安发明，此观点的著述最多。包括南宋朱熹在其豆腐诗中写道：“种豆豆苗稀，力竭心已腐；早知淮王术，安坐获泉布。”并自注“世传豆腐本乃淮南王术”。元代吴瑞所作《日用本草》一书也提到豆腐之法始于汉淮南王刘安。明代大药理学家李时珍在《本草纲目》卷二十五《谷之四》中注“豆腐之法，始于汉淮南王刘安”；明太祖第十七子朱权所撰《天皇至道太清玉册》中写道：“淮南王得飞腾变化之道，炼五金成宝，化八石为水，得草木制化之理，乃作豆腐。”

豆腐自发明之初，在不断发展的历史过程中，收获了不计其数的名称，如小宰羊、国菜、没骨肉、软玉、大素菜、水欢、水判、水林、甘脂、代付、白字田、白麻肉、灰毛、灰妹、豆乳、豆脯、乳脂、素醍醐、脂酥、菽乳、寒浆、黎祁等，有的是根据它的外形特色，有的是对它的美誉，这不仅丰富了豆腐的内涵，也具有极大的语言魅力。

在豆腐成为人见人爱、家喻户晓美食的同时，一些地方特色的美食也流传着各种美好的传说，如东坡豆腐、麻婆豆腐、西施豆腐、平桥豆腐、文思豆腐、王致和臭豆腐、忠州腐乳、桂林豆腐乳、界首茶干、毕节臭豆腐干等，这些和豆腐有着渊源的传说让豆腐产品更加广为流传，成为地方一绝，既丰富了当地的美食种类，又促进了经济和文化的发展。

由于豆腐在人们生活中的重要性，在几千年的发展中还形成了很多与豆腐相关的习俗，如在我国江苏、浙江、江西等地有正月初一须吃豆腐的习俗，山东、山西有些地区有二月二要吃豆腐的习俗，广东、广西有些地区七月十五、八月十五有吃豆腐的习俗，广西、福建等地有婚嫁吃豆腐的习俗，广东、上海一带还有丧葬吃豆腐的习俗，这些都构成了豆腐丰富的文化元素，代代相传。

自古以来，咏叹豆腐的诗歌宛如一道风景优美的长廊，多少文人墨客借豆腐的特别质地来表达自己的美好节操和高雅品格，达到了物我合一的艺术境界。如《汉乐府歌辞·淮南王篇》、大文豪苏轼的《蜜酒歌·又一首答二犹子与王郎见和》、陆游的《邻曲》、元代悄大雅的《咏豆腐》、宋代朱晞颜的《赋豆腐》等。当代诗人汪曾祺写的《豆腐》堪与古代的任何一首豆腐诗比美，“淮南治丹砂，偶然成豆腐。馨香异兰麝，色白如牛乳。迩来二千年，流传遍州府。南北滋味别，老嫩随点卤。肥鲜宜鱼肉，亦可和菜煮。陈婆重麻辣，蜂窝沸沙盐。食之好颜色，长幼融脏腑。遂令千万民，丰年腹可鼓。多谢种豆人，汗滴其下土。”这首豆腐诗把豆腐的源流、豆腐的特质、豆腐的功用凝练而生动地描写出来，最后两句还表达了诗人对劳动人民的尊重。

二、我国豆腐及产品的加工现状

自2019年初中央一号文件提出“实施大豆振兴计划”，2019年3月15日，农业农村部又印发了《大豆振兴计划实施方案》。受大豆振兴计划政策带动，与2018年相比，2019年我国食品大豆的种植面积、单产及总产量都有所增加。根据国家统计局数据：2019年我国大豆播种面积1.40亿亩（1亩＝666.67m^2），大豆单产129千克/亩，大豆产量181亿千克（1810万吨）。我国每年用于压榨的大豆约8000万吨，95%以上来自进口；我国用于豆制品加工的大豆约1200万～1400万吨，90%以上是国产大豆。2020年我国大豆产量1960万吨，比上年增长8.3%；其中豆制品加工的大豆量约为890万吨，比2019年增长了11%。大豆的产量和加工使用量都有大幅增加。

1. 产品和市场情况

现在我国大豆食品市场供应更加规范，产品质量稳步提高。如江苏、浙江、山东、广东、安徽等地纷纷建立了大豆食品生产基地。

同时，大豆食品新产品在市场上涌现出来，使得我国大豆食品行业的产品结构日趋完善：从直接提供给消费者的各种豆制品，到作为原辅料提供给其他食品行业的豆粉、大豆蛋白质等商用产品；从液态豆浆到固态豆浆粉；从豆腐、百页等传统生鲜食品，到利乐装豆浆、休闲豆腐干等即饮即食类产品，我国大豆食品的种类可谓是丰富多样。

此外，针对高、中、低端市场的不同需求，使得行业细分化也愈加明显。如豆浆产品，涵盖了普通巴氏杀菌豆浆、携带和饮用均十分方便的瓶装豆浆和自立袋豆浆，以及更加美观大方且可以长途运输的利乐装豆浆等。即食、调味类豆制品如休闲豆腐干产品的包装逐渐多样化，近两年还出现了礼盒装豆腐干产品，而即食素肉（膨化豆制品）由于成本投入较小，并保留了大豆食品的营养价值，在农村等低端市场和在校学生中颇受欢迎。

2. 工艺和设备情况

近年来，我国大豆食品的生产工艺技术水平与日本等技术先进国家的差距逐渐缩小，各类豆制品生产均已实现了工业化和规模化。

就加工工艺而言，企业在不断改进工艺的同时，运用 UHT 超高温灭菌、均质工艺、半干法制浆工艺等先进的技术使产品的质量更加稳定。

从加工设备来看，豆制品的生产从头工序的洗豆、泡豆、点浆、凝固到最终的杀菌、包装系统，全部采用计算机自动控制，而且各系统之间的连接也已实现了自动化，不但使豆制品生产工艺实现了流水线标准化控制，提高了豆制品产品的质量安全，同时在很大程度上减少了人为控制对最终产品品质的影响程度，并大幅度减轻了员工的劳动强度，还实现了环保和节能。我国自主研发完全自动化的豆腐生产线已出口到西班牙，通过该条生产线，豆腐生产从大豆浸泡直至装盒-预冷杀菌全部实现自动化操作，一气呵成，无须手工参与。

在传统大豆食品中，豆腐占据了50%的消费份额，是重要的产品类别。全国豆腐生产企业分布比较广泛，南方豆腐企业的发展状况优于北方。近年，休闲豆腐干的产品类型和消费概念已经成形，大大拓宽了豆腐干的市场范围，我国豆腐干的生产量有了明显提高。腐竹富含营养且口感独特，该类产品长期以来深受人们的喜爱。近年来各级地方政府对该市场的有效监管，以及生产企业的安全意识不断提高、自动化程度的加强，规模企业增长迅速，市场占有率开始增大，使得消费者对该类产品的信心大为增强。

第二章 豆腐的原料及性质

第一节 大豆的营养学特性

一、大豆基本知识

我国大豆种植历史悠久，地域广泛，品种丰富，种类齐全。大豆质量标准有国家标准、行业标准（专业标准）、企业标准，一般征购、销售、调拨、储存、加工、出口的商品大豆均执行国家标准。根据大豆种皮颜色，国家标准将其分为4类，见表2-1。根据大豆含杂率程度划分为5个等级，见表2-2。

表2-1 大豆分类

种类特点	名称	种皮特点	子叶颜色
第一类	黄豆	黄色	黄色
第二类	青豆	青色	青皮青仁 青皮黄仁
第三类	黑豆	黑色	黑皮青仁 黑皮黄仁
第四类	杂色豆	褐色、茶色、赤色、 猪眼豆、猫眼豆	杂色

注：1. 青豆和黑豆中混有异色粒的限度为≤5%，其中含有饲料豆的限度为≤1%。

2. 各类大豆中混有异色粒超20%的为杂色豆，杂色豆中含饲料豆的限度为≤2%，超过这一比率则按杂质计算。

表 2-2　大豆质量指标（GB 1352—2009）

等级	完成粒率/%	损伤粒度/%		杂质含量/%	水分含量/%	色泽、气味
		合计	其中:热损伤粒			
1	≥95.0	≤1.0	≤0.2	≤1.0	≤13.0	正常
2	≥90.0	≤2.0	≤0.2			
3	≥85.0	≤3.0	≤0.5			
4	≥80.0	≤5.0	≤1.0			
5	≥75.0	≤8.0	≤3.0			

大豆的一般成分主要是指蛋白质和脂肪。大豆蛋白质的含量因品质、栽培时间和栽培地域不同而不同。一般情况下大豆蛋白质的含量为 35%～45%，也有极个别品种蛋白质含量在 50%以上。大豆籽粒的营养成分见表 2-3。

表 2-3　大豆籽粒及其组成部分的主要成分含量（干基）　　单位:%

成分名称	大豆籽粒	种皮	胚	子叶
粗蛋白质	30～45	8.84	40.76	42.81
粗脂肪	16～24	1.02	11.41	22.83
碳水化合物(包括粗纤维)	20～39	85.88	43.41	29.37
灰分	4.5～5	4.26	4.42	4.99

影响合格品质大豆储存的主要因素为水分、温度和湿度。水分是影响大豆储存品质的最主要因素，水分高于 13%的大豆是不能长时间储存的。不同水分大豆的安全储存期见表 2-4。

表 2-4　不同水分大豆的安全储存期

水分/%	加工用安全储存期	种植用安全储存期	水分/%	加工用安全储存期	种植用安全储存期
10～11	4 年	1 年	13～14	6～9 个月	发芽不良
10～12.5	1～3 年	6 个月	14～15	6 个月	发芽不良

空气中的湿度也是影响大豆储存品质的因素。豆制品加工企业存放大豆多采用室内袋装储存。在湿度高的季节，要定时倒垛、加大通风以防止垛内局部湿度过高而霉变。温度是影响大豆储存的另一个非常重要的因素。大豆水分在低于 13%时，在温度为 5～8℃的环境中可以储存 2 年以上而不会霉变。但在 30℃时，几个星期内就会被霉菌侵蚀，6 个月就会被严重损害。

二、基本化学成分

1. 蛋白质

根据蛋白质的溶解特性，大豆蛋白质可分为非水溶性蛋白质和水溶性蛋白质，水溶性蛋白质占 80%～90%。水溶性蛋白质又分为白蛋白和球蛋白，二者的比例因品种及栽培条件不同而略有差异，一般而言球蛋白占主要比例(85%～90%)。

大豆蛋白质经过等电点沉淀再超速离心分离后，按照分子量大小可以分为 2S、7S、11S 和 15S 四种不同分子量的球蛋白，其中 7S 和 11S 是主要成分，见表 2-5。根据生理功能分类法大豆蛋白质可分为储藏蛋白和生物活性蛋白两类。储藏蛋白是主体，约占总蛋白质的 70%（如 7S 大豆球蛋白、11S 大豆球蛋白等），它与大豆的加工性能关系密切；生物活性蛋白包括胰蛋白酶抑制剂、β-淀粉酶、红细胞凝集素、脂肪氧化酶等，虽然它们在总蛋白质中所占比例不多，但对大豆制品的质量却非常重要。

表 2-5　水抽提大豆蛋白质各超速离心组分数量及成分

组分	占总量比例/%	成分	分子量
2S	15.0	胰蛋白酶抑制剂	8000～21500
		细胞色素 C	12000
		β-淀粉酶	61700
7S	34.0	红细胞凝集素	110000
		脂肪氧化酶	102000
		7S 球蛋白	180000～210000
11S	41.9	11S 球蛋白	350000
15S	9.1	—	600000

大豆蛋白质主要由 18 种氨基酸组成（见表 2-6），其中还包含人体所需的 8 种必需氨基酸，且比例合理。大豆中除蛋氨酸和半胱氨酸含量相对较少外，其他氨基酸含量均达到世界卫生组织推荐的氨基酸需要量水平。由此可见，大豆蛋白质是一种优质的完全蛋白质。大豆蛋白质所含的各种氨基酸中，赖氨酸的含量特别丰富，而赖氨酸是谷物中所缺少的氨基酸，所以营养专家提倡吃谷物食品时配以适当的大豆制品更有益人体的健康。

表 2-6　大豆球蛋白中氨基酸组成　　单位：g/100g 蛋白质

成分名称	含量	成分名称	含量
精氨酸	7.2	亮氨酸①	7.7
组氨酸	2.4	异亮氨酸①	5.4
赖氨酸①	6.3	甘氨酸	4.0
色氨酸①	1.4	丙氨酸	3.3
苯丙氨酸①	4.9	丝氨酸	4.2
缬氨酸①	5.2	酪氨酸	4.0
胱氨酸①	1.8	天冬氨酸	3.7
蛋氨酸①	1.3	谷氨酸	18.4
苏氨酸①	3.9	脯氨酸	5.0

① 为采用酸沉法的蛋白质中氨基酸含量。

2. 脂类

大豆脂类总含量为 21.3%左右，主要包括脂肪、磷脂类、固醇、糖脂和脂蛋白，其中脂肪（豆油）是主要成分，占脂类总量的 88%左右，即大豆含有 18%的优质脂肪。大豆脂肪在常温下呈黄色液体，为半干性油，凝固点－15℃。大豆脂肪以不饱和脂肪酸为主，如油酸、亚油酸、亚麻酸等，约占总脂肪含量的 60%，在酶的作用下水解成脂肪酸和甘油，在人体的消化率高达 97.5%。大豆脂肪中含有大量的亚油酸，它是人体必需脂肪酸，在人体中起着非常重要的生理作用，也有利于阻止胆固醇在血管壁中的沉着，因此经常食用豆制品或大豆脂肪对降低心脑血管疾病的风险是有益的。但是从大豆制品的贮藏加工特性来看，由于不饱和脂肪酸的稳定性较差，易氧化，因此又不利于大豆制品的贮藏与加工。除了脂肪酸和甘油以外，大豆脂肪中还含 1.1%～3.2%的磷脂，其中卵磷脂、脑磷脂和磷脂酰肌醇是大豆磷脂的主要成分。另外，大豆脂肪中还含有不皂化物，包括甾醇等。

3. 碳水化合物

大豆中的碳水化合物含量约为 25%，可分为可溶性与不可溶性两大类。可溶性碳水化合物主要指大豆低聚糖，约占 10%，其中蔗糖占 4.2%～5.7%、水苏糖占 2.7%～4.7%、棉籽糖占 1.1%～1.3%，此外还含有少量的阿拉伯糖、葡萄糖等。不溶性碳水化合物主要包括果胶质、纤维素、半纤维素等不容易被人体消化吸收的物质。

可溶性糖类由于会产生渗透压，可有效提升豆腐的保水性。人体中的消化酶不能分解棉籽糖、水苏糖，因此可增加血糖值。而当它们到达肠道，又可以被肠道中的益生菌利用，促进肠道蠕动，对健康大有益处。大豆中的不溶性碳水化合物也被当作食物纤维，能够增加饱腹感、延长食物在胃内的停留时间，抑制小肠中胆固醇的吸收，在大肠中刺激肠道蠕动，促进排便。

4. 无机盐

大豆中无机盐占大豆总量的4%～4.5%，其种类及含量丰富，主要包含钾、钙、镁、磷等常量元素和铜、碘、钼等微量元素。其中钙含量是大米的40倍，铁含量是大米的10倍，钾含量也很高。钙含量不但较高，而且其生物利用率也较高，与牛奶中的钙相近。

5. 维生素

大豆中的维生素含量较少，而且种类也不全，以水溶性维生素为主，脂溶性维生素少。大豆中含有的脂溶性维生素主要有维生素A、维生素E，维生素E的含量相对较高；水溶性维生素有维生素B_1、维生素B_2、烟酸、维生素B_6、泛酸、抗坏血酸等。

三、活性成分

1. 大豆多肽

大豆多肽又称“肽基大豆蛋白水解物”，是大豆蛋白质经蛋白酶作用后，再经特殊处理而得到的蛋白质水解产物，一般由3～6个氨基酸残基组成。据大量资料报道，大豆多肽具有良好的营养特性，易消化吸收，尤其是某些小分子的肽类，不仅能迅速提供机体能量，同时还具有降低胆固醇、降血压和促进脂肪代谢、抗疲劳、增强人体免疫力、调节人体生理功能等功效。虽然大豆多肽的生产工艺较复杂、成本较高但其具有独特的加工性能，如无蛋白质变性、无豆腥味、易溶于水、流动性保水性好、酸性条件下不产生沉淀、加热不凝固、低抗原性等，这些均为以大豆多肽作原料开发功能性保健食品奠定了坚实基础。

2. 大豆低聚糖

低聚糖又称寡糖。低聚糖与单糖相似，易溶于水，部分糖有甜味，一般由3～9个单糖经糖苷键缩聚而成。大豆低聚糖是大豆中可溶性寡糖的总称，主要成分是水苏糖、棉籽糖和蔗糖，占大豆总碳水化合物的7%～10%。在大豆被加工后，大豆低聚糖含量会有不同程度的减少。

低聚糖是双歧杆菌生长的必需营养物质，双歧杆菌利用低聚糖产生乙酸、乳酸等代谢产物，这些产物可抑制大肠杆菌等有害菌生长繁殖，从而抑制氨气、吲哚、胺类等物质的生成，促进肠道蠕动，防止便秘。

3. 大豆磷脂

大豆磷脂是由卵磷脂、肌醇磷脂、脑磷脂、丝氨酸磷脂等多种物质组成的混合物，含量占全豆的1.6%～2.0%。在大豆磷脂中对人体起主要作用的物质为卵磷脂、脑磷脂和肌醇磷脂。磷脂普遍存在于人体细胞中，是人体细胞膜的组成成分。脑和神经系统、循环系统、血液、肝脏等主要组织和器官的磷脂含量高。随着人们工作压力的增大，导致机体内磷脂流失过多，因此补充磷脂，尤其是卵磷脂、脑磷脂、肌醇磷脂这三种大豆磷脂，对身体健康能起到非常重要的作用。经常摄入大豆磷脂能为大脑神经补充营养，可以起到消除疲劳、激活大脑细胞的作用，帮助人们保持良好的工作状态以及愉悦的心情。而且大豆磷脂不仅能预防人体脂肪肝的形成，还能刺激人体肝细胞的再生，有益于恢复人体的肝功能。

4. 大豆异黄酮

大豆异黄酮是大豆生长过程中形成的次级代谢产物，大豆籽粒中含异黄酮0.05%～0.7%，主要分布在大豆子叶和胚轴中，种皮中极少。大豆异黄酮是多种成分的混合物，分为游离型大豆异黄酮（苷元）和结合型大豆异黄酮（糖苷）。其中游离型大豆异黄酮的含量较少，仅为大豆异黄酮总量的3%左右，主要由染料木素、大豆苷元、黄豆苷元三种成分构成。结合型大豆异黄酮占大豆异黄酮总量的97%左右，主要由染料木苷、大豆苷、黄豆苷以及衍生物组成。大豆苷元拥有较高的生物活性，易被人体吸收；而大豆糖苷则需通过水解反应，变化成苷元状态才能发挥其营养和保健功能。大豆异黄酮特别是大豆苷元具有很强的抗氧化功能，大豆异黄酮还具有雌激素活性，是一种植物雌激素。大豆异黄酮中的染料木素能诱导机体产生性激素结合球蛋白。它是一种抗雌激素物质，在雌激素量够用时，能抑制过剩的雌激素产生，从而起到抑制前列腺癌、乳腺癌细胞生长的作用。

5. 大豆皂苷

大豆皂苷是由皂苷元与糖（或糖酸）缩合形成的一类化合物，是大豆生长中的次生代谢产物，在水溶液中能够持续保持泡沫状态，与肥皂相似，因此又称大豆皂素。它主要存在于大豆胚轴中，较子叶大豆皂苷含量多出5～10倍。大豆皂苷具有溶血作用，过去认为是抗营养因子，且大豆皂苷所具有的不良气味导致豆制品中具有苦涩味，因此在豆制品加工中要求尽可能除去大豆皂苷。但近年来的研究表明：大豆皂苷具有多种有益于人体健康的生物活性，如辅助降糖、抗血栓、调节脂质代谢、免疫调节、抗病毒、抗氧化作用等。

6. 大豆膳食纤维

大豆膳食纤维是大豆中的不溶性碳水化合物，主要成分是非淀粉多糖类，包括纤维素、半纤维素、果胶等。大豆膳食纤维对人体有很多重要的生理功能，主要包括：降低血浆胆固醇水平，从而预防高血压、高血脂、心脏病和动脉硬化，减少冠心病和脑血管等疾病的发生率；改善血糖生成反应，可通过在肠内形成的网状结构，阻碍葡萄糖的扩散，使葡萄糖的吸收减慢，最终起到防治糖尿病的作用；改善大肠功能，缩短食物在大肠中的通过时间，增加粪便量及排便次数，稀释大肠内容物以及为正常存在于大肠内的菌群提供发酵底物。

四、抗营养因子

大豆中存在多种阻碍人体和动物吸收及利用蛋白质或其他营养成分的物质，即抗营养因子，如胰蛋白酶抑制剂、红细胞凝集素、植酸、致甲状腺肿胀因子、抗维生素因子等。目前按照大豆抗营养因子对热敏感性的程度将其分为以下两类：热不稳定性抗营养因子和热稳定性抗营养因子。主要的去除方法包括物理处理法、化学处理法和生物处理法。

1. 热不稳定性抗营养因子

（1）蛋白酶抑制剂　大豆中普遍存在的是胰蛋白酶抑制剂和糜蛋白酶抑制剂，前者起主要作用。

胰蛋白酶抑制剂对豆制品的营养价值影响最大，其本身也是一种大分子蛋白质，能够抑制胰蛋白酶的活性，引起人体摄入蛋白质的消化率下降、营养效价降低、氨基酸比例失调，导致消化不良、食欲下降、生长停滞。胰蛋白酶抑制剂对胰蛋白酶产生抑制作用，可使人体内部器官应激，产生自身调控功能、刺激胰腺分泌活性增加，从而引起甲状腺与胰腺的亢进、增生、肥大。胰蛋白酶抑制剂在大豆中含量一般在5.2%左右，要钝化80%以上才可认为大豆中蛋白质的生理价值比较高，若需要较快地降低其活性则要经过100℃以上的温度处理。大豆中大多数抗营养因子的耐热性均低于胰蛋白酶抑制剂，故在选择加工条件时以破坏胰蛋白酶抑制剂为参照即可。

（2）脂肪氧化酶　脂肪氧化酶可催化具有顺-1,4-戊二烯结构的多元不饱和脂肪酸，生成具有共轭双键的过氧化物。脂肪氧化酶与脂肪反应生成的乙醛会使大豆带上豆腥味，影响大豆的适口性，因此生产时须钝化脂肪氧化酶。脂肪氧化酶的耐热性差，当加热温度高于84℃时，酶就失活。所以加热是钝化脂肪氧化酶的基本方法。

（3）脲酶　脲酶也称尿素酶，属于酰胺酶类。存在于大豆中的脲酶有很高的活性，它可以催化尿素产生二氧化碳和氨气。氨气会加速肠黏膜细胞的老化，从而影响肠道对营养物质的吸收，引起氨中毒。脲酶对热较为敏感，受热容易失活，而且易检测，因而常用来判断大豆受热程度和评估胰蛋白酶抑制剂活性，在实际生产中常以脲酶为检测大豆抗营养因子的一种指示酶。如果脲酶已失活则其他抗营养因子均已失活。

（4）红细胞凝集素　红细胞凝集素是一种可与糖结合的蛋白质，能使动物血液中红细胞凝集，从而抑制人或动物的生长发育。用玻璃试管进行实验发现：大豆中至少含有 4 种蛋白质能够使小白兔和小白鼠的红色血液细胞（红细胞）凝集。红细胞凝集素对酸和热不稳定，能被胃肠道酶消化，加热处理也容易失活。因此，经加热生产的豆制品，红细胞凝集素不会对人体造成不良影响。

2. 热稳定性抗营养因子

（1）致甲状腺肿胀因子　大豆中致甲状腺肿胀因子的主要成分是硫代葡萄糖苷分解产物（异硫氰酸酯）。1934 年国外首次报道大豆膳食可使动物甲状腺肿大。因此，在生产大豆食品如豆奶时可适量添加碘化钾，以改善大豆蛋白质营养品质。

（2）植酸　植酸又称肌醇六磷酸，大豆中含有 1.36％左右的植酸。植酸在大豆中以盐的形式存在，60％的植酸都以植酸钙镁的形式存在，能与食品中的金属元素形成络合物，降低矿物质的吸收。植酸的磷酸根部分可与蛋白质分子形成难溶性的复合物，不仅降低蛋白质的生物效价与消化率，而且影响蛋白质的功能特性。植酸的存在还会降低大豆蛋白质的起泡性。豆制品加工时磨浆前的浸泡可以提高植酸酶活性，分解部分植酸。

第二节　大豆的工艺学特性

一、吸水性

大豆吸水性包括吸水速率、吸水量。一般来说，充分吸水后的大豆质量是吸水前干质量的 2.0～2.2 倍，但是大豆品种不同，吸水量略有差异。影响大豆浸泡时间的主要因素是大豆的品质、水质条件和大豆的储存时间等。在实际生产过程中，受四季温度变化的影响，浸泡时间也应做相应的调整。泡豆的温度不宜过高，如果水温达 30～40℃，大豆的呼吸作用加强，消耗本身的营养成分，相应降低了豆制品的营养成分。理想的水温一般为 15～20℃，在此温度下大豆的呼吸作用弱、酶活性低，水的酸碱度对大豆吸水速率有明显的影响。大豆浸泡水中添加 0.1％～0.5％食用碱，可加快大豆的浸泡时间。

二、起泡性

大豆蛋白质分子结构中既有疏水基团，又有亲水基团，因而具有较强的表面活性。它既能降低油-水界面的张力，呈现一定程度的乳化性，又能降低水-空气界面的张力，呈现一定程度的起泡性。大豆蛋白质分散于水中，形成具有一定黏度的溶胶体。当这种溶胶体受急速机械搅拌时，会有大量的气体混入，形成大量的水-空气界面。溶胶体中的大豆蛋白质分子被吸附到这些界面上来，使界面张力降低，形成大量的泡沫，即被一层液态表面活化的可溶性蛋白质薄膜包裹着的空气-水滴群体。同时由于大豆蛋白质的部分肽链在界面上伸展开来，并通过分子内和分子间肽链的相互作用，形成了二维保护网络，使界面膜被强化，从而促进了泡沫的形成与稳定。

除蛋白质分子结构的内在因素外，一些外在因素也影响其起泡性。溶液中蛋白质浓度较低，黏度较小，则容易搅打，起泡性好，但泡沫稳定性差；反之，蛋白质浓度较高，溶液浓度较大，则不易起泡，但泡沫稳定性好。单从起泡性看，蛋白质浓度为9%时，起泡性最好；而以起泡性和稳定性综合考虑，以蛋白质浓度22%为宜。

pH值也影响大豆蛋白质的起泡性。不同方法水解的蛋白质，其最佳起泡pH值也不同，但总体来说，有利于蛋白质溶解的pH值，大多也都是有利于起泡的pH值，但以偏碱性pH值最为有利。

温度主要是通过对蛋白质在溶液中分布状态的影响来影响起泡性的。温度过高，蛋白质变性，因而不利于起泡；但温度过低，溶液浓度较大，而且吸附速度缓慢，因而也不利于泡沫的形成与稳定。一般来说，大豆蛋白质溶液最佳起泡温度为30℃左右。此外，脂肪的存在对起泡性极为不利，甚至有消泡作用，而蔗糖等能提高溶液黏度的物质，有提高泡沫稳定性的作用。

三、凝胶性

凝胶性是蛋白质形成胶体网状立体结构的性能。大豆蛋白质分散于水中形成胶体，这种胶体在一定条件下可转变为凝胶。凝胶是大豆蛋白质分散在水中的分散体系，具有较高的黏度、可塑性和弹性，它或多或少具有固体的性质。蛋白质形成凝胶后，既是水的载体，也是其他风味物质的载体，因而对食品制造极为有利。

凝胶作用受多种因素影响，如蛋白质的浓度、蛋白质成分、加热温度和时间、pH值、离子浓度和巯基化合物是否存在有关。其中，蛋白质浓度及其成分是决定凝胶能否形成的关键因素。就大豆蛋白质而言，浓度为8%～16%时，加热后冷却即可形成凝胶。有研究表明：当蛋白质的浓度高于8%时，才有可能在加热之后出现较大范围的交联，形成真正的凝胶状态；当蛋白质浓度低于8%时，加热之后，虽能形成交联，但交联的范围较小，只能形成所谓"前凝胶"。而这种"前凝胶"，只有通过pH值或离子强度的调整，才能进一步形成凝胶。当大豆蛋白质浓度相同，而成分不同时，其凝胶特性也有差异。在大豆蛋白质中，只有7S和11S大豆蛋白质才有凝胶性，且11S组分形成凝胶的硬度、组织明显好于7S组分。

无论多大浓度的溶液，加热都是凝胶形成的必要条件。在蛋白质溶液中，蛋白质分子通常呈一种卷曲的紧密结构，其表面被水化膜所包围，因而具有相对的稳定性。由于加热，使蛋白质分子呈舒展状态，原来包埋在卷曲结构内部的疏水基团相对减少。同时，由于蛋白质分子吸收热能，运动加剧，使分子间接触，交联机会增多。随着加热过程的继续，蛋白质分子间通过疏水键和二硫键的结合，形成中间留有孔隙的立体网状结构。此外，由于加热和冷却的温度、时间不同，产生的凝胶结构和性质也不同。一般来说，大豆分离蛋白的浓度为7%时，65℃为凝胶化的临界温度。浓度为8%～14%时，温度70～100℃保持10～30min，则发生凝胶化。如果加热至125℃，则凝胶被破坏。当蛋白质浓度为16%～17%时，所形成的凝胶坚实，且富有弹性，即使过热，也不易破坏。大豆分离蛋白经凝胶化处理后，会产生良好的弹性、可塑性、黏性及保水性。

四、乳化性

乳化性是指两种以上互不相溶的液体（例如油和水），经机械搅拌，形成乳浊液的性能。大豆蛋白质用于食品加工时，聚集于油-水界面，使其表面张力降低，促进乳浊液形成一种保护层，从而可以防止油滴的集结和乳化状态被破坏，提高乳化稳定性。

大豆蛋白质组成不同以及变性与否，其乳化性相差较大。一般来讲，7S组分的乳化性要好于11S组分；大豆分离蛋白的乳化性要明显好于大豆浓缩蛋白，特别是好于溶解度较低的浓缩蛋白。当盐类质量分数为0、pH值为3.0时，大豆分离蛋白乳化能力最强；而当盐类质量分数为1.0%、pH值为5.0时，其乳化能力最差。

五、蒸煮性

大豆吸水后在高温高压下就会变软。碳水化合物含量高的大豆，煮熟后显得较软，含量低的大豆煮熟后的硬度较高。这可能是由于碳水化合物的吸水力较他成分高，因而碳水化合物含量高的大豆在蒸煮过程中水分更易侵入内部，使大豆变软。

六、大豆蛋白质的变性

由于外界物理因素和化学因素的作用，使大豆蛋白质分子的内部结构、理化性质和凝胶性、乳化性、起泡性及保水性等功能性质发生改变的现象称为大豆蛋白质的变性。引起大豆蛋白质变性的物理因素主要有过度加热、剧烈振荡、过分干燥及超声波处理等。引起大豆蛋白质变性的化学因素主要有酸、碱处理，有机溶剂或重金属、巯基乙醇、亚硫酸钠、十二烷基磺酸钠等化学物质的作用。

在以上导致大豆蛋白质变性物理和化学因素的作用下，维持大豆蛋白质分子空间构象的次级键被破坏，其中的二硫键变为巯基，舒展开形成新的构型。这些变性会在偏离大豆蛋白质等电点的酸碱条件下发生，变性后的蛋白质分子带有相同的电荷，会由于同性相斥而不发生沉淀或絮凝。如果这些变化发生在大豆蛋白质等电点的 pH 值范围内，变性后的中性分子因布朗运动会相互碰撞而吸引，发生凝聚而形成絮状物或沉淀物。如果加热或超声处理，可使蛋白质分子间的碰撞加剧，导致蛋白质分子相互聚集而形成凝固物。因此，絮状物及凝固物的形成通常是大豆蛋白质变性作用的直接结果。

1. 大豆蛋白质的热变性

大豆中存在的胰蛋白酶抑制剂、红细胞凝集素、脂肪氧化酶、脲酶等生物活性蛋白质，在热作用下会丧失活性，发生变性。大豆蛋白质加热后，其溶解度会有所降低。降低的程度与加热时间、温度和水蒸气含量有关。在有水蒸气的条件下加热，蛋白质的溶解度就会显著降低。大豆蛋白质中含有 0.01%～0.02%的大豆球蛋白，当大豆蛋白质溶液在适当的 pH 值或盐存在时，会使大豆球蛋白发生溶解，在此浓度下，即使加热也不会使大豆蛋白质形成凝胶。但当在溶液中大豆球蛋白的浓度提高到 0.5%时，在 100℃下加热 5min 后，大豆球蛋白便会形成巨大可溶性凝聚物，其沉降系数可以达到 80～100S。随着时间的延长，这种凝聚物开始减少，形成的不溶性沉淀开始增加。

大豆蛋白质受热变性时，除溶解度发生改变外，其溶液的黏度也发生变化。如豆腐的生产就是预先用大量的水长时间浸泡大豆，使蛋白质溶解于水后，再加热使溶出的大豆蛋白质变性，变性后会发生黏度变化。研究发现，大豆蛋白质的黏度变化主要是 7S 组分起作用，11S 组分几乎无影响。研究证明，大豆蛋白质 7S 和 11S 组分的热变性温度相差较大。如果加热时间充分，7S 组分在 70℃左右就会变性，而 11S 组分变性的温度则高于 90℃。

不同的加热条件引起大豆蛋白质变性的程度也不同。在 70～80℃下加热时，大豆球蛋白会被解离成酸性亚基和碱性亚基，其中的酸性亚基会在高温下聚合成 4S 的可溶性低聚物。在高离子强度下，碱性亚基则会发生聚合形成可溶性聚合物；在低离子强度下，碱性亚基则易生成沉淀。在低离子强度条件下，加热会使 β-伴大豆球蛋白发生解离，而在高离子强度下加热会使其发生凝聚现象。

在加热作用下，大豆蛋白质的二、三、四级结构被破坏，严格的空间排列被打乱，而大豆蛋白质的一级结构未发生变化，这种变性作用称为蛋白质的一次变性，也称为适度变性。在更强烈的加热等变性因素作用下，大豆蛋白质进一步变性，称为二次变性，也叫过度变性。发生一次变性的大豆蛋白质分子，保持其空间构象的弱键断裂，大豆蛋白质的分子形状由球状变为纤维状，肽链松开，蛋白质的表面积增大。这种适度变性使原来位于大豆蛋白质分子内部的一些非极性基团暴露到蛋白质分子表面，成为容易被蛋白酶水解的状态。如大豆蒸煮不够，大豆蛋白质未达到适度变性，蛋白质在加工处理过程中就不容易被很好地分解，因此掌握好大豆的蒸煮条件，使大豆蛋白质发生适度变性在原料预处理中特别重要。

2. 大豆蛋白质的冷冻变性

将大豆蛋白质溶液进行冷冻会使大豆蛋白质失去可溶性，产生冷冻变性。在冻豆腐制作过程中，大豆蛋白质就发生了冷冻变性。如果在冷冻前进行加热处理，发生了热变性的蛋白质冷冻变性速度要大于未热变性的大豆蛋白质。

如果要使大豆蛋白质发生冷冻变性而不溶解，在－5～－1℃的冷冻处理要好于－20℃以下的低温冷冻处理。在－5～－1℃时，大豆溶液中有 10%～20%的水未被冻结，此时的大豆蛋白质被浓缩在未冻结的水中。由于冷冻后部分水的存在促进了大豆蛋白质中的各种化学反应，促进了二硫键以及其他分子间的相互作用，聚合的大豆蛋白质之间间隔较小。－20℃时，全体大豆溶液均被冻结，失去了液态水分，大豆蛋白质分子间不能很好地接近，侧链不能发生相互反应，因而导致大豆蛋白质的冻结聚合性不好。

3. 大豆蛋白质的酸碱变性

随着溶液中 pH 值的变化，大豆蛋白质的溶解性也会发生变化。在极端的酸性和碱性条件下，大分子的大豆蛋白质会解离成小分子的成分，并发生不可逆的蛋白质变性现象。这是由于处在极端的酸性或碱性条件下，大豆蛋白质分子全部带有相同的正电荷或负电荷，导致蛋白质分子相互之间发生静电排斥作用，破坏了大豆蛋白质的高级结构。

当 pH 值在 11.0 以下时，酸沉淀后的蛋白质会产生凝聚反应和水合反应，使得大豆蛋白质溶液的黏度增加，这时通过透析处理可得到未发生变性的大豆蛋白质。当pH值达到11.0～12.0时，大豆蛋白质会发生解离，蛋白质分子被完全分开，露出疏水基，二硫键也被破坏。在透析时，如果大豆蛋白质的浓度较高，会发生蛋白质凝胶化现象，而在低浓度时则不产生蛋白质的凝胶化。当pH值达到12.0时，露出的疏水基和二硫键均被破坏。

值得注意的是：如果要生产理想的大豆蛋白质食品，就必须控制大豆蛋白质的变性。变性后蛋白质的性质会发生一系列变化：①溶解度下降。在大豆蛋白质发生变性时，会由于蛋白质肽链的舒展，蛋白质的疏水基团外露，阻碍了大豆蛋白质分子的溶解，使蛋白质的溶解度下降。②黏度增加。大豆蛋白质变性时，原来紧密的蛋白质分子结构被破坏，使多肽链充分舒展，导致大豆蛋白质分子体积增大。由于大豆蛋白质的分子量没有变化，蛋白质的黏度随大豆蛋白质分子体积的增大而增加。③生物活性丧失。大豆中也含有一些酶类，由于酶是具有生物活性的蛋白质，在蛋白质分子结构被破坏的同时，大豆中酶分子表面的活性部位也被破坏而导致酶的失活。④变性后的蛋白质容易被酶水解。当大豆蛋白质进行变性处理后，其蛋白质分子结构会变得松散和舒展，蛋白质中的肽链暴露，这样蛋白酶分子就可能与之发生作用进而导致大豆蛋白质发生水解。

第三节　辅料

豆制品加工中涉及的辅料品种极为广泛，同一类产品在不同地区加工生产使用的辅料有可能相差很远。各地可因地制宜、就地取材根据饮食习惯、文化差异进行合理选择。以下对主要辅料进行介绍。

一、凝固剂

总体上讲，豆腐生产用的凝固剂可分为：盐类凝固剂、酸类凝固剂、酶类凝固剂和复合凝固剂。目前使用的盐类凝固剂主要有盐卤、石膏等无机盐，其中主要的成分是氯化镁、硫酸镁、氯化钙、硫酸钙和乙酸钙等。

1. 盐类凝固剂

（1）盐卤　传统豆制品生产中应用最广泛的是以含氯化镁为主的两种物质——盐卤和卤片。盐卤是由海水或咸湖水经浓缩、结晶制取食盐后所残留的母液，又称卤水；卤片是由盐卤浓缩成光卤石冷却后除去氯化钾再经浓缩、过滤、冷却、结晶而制得。盐卤为淡黄色液体，味涩、苦，其主要成分为氯化钠（2%～6%）、氯化钾（2%～4%）、氯化镁（15%～19%）、溴化镁（0.2%～0.4%）等；卤片为无色至白色结晶或粉末，无臭、味苦，极易溶于水和乙醇，水溶性呈中性。盐卤优点是豆腐香气和口味都比较好；缺点是蛋白质凝固速度快，蛋白质的网状结构容易收缩，制品保水性差，一般适合于制老豆腐、豆腐干、干豆腐等含水量比较低的产品。由于产地、批次不同，盐卤的成分差异较大，大致使用范围：100kg 大豆用 2～5kg，具体盐卤点浆时 18.5°Bé 的豆浆，盐卤相对豆浆最适用量为 0.7%～1.2%，如以纯氯化镁计其最适用量为 0.13%～0.22%。

（2）石膏　石膏是一种主要成分是硫酸钙（$CaSO_4$）的矿产品，由于结晶水含量不同，又分为生石膏（$CaSO_4 \cdot 2H_2O$）、半熟石（$CaSO_4 \cdot H_2O$）、熟石膏（$CaSO_4 \cdot 1/2H_2O$）及过熟石膏（$CaSO_4$）。对豆浆的凝固作用以生石膏最快，熟石膏较慢，而过熟石膏则几乎不起作用。生石膏作为凝固剂，制得的豆腐弹性好，但由于凝固速度太快，生产中不易掌握，因此实际生产中基本都是采用熟石膏。

熟石膏微溶于甘油，难溶于水，不溶于乙醇。由于硫酸钙的溶解度低，做豆腐时对蛋白质的凝固性较缓和，故能制成保水性好、光滑、细嫩、有弹性的豆腐，用于老、嫩豆腐均可。缺点是凝固时间长，不均匀凝固时，豆腐呈上嫩下老的情况，因此使用石膏多用冲浆法，而盐卤一般采用点浆法。石膏用量一般为 100kg 大豆 2.2～2.8kg 较为适宜，其析出黄浆水的 pH 值为 5.6～5.9，在这种条件下加工的豆腐弹性好。点浆法：即把需要加入的石膏和少量的熟浆放在同一容器中，然后把其余的熟浆同时冲入上述容器中，即可凝固成脑。使用石膏作凝固剂，豆浆的温度不能太高，在 85℃左右较为适宜，否则豆腐会发硬。

市售的石膏有粉状和块状两种。石膏粉是经过焙烧和研磨加工过的熟石膏，可直接使用。石膏块属生石膏，应先经过焙烧和研磨制成粉后再使用。生石膏结晶体稍大，有纹路；熟石膏为白色的，细小的结晶体。石膏块的焙烧和研磨工艺如下：先将生石膏破碎成 0.5～1.0kg 的小块，在 120～180℃的条件下焙烧，石膏的纹路应顺着火势堆放，且不宜堆得太高太多（不能高于 500℃）；时间也不能太长，一般需焙烧 24～72h，否则转变成无水的过熟石膏就不能用了。同样，如焙烧程度不够，外熟里生，生熟混合也不好使用。另外，石膏焙烧后，应刷去灰尘，放置 20d 后再研磨成粉比较好用。

由于石膏不易溶于水，如果直接撒在豆浆中难于起凝固作用，结果会大部分沉淀在盛豆浆缸的底部，而缸面上的豆浆由于蛋白质没有凝固仍为浊液，所以石膏块需制成石膏浆水后才能作为凝固剂使用。

制石膏浆的工艺如下：取经过焙烧的熟石膏0.5kg，放置在碾钵内，先用碾杆将石膏略加粉碎，然后加水0.5kg，大致像薄粥那样稀薄，不能太干。因为太干了，经碾后便成僵膏，成为废品，即使再加水，也无用。接着用碾杆在碾钵里做圆旋形的碾磨，同时陆续添水1.5～2kg，待石膏呈细腻浓稠状后，再加水约2kg，继续搅拌，使水和石膏浆均匀混合。待片刻，颗粒较粗的石膏往下沉淀，尚有粒子细微的石膏悬浮于水中，呈乳白色，即可使用。也有文献报道利用醋酸钙或氯化钙可以代替石膏点浆，用法与石膏完全一样，用量约为石膏的一半。使用醋酸钙或氯化钙作为凝固剂，蛋白质凝固率高，制得的豆腐洁白细腻、无酸涩味、光泽好，出品率可比传统石膏提高1/4～1/3。

除传统盐类凝固剂外，其他盐类在工业中也有研究，如王艳等利用乳酸钙作为豆腐凝固剂，其最佳应用参数为：乳酸钙添加量0.2%（以豆浆体积计），豆浆浓度1∶6(干豆/水＝1∶6，质量分数)，点浆温度30℃，凝固温度90℃，凝固时间30min。吴超义等以氯化镁为凝固剂、谷氨酰胺转氨酶为助凝剂，采用复合超微粉碎技术，制备全豆盐卤充填豆腐，并探究了该豆腐凝胶形成过程中的质构特性与流变特性。结果表明：在氯化镁浓度为0.4%(质量分数)、谷氨酰胺转氨酶浓度为7U/g(蛋白质）时全豆盐卤充填豆腐成形完好，凝胶强度最大达到221g，是传统内酯充填豆腐的2.2倍，保水率比传统内酯充填豆腐略小（70%）。钱丽颖等针对豆腐凝固剂$MgCl_2$在点浆过程中反应过快的缺点制备了油包水型$MgCl_2$乳化液，以降低$MgCl_2$在豆浆中的分散速度，提高豆腐的细腻度。结果表明，与以$MgCl_2$水溶液作为凝固剂相比，用$MgCl_2$乳化液为凝固剂，豆腐在凝固过程中豆浆黏度在30min内缓慢上升，所制得的豆腐与市售卤水豆腐相比，风味相似，但光滑细腻度更好；与内酯豆腐相比，其风味更佳。

2. 酸类凝固剂

酸类凝固剂主要有乙酸、乳酸、葡萄糖酸-δ-内酯和柠檬酸等有机酸，除葡萄糖酸-δ-内酯外，其他酸类在生产中采用较少。

（1）葡萄糖酸-δ-内酯　葡萄糖酸-δ-内酯（简称GDL)，新配制1%水溶液的pH值为3.5，是一种新型的酸类凝固剂。始发于美国和日本，目前国内已有厂家生产。葡萄糖酸-δ-内酯是一种白色结晶物，易溶于水（60g/100mL)，稍溶于乙醇，几乎不溶于乙醚。在水中缓慢水解形成葡萄糖酸，其水解速度可因温度或溶液的pH值而有所不同，温度越高或pH值越高水解速度越快。

葡萄糖酸-δ-内酯适合于做原浆豆腐。用作凝固剂时，相对豆浆的最适用量为0.25%～0.26%，盒装内酯豆腐的生产方法是将煮沸的豆浆冷却到40℃以下然后加入葡萄糖酸-δ-内酯。糖酸内酯用封口机装盒密封隔水加热至80℃保持15min即可凝固成豆腐。内酯的特点是在水溶液中能缓慢水解，使pH值降低，对蛋白质凝固起到很好的作用。盒装内酯豆腐具有质地细腻、洁白细嫩、滑嫩可口、保水性好、防腐性好、保存期长、无传统用水或用石膏点的豆腐所具有的苦涩味且食用较方便等优点。同时对霉菌和一般细菌有抑制作用，一般在夏季放置2～3天不变质。其缺点是豆腐稍带酸味。利用葡萄糖酸-δ-内酯点浆工艺简便、便于操作和连续化生产，省去了笨重的压榨工序（包括翻板、铺布等），节省了劳动力，适宜于夏季生产，延长了保藏时间；豆腐质地细嫩、有光泽、清洁卫生、销售方便。故在含水量较少、韧性较强的豆腐干、百叶等通过二次加工而制成时要使用传统的酸类凝固剂。

（2）酸浆 酸浆是以传统工艺制作豆腐过程中的副产物——豆腐黄浆水为原料经微生物发酵后得到的一种豆腐凝固剂。近年来，我国的科研人员在这方面进行了研究并取得了一定的成果。吕博等以豆腐黄浆水为原料，通过保加利亚乳杆菌和嗜热链球菌共同发酵制备有机酸豆腐凝固剂。与其他方法相比，具有凝固剂中乳酸含量高、改善豆腐凝固剂功能性、同时提高了豆腐中蛋白质含量的优点，不足之处是操作较费时。张影等对豆腐黄浆水制备酸浆作为凝固剂也进行了研究，结果证明，豆腐黄浆水在42℃时发酵30～35h，得到pH值3.3～3.5的酸浆。用酸浆凝固剂制作的豆腐风味独特，豆腐感官性能和力学性能均优于市售卤水豆腐，加工性好。

（3）其他酸类凝固剂 除了葡萄糖酸-δ-内酯，其他酸类凝固剂也可以有效地凝固豆乳，如乳酸、乙酸、琥珀酸和酒石酸，作为单一凝固剂时的最佳添加量，分别为原料大豆的1.0%、1.4%、0.6%、0.6%；用1.0%乳酸制成豆腐的品质优于其他酸。用复合凝固剂做出的豆腐在感官、得率和保水性方面优于用单一凝固剂，复合凝固剂的最佳组合为0.40%乳酸、0.26%乙酸、0.12%琥珀酸、0.10%酒石酸与0.02%抗坏血酸。王岩东等在研究凝固剂种类和豆腐品质之间关系的实验中，得出当使用m(GDL)∶m(石膏)∶m(氯化镁）为5∶3∶2的比例配出的复合凝固剂制作豆腐时，制作的豆腐在出品率、保水性、蛋白质含量、内部结构和风味等方面都优于单一种类的凝固剂。王璐等利用山楂中的酸性成分作为新型豆腐凝固剂也进行了研究，凝固剂的最优添加条件为每100mL豆浆0.25g，豆浆豆水比（质量体积分数）为1∶9、点浆温度为60℃，在此条件下制备的豆腐保水性较好，产品得率较高。王学辉等对于利用沙棘果汁作为酸类凝固剂用于豆腐生产也有报道，生产出的豆腐和传统的石膏豆腐相比，营养价值显著提高，特别是维生素C含量高。

3. 酶类凝固剂

酶类凝固剂是指能使大豆蛋白质凝固的酶，在我国传统豆腐加工过程中使用较少。凝固酶广泛存在于动植物组织及微生物中，包括酸性、中性、碱性三种蛋白酶。如胰蛋白酶、菠萝蛋白酶、无花果蛋白酶、木瓜蛋白酶、微生物谷氨酰胺转氨酶（TG酶）等。酶促豆腐与普通豆腐相比，在香味、黏弹性和细腻度方面都有明显的优势。酶促豆腐虽然在外观上、制作方法上同内酯豆腐较为相似，但在质构上，它比内酯豆腐更具有弹性，且不易松散。由于没有添加传统方法中使用的凝固剂，酶促豆腐不会有涩味、酸味等不良滋味，并且还带有豆浆的香味。

有关TG酶的研究比较多，张涛等在豆浆中蛋白质浓度为9%的条件下，TG酶的添加量0.8U/g蛋白质，离子强度0.3、pH 7.0时，在50℃下加热1.5h时凝胶强度为148.6g，并且具有良好的感官品质。秦三敏研究用TG酶制作豆腐时最适的条件是：时间3h，温度45℃，酶用量80U/50mL豆浆。王君立等通过研究表明：酶反应温度控制在37℃时，制得的豆腐凝胶硬度最佳；最适pH值范围为6.38左右。另外王君立等还研究了微生物转谷氨酰胺酶豆腐凝胶质构的性质，结果表明：随酶浓度增加，以熟豆浆（95℃、5min）为原料制得豆腐的硬度和胶性增加，且在80U/100mL豆浆后趋于平衡；而热处理和酶浓度对TG豆腐的反弹性和内聚性没有显著影响。

4. 复合凝固剂

复合凝固剂就是人为地用两种或两种以上的成分加工成的凝固剂。这些凝固剂都是随着生产工业化、机械化、自动化的进程而产生的，它们与传统的凝固剂相比都有独特之处。不仅可以克服单一凝固剂的缺点，而且还可使产品的硬度增强，风味口感更佳，保持了豆腐光滑细腻的原有质地。复配的方式有多种，如盐与盐、盐与酶、盐与酸、酶与酸及食用胶、盐与酶及酸，还有利用W/O、W/O/W型乳液的缓释性制备新型凝固剂，利用天然的食品成分制备复合凝固剂以及利用乳酸菌发酵等。许多研究表明，用葡萄糖酸-δ-内酯与石膏按质量比为2∶1复配；2.5%硫酸钙与0.4%柠檬酸复配及1.5%的乳酸钙与2%葡萄糖酸-δ-内酯复配；葡萄糖酸-δ-内酯、石膏与氯化镁按5∶3∶2比例复配；葡萄糖酸-δ-内酯、乙酸钙、氯化镁按2∶1∶1比例复配；0.40%乳酸、0.26%乙酸、0.12%琥珀酸、0.10%酒石酸及0.02%抗坏血酸复配时，制得的豆腐在感官、得率及质构特性等方面都有明显的改善。

二、消泡剂

在豆腐的生产加工中，由于大豆蛋白质本身的起泡性和成膜性，在磨浆、煮浆、分离等加工过程中，由于水变成蒸汽鼓起蛋白质而形成大量的泡沫，它是蛋白质溶液形成的膜，把气体包在里面。由于蛋白质膜表面张力大，很难被里边的气体膨胀而把泡沫冲破，如果泡沫过多，会携带着豆浆液溢流出容器，特别是煮浆时，由于大量泡沫翻起，会造成假沸腾现象，点浆时必须将泡沫去掉，否则会影响凝固质量。泡沫不仅严重影响生产加工中的得率和质量，同时给工厂的环境和排污过程也造成了很大的危害。所以，从小作坊到大企业的生产，每天都会使用大量的消泡剂来消除各个环节所产生的泡沫。目前所使用的消泡剂主要有以下几种。

1. 油脚

油脚是炸过食品的废油，含杂质较多，色泽暗黑，不卫生，但价格便宜，小型手工作坊会使用这种消泡剂，但在工业化生产中很少使用。

2. 油角膏

油角膏为油脂厂的下脚料，油脚或植物油加氢氧化钙（比例为 10∶1）经搅拌混匀、发酵成稀膏，使用量为豆浆的 1.0%。

3. 硅有机树脂

硅有机树脂是近年来发展使用的一种消泡剂。它是由硅脂、乳化剂、防水剂和稠化剂等材料制作而成，具有表面张力小、消泡能力强、用量少、成本低、热稳定性好、化学性质稳定、应用范围广等优点。硅有机树脂有两种类型，即油剂型和乳剂型，在豆腐及豆制品生产中适用水溶性能好的乳剂型。硅有机树脂的允许使用量为十万分之五，即 1kg 食品中允许使用 0.05g，使用时可预先将规定量的消泡剂加入大豆的磨碎中使其充分分散，以达到消泡的目的。生产中也可使用复合消泡剂，如以二甲基硅油、气相法二氧化硅为原料，并加入一定量的聚醚改性硅油，用 Span-Tween（二者最佳比例为 1∶1，其最佳用量为 1.5%～2.0%）作为乳化剂，制得了新型 PESO/PDMS（聚醚改性硅油/聚二甲基硅氧烷）复合乳剂型有机硅消泡剂，它消泡效力强，以及不管在酸性、碱性还是中性条件下都有优良的消泡性能，而且无毒无害，因而可以广泛应用。消泡剂的复合，一方面可以提高消泡剂的消泡效果；另一方面可以提高消泡剂的使用效价比，因此复合型消泡剂的研制对豆腐加工中的消泡作用具有重要意义。

4. 脂肪酸甘油酯

脂肪酸甘油酯分为蒸馏品（纯度 90%以上）和未蒸馏品（纯度为 40%～50%），是一种表面活性剂，效果不如硅有机树脂，但对改善豆腐品质有利。蒸馏品的使用量为 1.0%，使用时均匀地加在豆糊中，一起加热即可。

5. 乳化硅油

乳化硅油是硅油经乳化而成的其活性组分是聚硅氧烷甲基化的聚合物。乳化硅油为乳白色、黏稠液体，几乎无臭，相对密度为 0.98～1.02，不溶于水、甲醇、乙醇，但可分散于水中，能溶于苯、甲苯、汽油等芳香族碳氢化合物和脂肪族碳氢化合物以及氯化碳氢化合物（如四氯化碳等）。化学性质稳定，不易挥发，不易燃烧，对金属无腐蚀，久置于空气中也不易胶化。乳化硅油是一种表面张力小且消泡能力很强的亲油性表面活性剂，其用量也较少，所以是一种良好的食品消泡剂。根据《食品安全国家标准 食品添加剂使用标准》（GB 2760—2014）规定消泡剂用于发酵工艺最大使用量为0.2g/kg，用于消除豆浆中的细微气泡其用量为1.0g/kg。

6. 山梨糖醇

山梨糖醇（D-山梨糖醇）为甜味剂，近年来发现其具有良好的消泡作用，故在《食品安全国家标准 食品添加剂使用标准》（GB 2760—2014）中扩大为允许使用的食品消泡剂。山梨糖醇具有良好的消泡能力且无毒性对食品无影响。按《食品安全国家标准 食品添加剂使用标准》（GB 2760—2014）扩大使用品种范围规定：其用作消泡剂时可用于豆制品、制糖、酿造，使用量按正常生产需要适量使用。

7. 酸化油

酸化油也称氧化铀，使脂肪氧化后酸性增加，其主要有效成分是磷酸。磷酸是一种乳化剂，有消泡作用。

消泡剂是一种酸性物质，使用过量会对豆浆起酸化作用，影响其风味，经加热会使豆腐水分增加、硬度下降、弹性差，因此在使用过程中，只要能使泡沫消失即可。

三、防腐剂

豆腐含有丰富的蛋白质、脂肪、糖类和水分，是微生物生长的理想条件，因此豆腐容易在微生物侵染下腐败变质，导致气味酸臭、色泽异常、表面发黏等现象发生。防腐剂可以抑制微生物的活动生长和繁殖，杀死食品中的有害微生物，以此来防止食品保鲜中如发酵、变质和腐败等化学过程。豆腐生产中使用的防腐剂主要是苯甲酸及其钾盐、山梨酸及其钾盐，此外也会使用2,3-丙烯酸、甘油酯和甘氨酸等其他一些具有抗菌效果的食品添加剂。

使用防腐剂时必须严格按照《食品安全国家标准 食品添加剂使用标准》（GB 2760—2014）规定的种类和剂量添加。微量有效地防止豆制品腐败变质，除了选择适当的防腐剂之外，还需注意发挥加工工艺、包装材料、贮运条件等的综合防腐作用。

1. 山梨酸及其钾盐

山梨酸是大多数国家使用最多的防腐剂。它对霉菌、酵母菌和好气性细菌的生长发育起抑制作用，随pH值增大防腐效果减小。山梨酸适宜的pH值范围比苯甲酸更广，适宜于 pH 值在 5.5 以下的食品防腐，pH 值为 8 时丧失防腐作用。山梨酸及其山梨酸钾适宜 pH 值在 5 以下的范围内使用。山梨酸钾具有很强的抑制腐败菌和霉菌的作用，其毒性远低于其他防腐剂，已成为广泛使用的防腐剂。

2. 乳酸链球菌素

乳酸链球菌素（nisin）又称作尼辛、尼生素。目前有 50 多个国家和地区批准乳酸链球菌素可以作为一种纯天然食品防腐剂使用。乳酸链球菌素是某些乳酸链球菌产生的一种多肽类物质，由 34 个氨基酸组成，其中碱性氨基酸含量高，因此带正电荷。人体能消化代谢，无任何毒性，可视同天然物，为白色或略带黄色的易流动粉末，略带咸味。在水中的溶解度随 pH 值的下降而提高，pH 值为 2.5 时溶解度为 12%，pH 值为 5.0 时溶解度为 4%。在一般水中（pH 值为 7.0）的溶解度约为 49.0g/L。当水中的 pH 值>7 时，几乎不溶解。由于含有乳蛋白，其中溶液呈轻微的混浊状；其耐酸、耐热性优良，可以降低食品的热处理强度。

乳酸链球菌素的抗菌谱比较窄，它只能杀死或抑制革兰氏阳性菌，如肉毒杆菌、金黄色葡萄球菌、溶血链球菌及李斯特菌的生长和繁殖，尤其对产生孢子的革兰氏阳性菌和枯草芽孢杆菌及嗜热脂肪芽孢杆菌等有很强的抑制作用。乳酸链球菌素使用前应先将其溶解，用蒸馏水或冷开水配成 5%～6%的水悬液，再加入食品中充分混合均匀。因乳酸链球菌素的溶解度随 pH 值的降低而增加，故可以用 pH 值为 4 左右的稀柠檬酸或稀醋酸溶液进行溶解。

因为乳酸链球菌素的添加量只有食品总量的万分之几，所以和食品均匀混合是操作的关键。通常在巴氏消毒乳、高温灭菌乳、豆乳、酸乳、罐头食品中使用纯品乳酸链球菌素，它的效价是 1000IU/mg。乳酸链球菌素主要用于蛋白质含量高的食品防腐，如肉类、豆制品类，不能用于蛋白质含量低的食品中，否则反而被微生物作为氮源利用。

四、质量改良剂

使用磷酸盐类能使豆腐在脱水后有一定的保水性，偶尔也用于调节产品的 pH 值。甘氨酸合剂也是一种质量改良剂。细菌纤维素主要是由木葡萄糖醋酸杆菌经液态含糖基质发酵合成的一类纤维素，可作为增稠剂、胶体填充剂、固体食品成形剂等重要食品基料，用于改善食品品质、增强食品营养功能而广泛应用于食品工业。张燕燕等将细菌纤维素作为一种膳食纤维应用到传统豆腐加工中，结果表明：当细菌纤维素添加量为 3.0g/100mL 时，豆腐品质特性较好。豆腐凝胶强度为 181g，失水率为 17.2%，与未添加细菌纤维素豆腐样品相比，凝胶强度无显著变化，但失水率降低了9.5%。试验的结论：添加细菌纤维素的豆腐质地细腻光滑，有弹性，无明显粗糙感，其膳食纤维含量得到进一步强化。

在非大豆豆腐生产过程中可利用黄原胶作为豆腐的质量改良剂，丁保淼等以魔芋葡甘聚糖（KGM）为主要原料，黄原胶为改良剂，利用复配胶的协同增效作用，制备高品质的复配胶魔芋豆腐。以弹性、强度、保水性为指标，研究了复配比、总胶浓度、碱含量（Na_2CO_3）、搅拌时间及盐浓度等工艺条件对复配胶魔芋豆腐品质的影响，得到了最优制备工艺。实验结果表明，由于协同增效作用黄原胶的加入大大改善了魔芋胶的性质。制备复配胶魔芋豆腐的最优工艺条件为：魔芋葡甘聚糖/黄原胶复配比为5∶1(质量分数)、总胶浓度3%、Na_2CO_3的添加量为5%、搅拌时间为90min、KCl浓度为0.6%，黄原胶可以作为一种有效的改良剂用于提高魔芋豆腐的品质。

五、天然着色剂

食用天然着色剂主要从植物组织中提取，也包括来自动物和微生物的一些色素品种。它们的色素含量和稳定性等一般不及人工合成品。人们认为其安全感比合成色素高，尤其是来自水果、蔬菜等食物的天然色素。近年来各国许可使用的天然着色剂品种和用量均在不断增加。用蔬菜直接进行升华干燥并粉碎后制成的天然有色蔬菜粉如菠菜叶粉、甜菜块粉、红辣椒粉等，既保持了天然蔬菜的鲜艳色泽又保持了其原有的各种成分。天然着色剂为新型豆制品提供了营养、色泽与风味。以下介绍几种食用天然着色剂。

1. 红曲米

红曲米是我国的传统产品，主要成分为红曲色素。红曲米性温、味甘、无毒，有健脾、活血的功能，在李时珍的《本草纲目》中早有记述。它是一种优良的可食用天然色素，在中国、日本等亚洲国家已有上千年的使用历史，还具有抗炎、抗菌、降胆固醇等功效。红曲米是以籼米为主要原料，经过红曲霉菌发酵而成的。红曲米传统制造的工艺如下：籼米浸泡40～60min，使其吸水60%～65%，淘洗净沥干放入锅内蒸50min。晾待温度降到40～45℃，接入红曲米种子（接种量为0.5%～1.0%），再加入醋酸1.0%、水10%，搅拌均匀，分装于曲盘中，保温培养，控制温度和湿度。通过翻曲使品温不得超过40℃，保持5d。将曲装入干净麻袋，浸在净水中，使其充分吸水并使米粒中的菌丝破碎。沥干水分重新放入曲盘中制曲，这期间注意品温不超过40℃，并及时翻曲，保湿米粒，渐变红色，7～8d成品外观呈紫红色，干燥12～14h，以便保存。

红曲米为碎粒或不规则形状的碎米，外表呈深紫红色或紫红色；轻脆断面，为粉红色；无虫及霉变，微酸，气味淡。易溶于氯仿，呈红色；溶于热水及酸、碱稳定，耐热、耐光性强，对氧化还原作用也稳定，不受金属离子的影响。

根据《食品安全国家标准 食品添加剂使用标准》（GB 2760—2014）规定根据生产需要适量使用，可以用于配制酒、糖果、熟肉制品、腐乳、雪糕、冰棍、饼干、果冻、膨化食品等。风味乳饮料中最大用量为 0.8g/kg，腐乳参考用量为 20g/kg。红曲霉生长时，分泌大量红曲色素，制造红腐乳就是利用红曲米的红曲色素，在后熟期间把豆腐坯表面染成红色，加快腐乳发酵的成熟期。

2. 叶绿素铜钠盐

叶绿素广泛存在于绿色植物中，现在多用丙酮等抽提出植物（如菠菜）叶绿素，再使之与硫酸铜或氯化铜作用，由铜取代叶绿素中的镁，再将其用氢氧化钠溶液皂化制成膏状或进一步制成粉末。因用膏状叶绿素铜钠盐制成的食品有异味，故以生产粉末状为主。它为墨绿色粉末，有金属光泽，有氨样臭气。易溶于水，水溶液呈蓝绿色，透明物沉淀 1%，水溶液 pH 值为 9.5～10.2。略溶于乙醇和氯仿、几乎不溶于石油醚。在 pH 值高于 6.5（并有钙离子存在）时会有沉淀析出，耐光性比叶绿素强。叶绿素铜钠盐用作食品绿色色素和脱臭剂。根据《食品安全国家标准 食品添加剂使用标准》（GB 2760—2014），规定用于青豌豆罐头、冰激凌、冰棍、糕点上彩妆、雪糕、饼干最大使用量为 0.5g/kg。

3. 红辣椒

用溶剂萃取辣椒，然后除去溶剂，得到油溶性粗制品——辣椒油树脂，再用仅能使辣椒素溶解而不溶解辣椒色素的溶剂，分离除去辣椒素，经减压浓缩得到辣椒色素。如果需要除去辣椒中的橙色素，则可通过物理与化学相结合的方法，得到较纯的辣椒红素。纯的辣椒红素为有光泽的深红色针状结晶。作为一般的辣椒红素，为具有特殊气味的深红色黏性油状液体，几乎不溶于水，可溶于大多数非挥发性油，部分溶于乙醇不溶于甘油，耐热性较好，遇 Fe^{3+}、Cu^{2+}、Co^{2+} 等可促使褪色，遇 Pb^{2+} 形成沉淀。根据《食品安全国家标准 食品添加剂使用标准》（GB 2760—2014）规定罐头、糕点上彩妆、饼干、冰棍、冰激凌、雪糕、糖果、酱料中均根据正常生产适用量使用。本品不耐光照，特别是 285nm 波长光使之迅速褪色，因此应尽量避光保存。

4. 可可壳

可可壳由梧桐科植物可可树果实的种子（可可豆）及外皮制取。皮为原料色素，含量为 2.7%～3.5%。可可豆经发酵、焙炒，其中属于黄酮类的物质如儿茶酸、百花色素、花色苷等，经复杂的氧化或缩合、聚合反应形成多酚，用温碱液抽提可溶性色素，除去弱酸性的黏质多糖类杂质，中和后喷雾干燥而成。

六、其他辅料

1. 水

豆制品的生产需用大量的水，水质必须符合食用标准。凡是符合卫生标准能供饮用的水，如自来水、深井水及清洁的江、河、湖水等均可使用。水中均含有钙盐和镁盐，但含量不能过多。含有钙盐和镁盐较多的水叫硬水，含量少的叫软水。

钙盐以氧化钙（CaO）表示，镁盐以氧化镁（MgO）表示。硬度是表示水中含有多少氧化钙和氧化镁的单位。水中含有氧化钙和氧化镁的总量即为总硬度。化验水中氧化钙和氧化镁的含量，即可计算水的总硬度。我国将水的硬度分为五等，分别为极软水、软水、稍软水、硬水、极硬水。

大豆在浸泡、磨碎和过滤过程中需大量用水，各类豆制品中的含水量分别为40%～90%，水质的好坏直接关系到大豆蛋白质的溶解、提取和产品的质量及卫生，因此生产中使用的水必须符合食用标准，凡是可以作为饮用的水，如自来水、井水或清洁的溪水等，都适用于生产，只是不同硬度的水对豆腐、豆制品的质地、弹性有较大影响，同时对蛋白质提取率、产品出品率有一定的影响。不同水用于制作豆腐的出品率比较见表 2-7。

表 2-7　不同水用于制作豆腐的出品率比较

水质	豆浆中的蛋白质/%	出品率/%	水质	豆浆中的蛋白质/%	出品率/%
软水	3.71	45.0	含钙 300mg/kg 硬水	2.49	26.5
纯水	3.65	47.5	含镁 300mg/kg 硬水	2.00	21.5
井水	3.40	30.0			

能否做出好的豆腐并且有较高的出品率，主要原因之一是有好的水。我国有些地区做出的豆腐剖面像砖头，主要是水质不好。由表 2-8 可以看出，纯水最好，但是成本太高不适用于生产。要根据当地资源情况，尽量选择硬度较低的水制作豆制品。

2. 乳化剂

豆制品乳化剂是能改善乳化体中各种成分相互之间的表面张力，形成均匀分散乳化体的物质。乳化剂能稳定豆制品的物理状态，改进豆制品组织结构，简化豆制品加工过程，改善豆制品的风味，提高豆制品的质量，延长豆制品货架期等。

豆制品乳化剂主要有以下功能：增加蛋白质的润滑作用，增强豆制品的流动性以便于操作；促进均匀分散，改善产品的稳定性。

第三章 豆腐加工技术

第一节 豆腐加工工艺

一、原料要求

1. 大豆的基本要求

随着人们物质生活水平的提高，对豆制品的质量要求也在不断提高，大豆原料一般参照国家标准，但也有行业的特殊要求。

(1) 对大豆种皮颜色的选择　大豆由于品种不同，栽培地区也不同，其种皮有多种颜色，有黄色、黄白色、黑色、青色、褐色5种主要颜色。豆制品生产原料以黄色、黄白色大豆为最好，其他各色大豆一般不作为豆制品生产原料，因为种皮色会直接影响到产品的颜色，改变豆腐洁白细嫩或豆制品淡黄的基本色。现在随着对新产品创新的要求，市场上也有追求特色而使用其他颜色的大豆生产豆制品，但其总产量市场份额不大。

(2) 对大豆成分含量的选择　豆制品生产过程中，从原料中提取的主要是蛋白质，其次是脂肪。选原料要看其蛋白质（粗蛋白质）的含量高低，同时要进一步检测其可溶性蛋白质的比率，有些品种虽然蛋白质（粗蛋白质）含量不低，但可溶性蛋白质含量低，这样的品种也不适于制作豆制品，因为豆制品生产多为湿法生产，不溶于水的蛋白质会随豆腐渣跑掉。目前，工业化生产豆制品选择蛋白质（粗蛋白质）含量≥34%，可溶性蛋白质的含量≥24%的大豆。

对于脂肪成分一般要求不严格，但选用脱脂豆饼、豆粕制作的豆制品质量就与选用大豆直接生产的豆制品完全不一样了。虽然脱脂大豆含蛋白质比率高，但含脂肪很低，制作出的产品无光泽、无弹力、口感差、颜色发红。豆制品生产虽然对脂肪成分没有过高的要求，但脂肪对于产品质量作用很大，因而脱脂豆饼、豆粕不适于制作某些豆制品。

（3）对大豆混合率和含杂率的选择　国际上对大豆的混合率规定：黄豆中混有异色粒限度为≤3%，其中混有黑色大豆≤1%，如果超过这一比率即是杂色豆，制作豆制品一般不选择杂色豆。含杂率是国标划分大豆等级的重要指标之一。根据含杂率等各项指标，国标把大豆共分五级，从一级到五级，生产豆制品一般选择一～三级。三级含杂率≤1.0%。另外，大豆不完善粒超标，也不能作为豆制品生产原料。不完善粒包括：未熟粒、虫蚀粒、破损粒、霉变粒、病斑粒、生芽长大粒、冻粒。不完善粒一般是通过外观检查能够直接发现的，出现以上严重超标的不完善粒，就不能作为豆制品生产原料使用。

（4）对大豆水分含量的选择　从大豆储藏的角度，国标规定了其水分含量应在13%以下。因大豆本身是在不停地进行生理活动，它是一个有生命的有机体。大豆籽粒中存在各种酶，水分高于13%时，酶活性增强，会催化大豆籽粒发生较强呼吸作用，出现酶活反应，使其营养物质损失或转化。

在豆制品生产中，大豆不宜长时间储存，一般在工厂内存放5～7d。所以对于水分的要求有所放宽，在15%以下。各地收购大豆时，国标规定东北、华北大豆水分≤13%，其他地区≤14%，在收购季节，大豆的水分一般超过这一比率，如果长时间储存，还需要进一步降低水分。如果在收购过程中遇到雨淋、水泡，一般粮食部门要求：在60～70℃的条件下烘干，以降低水分、防止霉变。但这种烘干豆不能用于加工某些豆制品，因为烘干过程中会发生蛋白质部分变性，如果用于豆制品生产，将影响产品质量和蛋白质提取率。

2. 大豆的储存保管

（1）大豆储管原则　如果大豆从国有粮库进货，因为粮库有较为完善的进出保管制度和良好的设备设施，各方面指标都比较有保证，生产企业原料一般不需要长时间的储存，储存量也是根据生产规模的大小、进货的难易程度、资金周转等多方面因素来确定。多数企业周期存量为7～15d的生产使用量。企业的库房要求干燥、通风、宽敞，并且备有调节温度与湿度的设备及测定仪器。同时库房要便于卸料，并与生产车间距离最近。此外，原料码垛必须要隔墙、离地，注意通风，防止粮堆中心温度升高，引起大豆的水蒸气转移，局部湿度不断增高，使大豆变质。且严格遵循原料的“先进先出”原则，每垛挂牌标明进货日期、数量、品种，码垛一定要划分区域，一批原料为一个大区域，大区域中又分为几个小垛堆，小垛堆之间留通道。原料库房要设置防鼠设施，库门口要设置防鼠挡板，库内设置鼠夹。目前，还有比较先进的电子驱鼠器等。采取周边环境的灭虫措施，不使用防虫药物以保证原料安全。另外，每批大豆除了做各项指标检验外，还必须注意其破碎程度。如果大豆破碎严重则应尽快使用，如果必须储存就要筛除不完善粒后再储存。

（2）储管过程控制　影响合格品质大豆储存的主要因素为水分、温度和湿度。水分的影响和控制前文有述。

温度是影响大豆储存的另一个非常重要的因素，整颗大豆中，真菌的生长繁殖和大豆自身的化学变化（如氧化）都随着温度的升高而加快。昆虫生长和繁殖的最佳温度在27～35℃，低于16℃则不适于昆虫的生长。在60℃以上时，大多数昆虫在10min内就会被杀死。温度也影响霉菌的生长。大豆水分在14%～14.3%时，在温度为5～8℃的环境中可以储存2年以上而不会霉变。但在30℃时，几个星期内就会被霉菌侵蚀，6个月就会被严重损害。

大豆是吸湿物质，当其周围的空气湿度大时就会吸收水分。其吸水率和失水率与其储存的方式有直接关系，袋装储存具有自行通风降温的特性，所以豆制品加工企业存放大豆多采用室内袋装储存。在储存过程中要注意环境的湿度，在湿度高的季节，要定时倒垛，加大通风，以防止垛内局部湿度过高而霉变。

二、生产工艺流程

豆腐类生产工艺流程见图3-1。

三、操作及要求

1. 北豆腐工艺操作要求

北豆腐的特点是使用盐卤作为凝固剂，豆腐香甜、硬度高，可凉拌、煎、炸、炒。其工艺操作要求如下：

（1）豆浆调整　经过煮沸的豆浆温度为95～98℃，北豆腐点浆豆浆浓度为7.5～8°Bé，所以先要对豆浆进行调整。调节温度和浓度的办法是通过加冷水降温调节，同时控制加水量以保证豆浆的浓度，使得豆浆pH值6.5左右，点浆温度78～80℃。

（2）凝固剂调配　北豆腐点浆所需要的凝固剂（卤水）浓度10～11°Bé，在东北较寒冷地区，使用的卤水浓度为14～15°Bé；南方地区和北方夏季环境温度较高时，可适当降低卤水浓度。卤水使用前要将卤块、卤粉或卤片加水稀释，配制成浓度适合的液体，才能均匀溶解分散在豆浆中，使蛋白质凝固均匀，盐卤的用量为原料的4%左右。

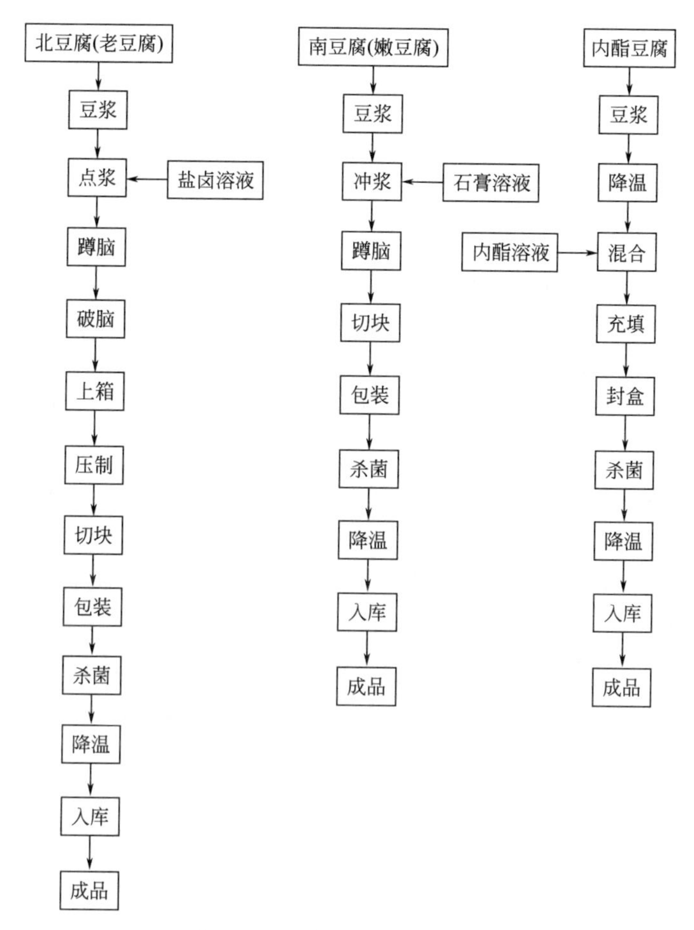

图 3-1　豆腐类生产工艺流程

(3) 点浆　在热豆浆中加入凝固剂后，能产生大量的电解质碱金属中性盐，可以改变豆浆中的 pH 值，使它达到大豆蛋白质的等电点，使蛋白质凝固。点浆操作一般有两类方式：机械点浆和手工点浆。机械点浆是用机器控制豆浆量和凝固剂添加量，自动旋转进行点浆，是机械化程度较高的流水作业。目前只是有实力的企业拥有这种机器，实现机械化点浆操作，而普通企业目前还沿用传统工艺手工点浆。手工点浆是豆制品生产行业较为广泛使用的操作方法。一种操作手法是一手握装有卤水的舀子或点卤水壶，另一手持点浆勺，点浆勺在浆面划动，使浆水自下至上翻动，卤水缓缓流入浆内至点浆完成。另一种方法是操作时，一手握装有卤水的舀子或点卤水壶，另一手持特制的不锈钢耙，点浆时用耙先在浆内底部 1/3 部位进行上、下搅拌，使浆水自下至上翻滚。缸内出现脑花 50%时，卤水流量相应减小；脑花出现 80%时停止下卤。

(4) 蹲脑　豆浆在点浆后，大豆蛋白质受凝固剂作用，使豆浆的溶胶转变为豆腐脑的凝胶，在这个过程中，豆浆中的蛋白质由分散逐渐交联成链状，又由链状交叉结成网状组织，这一过程完毕，凝固物定形，在行业内称为蹲脑。蹲脑时间一般控制在20～25min，如果蹲脑时间短，黄浆水呈白色或乳白色，蛋白质没有完全变成凝胶；如果蹲脑时间长，豆腐脑温度降低，影响压榨效果，使出品率降低。蹲脑时要防止震动或用工具触动。豆腐脑未成形的网状结构经破坏，就会使包含在蛋白质中的水分大量溢出，在缸面上会出现脑花沉淀而使黄浆水增多，使产品出品率降低，产品的质量受到影响。

（5）破脑　破脑是在蹲脑15min后对豆腐脑适当破碎，以排出一部分黄浆水，适当降低蛋白质的保水性，提高豆腐的硬度，为压制工序创造条件。破脑是根据产品的水分要求而进行的，水分要求高的产品就不能破脑，北豆腐是轻微破脑的产品。

（6）上箱压制　手工制作北豆腐，一般都用木制大型箱，机械生产线都用不锈钢小型箱，不论采用什么方式都要将缸、桶内的豆腐脑倒入型箱内，行业上称为上箱。上箱时间要求短，不再过分破坏豆腐脑。箱内豆腐脑薄厚一致，不留空角。上箱后封好豆包布，加上压盖，就可以进行压制了。压制是使豆腐脑内部分散的蛋白质凝胶，更好地接近黏合。在一定的温度下，蛋白质具有黏合性，通过加压使豆腐内部组织紧密。同时通过豆包布排出豆腐脑内部多余的黄浆水，使豆腐成形，表面形成韧性较大的“表皮”。一般压制时间在15～18min，在这一过程中要逐渐加压，不能过急或压力过大，如果过急或压力过大，表面较早形成韧性表皮，豆腐脑内部的一部分黄浆水排不出来，会在豆腐内形成大小水泡或气泡，影响产品质量。目前所用的压制设备较多有手动千斤顶、电压榨、液压榨、气动压制设备，并有生产线配套的压制机，不论使用什么设备，操作都要符合工艺要求，才能压制出质量好的豆腐。

（7）切块装盒　不论使用大型箱还是小型箱，都要将压制好的豆腐切成适于销售的小块，并装入包装盒或包装袋内，密封之后进入下一工序。手工制作豆腐，因型箱较大，切块之后要加冷水降温，提高豆腐的硬度，使人拣豆腐时不烫手。将小块豆腐装入塑料包装内，适量加入净水，送入专用包装机封膜。豆腐盒封好后进行巴氏杀菌。散装即销豆腐不用装盒与杀菌。机械自动切块装盒设备是生产线配套的专用设备，用小型箱，豆腐压制后，揭掉包布翻倒到托板上，送入切块水槽内，机械自动完成切块装盒工作。装好豆腐的包装盒进入封膜包装机封膜，再进行巴氏杀菌。

（8）杀菌冷却　杀菌冷却和前面的装盒工艺环节是豆腐实现包装化之后增加的新工艺过程。杀菌的方式是巴氏杀菌，杀菌温度80～85℃，杀菌时间40～45min。目前杀菌设备很多，与豆腐生产线相配套的是杀菌冷却槽，分为上下两层，一套传送机构，盒豆腐在上层加热杀菌到下层冷却降温。设备配备蒸汽源用于加热，配备循环冷却水用于降温。

（9）入库　盒装北豆腐在杀菌冷却槽杀菌，并降低产品温度到8℃以下后，直接输送到冷藏库存放。由于盒装豆腐是采用常温灭菌工艺，需要在冷藏库储藏。冷藏库温度为1～8℃，盒装豆腐入库温度应在8℃以下。产品经过冷却后必须快速入库，否则受环境温度影响，产品温度会快速回升。产品输送需要冷藏车，到商店销售需要在冷风幕柜内摆放销售。

2. 南豆腐工艺操作要求

南豆腐的特点是用石膏作为凝固剂，产品质地细嫩、保水性强。其工艺操作要求如下：

（1）豆浆　制作南豆腐一般采取冲浆方法点浆，凝固剂为石膏，豆浆浓度12～13°Bé，豆浆浓度比较高，冲浆时豆浆温度在85℃左右，煮沸后的豆浆流到冲浆容器内时，其温度基本符合冲浆要求。

（2）凝固剂调配　石膏的用量为原料的3.5%左右。石膏配制一般是临时配制，根据点浆容器的豆浆量按原料的3.5%称好石膏粉，放入小桶内，按1∶4加入清水，加水后充分搅拌，另备一个过滤网或用密包布将溶解后的石膏液进行过滤，滤出石膏粉渣子后，将石膏液倒入冲浆容器内进行冲浆。

（3）冲浆　豆腐脑凝固的原理与北豆腐是相同的，不同之处是豆浆的浓度高于北豆腐。用石膏进行点浆多用冲浆法，也有用石膏液进行点浆操作的。

① 冲浆法。取定量石膏溶液放在点浆容器内，将定量热豆浆倒入点浆容器内，然后静止不动即完成冲浆过程。

② 点浆法。用石膏为凝固剂点浆，其方法与使用盐卤凝固剂点浆基本相同，所不同的是在操作时比用盐卤凝固剂点浆快、时间短，如先把热豆浆倒入点浆容器内，再用浆勺一面搅动豆浆旋转，一面加石膏液，加完石膏液后，用浆勺阻挡豆浆旋转，使之停止。石膏凝固缓慢，但凝固效果好，豆腐脑组织结构细密均匀、保水性强，一般制作卤制品类，适合用石膏点浆。

（4）蹲脑　制作南豆腐蹲脑时间为15～18min，蹲脑中间不再破脑，这是与制作北豆腐的不同之处。蹲脑的容器要有保温设施，机械化生产南豆腐，蹲脑在保温隧道内进行。如果豆腐脑温度降得太低会影响成形，降低产品质量。

（5）包块压制（手工做法）

① 包块。过去制作南豆腐都是手工包块，包块前准备好一个碗口直径为12cm的小碗，并准备28cm×28cm的豆包布数块，小勺一把。先将小块豆包布摊在小碗口上并把中心部分压入碗底，用小勺将豆腐脑舀入小碗，先把豆包布的两角对齐，然后分别压好，再将另外两角压好，拿出来反向放在木板上准备压制。

② 压制。压制是在50cm×50cm×2cm的方木板，板上码放好南豆腐块，第一板码满后再放一空板继续码放，靠自身重量逐渐加压，码到第8板时压制时

间在18min以上压在下面的一板已经压成，倒板把压好的南豆腐打开包布放入装净水的容器中，经过两次换清水即可送到商店销售。

（6）切块装盒（机械化生产） 南豆腐使用机械化生产的，冲浆是在数个不锈钢小型箱内进行的，它在冲浆之后蹲脑，不再进行压制、排黄浆水，而是直接切块装盒。因为不再压制排黄浆水，所以豆浆的浓度要比手工制作的南豆腐高出1～2°Bé。

（7）杀菌冷却 进入杀菌冷却工序之后与北豆腐的生产工艺相同，使用的设备也一样。

（8）入库 盒装南豆腐在杀菌冷却槽杀菌并降低产品温度到8℃以下，直接输送到冷藏库存放。盒装南豆腐的储藏、运输、销售与盒装北豆腐相同。

3. 内酯豆腐工艺操作要求

内酯豆腐是近些年发展起来的新型豆腐产品，其特点是采用葡萄糖酸-δ-内酯作为凝固剂，无须压制，豆腐保水性强，适用于机械化生产。其工艺操作要求如下：

（1）豆浆降温 首先把经过煮沸、温度为98℃的热豆浆，降至30℃以下，送入下道工序。其降温方法大多使用板式热交换器进行，豆浆浓度调配为12°Bé。

（2）凝固剂调配 葡萄糖酸-δ-内酯为白色结晶物，易溶于水，环境温度、湿度对其都有影响，要注意使用前的存放保护。使用时按100∶3（原料∶凝固剂干粉），加水搅拌成溶液，加水量为1∶8（干粉∶水），储存在凝固剂存放桶内，桶内有搅拌器使用时不停地搅拌，使液体浓度保持一致。

（3）混合 混合即是内酯豆腐的点浆过程，点浆前要把葡萄糖酸-δ-内酯粉溶解成葡萄糖酸-δ-内酯液体，然后混合在低温豆浆中，混合均匀后，把豆浆混合物输送到储存罐内暂时储存，储存罐要有冷却条件，以保持混合豆浆温度在30℃以下，一般使用有保温条件的冷热缸，需要时通过输送泵送到充填包装机，进行充填包装。葡萄糖酸-δ-内酯凝固剂与豆浆混合后，不能长时间存放，要在30min内使用、加工完毕。葡萄糖酸-δ-内酯与蛋白质混合后的豆浆温度小于30℃，葡萄糖酸-δ-内酯与豆浆不产生反应，温度超过35℃时，豆浆才开始出现细微的絮凝现象。

（4）充填、封盒 选用专用的盒包装机，混合豆浆经过包装机自动填充到包装盒内，封好膜进入下道工序。此时状态仍然是液态，蛋白质和凝固剂也没发生任何反应。

（5）杀菌冷却 经过充填包装的混合豆浆包装在塑料盒内，进入杀菌冷却工序。杀菌冷却工序由一台专用设备完成。内酯豆腐杀菌的作用比其他豆腐杀菌多了一层含义。装了混合豆浆的密封盒，进入杀菌槽内是逐渐升温的，当混合豆浆温度高于30℃时，凝固剂与蛋白质开始发生反应；当温度升到65℃时反应强烈；

温度升到80℃时，豆浆已完全凝固，形成保水性好的嫩豆腐。行业上称为“升温成形”工艺阶段。内酯豆腐在杀菌槽中继续行走，在80℃以上温度保持一段时间后，进入冷却水槽降温，完成杀菌冷却过程。豆浆在加热成形的过程中，温度和时间要有明确的要求。温度越高、时间越长，凝固反应的速度越快，凝固越紧密，保水性将会明显下降，内部组织结构将会出现类似蜂窝状的析水现象。

（6）入库　盒装内酯豆腐完成杀菌冷却过程后，送入冷藏库存放4～5h，由冷藏车送到商店，在冷风幕柜中销售。内酯豆腐需在1～8℃低温条件下保存，可以存放7d不变质。

第二节　豆腐的生产设备

一、原料处理及输送设备

原料清理设备是豆制品生产的第一道工序设备，这些设备与粮食存储和加工所用设备相近或相同。

在大豆的清理过程中要经过几道不同类型的清理过程，从一个过程到另一个过程有可能选用原料水平输送或垂直输送。当需要垂直输送时使用比较普遍的是提升机，特别是皮带斗式提升机。

1. 斗式提升机

（1）斗式提升机特点　斗式提升机占地面积小，输送量大，机器结构简单，而且维护方便，维修费用低。存在的缺点是输送水分低于14%的原料会产生一些破碎粒。

（2）斗式提升机工作原理　该设备是利用垂直环形运转的平皮带，带动皮带上的料斗，当料斗运转到提升机底部时，料斗装满原料，运转到上部，利用支撑滚筒转动的离心力，将原料从料斗内抛出，经出料口流出，达到垂直输送的目的。提升机的平皮带在一个密封性能较好的垂直套内运转，以防止粉尘和原料外扬而破坏环境。在选择皮带斗式提升机时，要根据输送高度、输送产量、输送内容、环境条件综合考虑，确定设备的具体技术要求。

（3）主要结构　斗式提升机主要组成：头部、底部、中部、电机及传动部分、皮带及料斗。

头部是提升机主动滚筒安装部位，也是出料部位，电机和变速机构一般安装在机头部位。主滚筒直径根据提升机容量、皮带宽度、卸料需要速度选择。滚筒加工成鼓形，以防止皮带运转时跑偏。卸料口是在滚筒横向中心线以下，能使抛出的物料基本上从出料口流出。卸料口的位置如图 3-2 所示。斗式提升机结构简图如图 3-3 所示。

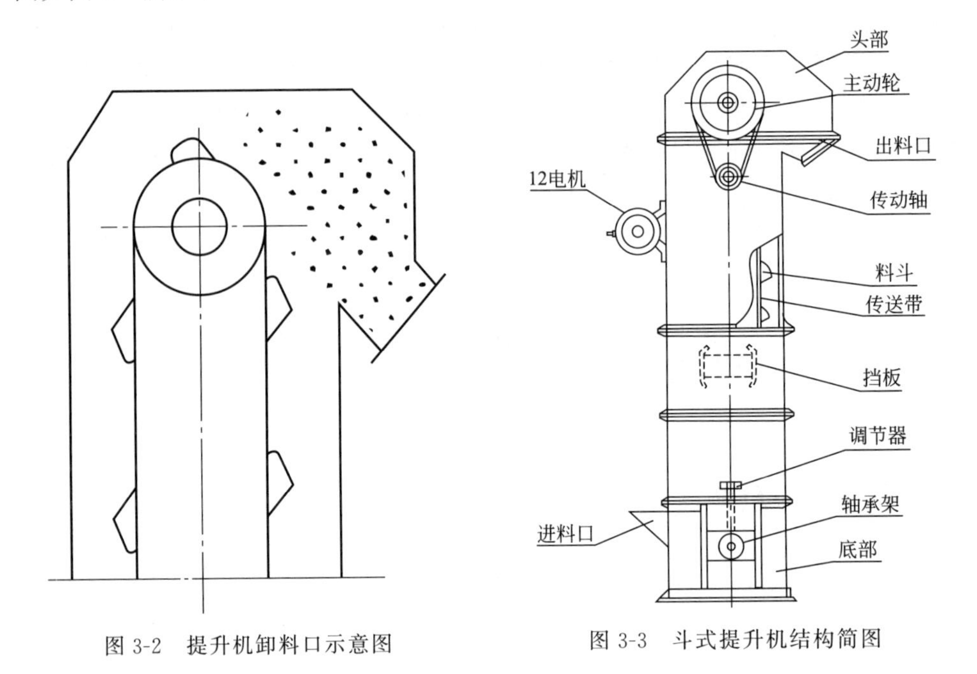

图 3-2　提升机卸料口示意图

图 3-3　斗式提升机结构简图

底部是提升机的基础，主要由被动滚筒、进料口、机座、张紧调节机构和外套组成。被动滚筒和主动滚筒直径一样，但是固定方式不同，被动滚筒是弹力固定，对皮带有一定的张紧力，而且可以调节皮带的松紧。进料口一般安装在被动滚筒中心线以上 20cm 处，进料角度在 30°左右。进料口形式如图 3-4 所示。

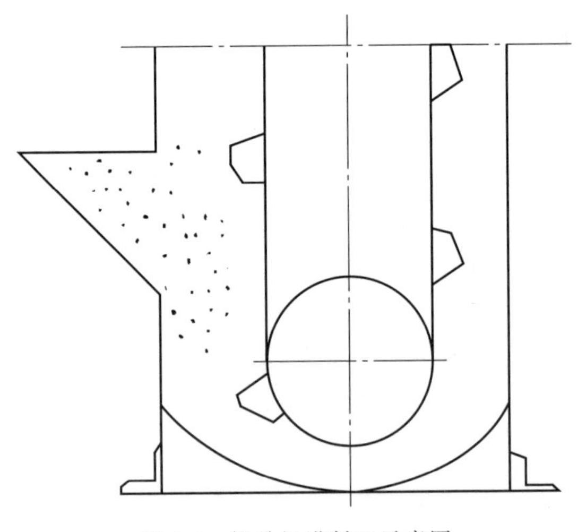

图 3-4　提升机进料口示意图

中部是提升机外套部分，根据检修的需要设置一定的检修孔，以便检修时接皮带、换料斗等。提升机外套如果是单套，中间要加隔板，防止皮带有大的颤动。电机及传动部分是提升机的动力源，当提升机需要较大动力时，采用齿轮减速箱变速；动力小时可以皮带二级变速。

皮带和料斗要配合选用，皮带必须用挂胶皮带，皮带宽度一般比料斗宽 3～4cm。料斗用平机螺钉固定在皮带上，料斗大致有 3 种形式：深斗、浅斗及尖角斗。根据所输送物料不同、产量不同选择其中一种形式。输送黄豆产量不大时选择浅斗比较适合，浅斗形式如图 3-5 所示。

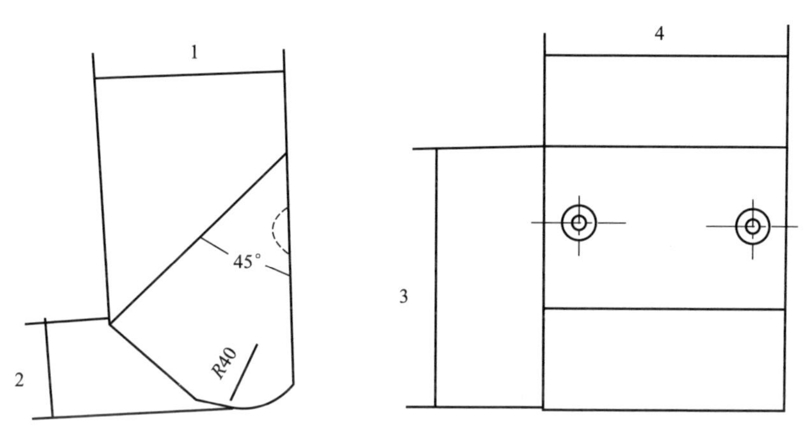

图 3-5　浅斗形式

1—伸距；2—深度；3—高度；4—宽度

2. 螺旋式输送机

螺旋式输送机可用于垂直输送或水平输送。在豆制品生产中废料、豆腐渣多采用螺旋式输送机。

(1) 螺旋式输送机特点　这种设备具有制造简单、安装方便，对密度比较轻的粉状及有一定黏度的物料输送，有其独特的优点。目前行业选用比较广泛的有两类，一类是旋片式螺旋输送机，另一类是弹簧式螺旋输送机（主要用于粉、片类物料及干饲料等）。该设备形状如图 3-6 所示。

图 3-6　螺旋式输送机

(2) 螺旋式输送机工作原理　该设备是利用在输送槽内一根旋转的主轴，主轴上按一定间距和角度焊接旋片，旋片随主轴旋转，将物料向前推进。在垂直输送时，物料向上运动，其进料口要不断供给物料，如供料不足，会使推出去的物料下滑。该设备缺点是，输送机停止后料管内积存物料多，不易清除干净。如工艺要求不能积存物料，则不适用。螺旋式输送机结构简图如图3-7所示。

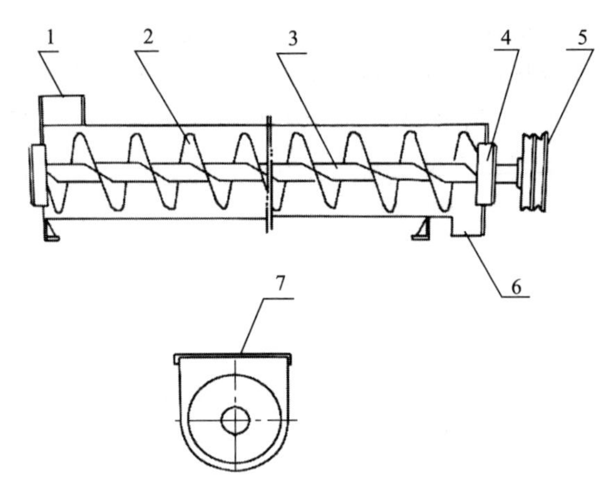

图3-7 螺旋式输送机结构简图

1—进料口；2—螺旋片；3—螺旋轴；4—轴承盒；5—皮带轮；6—出料口；7—上盖

(3) 主要结构　螺旋式输送机主要由外套、螺旋片、螺旋轴、传动轮、调速电机联轴器传动或电机和变速箱组成。外套形式有圆筒式和U形槽式两种。干原料的输送可以用圆筒式，湿原料因为随时需要清洗，所以采用U形槽式比较适宜。两种外套都可以用2mm的铁板制作。螺旋是由轴和螺旋片焊接而成，轴一般用铁管两端加焊轴头，螺旋片的直径是根据螺距、螺旋内外直径决定的，做成单片然后焊接在一起。螺旋方向分左旋、右旋两种。螺旋线有单线、双线、多线几种，可根据实际需要选择。

3. 带式输送机

带式输送机是很多行业广泛采用的水平式倾斜方向（低高度提升）的物料输送设备，可输送块状、颗粒、袋式包装物等。

(1) 带式输送机特点　带式输送机是有挠性牵引构件运输机构中的一种类型，它的工作范围广泛，输送距离长，生产效率高，所需动力不大，结构简单可靠，使用方便，检修容易，无噪声，能够在全机身中任何地方装料或卸料。主要缺点是：不密闭，输送粉状物料时易飞扬。带式输送机如图3-8所示。

(2) 带式输送机工作原理　带式输送机主要是靠机架及托辊驱动滚筒，带动环形平橡胶带转动，环形带上层水平方向前行，其行进速度在0.02～4.00m/s。物料通过料斗或直接放在环形带上随带一起前行。当带转到滚筒处，改变方向，将物料送出，达到向一个固定点输送物料的目的。带式输送机结构简图如图3-9所示。

图 3-8　带式输送机

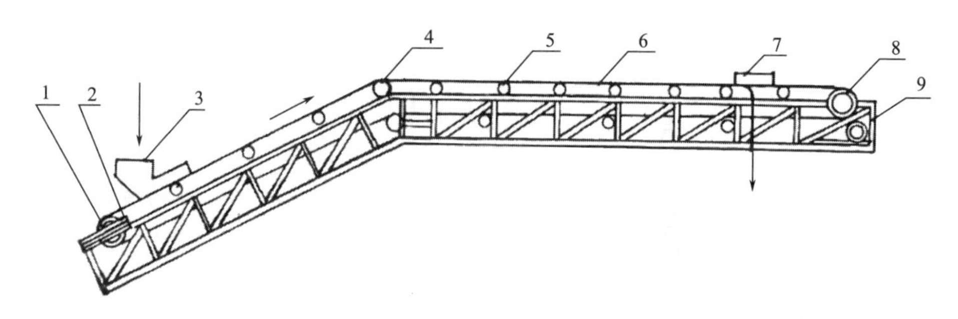

图 3-9　带式输送机结构简图

1—活动滚轴；2—调节装置；3—装料漏斗；4—改向滚筒；5—支撑滚柱；6—环形带；7—卸料装置；8—驱动滚筒；9—驱动轴

（3）主要结构　带式输送机主要由封闭的环形带、驱动滚筒、改向滚筒、张紧滚筒、卸料装置、支撑滚柱、装料漏斗、电机组成。

① 输送带。目前常用的有橡胶带、各种纤维编织带、钢带及网状钢丝带，还有塑料带，其中最普遍的是橡胶带。对传送带的要求是强度高、韧性好、本身质量轻、拉伸率低、吸水性小，对分层现象的抵抗性能好、耐磨性高。

② 托辊。托辊的作用是支撑输送带和上面的物料平稳运行。托辊分上托辊（即载运托辊）和下托辊（即空载托辊）两种，上托辊有平型（一个固定支架和一个辊柱）和槽型（一个固定支架和三个或五个辊柱）之分，空载段的下托辊用平型的。平型和槽型的托辊总长度应该比带宽 100～200mm。托辊的间距和直径与带宽及运送物料的情况有关，当物品为大于 20kg 的成件物品时，间距不要大于物料在输送方向长度的 1/2，以保证物料至少支撑在两个托辊上，通常取 0.4～0.5 m。物料比较轻时，托辊间距取 1～2 m。对于较长的橡胶带输送机，为了防止皮带跑偏，每隔若干组托辊装一个调整托辊，这种托辊横向可以摆动，

两边有挡滚，以防止皮带脱出。

③ 驱动装置。驱动装置是由电机、减速器和驱动滚筒组成，在倾斜式输送机上还配有制动装置和（或）急停装置。驱动滚筒通常是用钢板焊接而成，为了防止打滑，增加滚筒和皮带之间摩擦力，可以在滚筒表面镶嵌木板或皮革、橡胶等，滚筒做成鼓形，能自动纠正胶带跑偏。

④张紧装置。使用带式输送机，由于输送带具有一定的延伸率，在拉力作用下，本身会伸长，增加的长度需要得到补偿，否则滚筒和皮带就会打滑，甚至无法正常运转。常用的张紧装置有重锤式和螺旋式两种。

4. L 形埋刮板输送机

在直接输送散装物料时，短距离可以采用带式输送机或螺旋式输送机，但水平输送和垂直输送由一台设备完成，且要求密封，无粉尘外扬，其他输送设备就很难达到要求。而 L 形埋刮板输送机是比较理想的设备。埋刮板输送机的输送链由铁链加刮板、铸钢勾组合链、尼龙组合链等组成，可根据物料种类和相关要求选择。I 形和 L 形埋刮板输送机如图 3-10 所示。

图 3-10　I 形、L 形埋刮板输送机

（1）L 形埋刮板输送机特点　该机输送方向灵活，可以进行多点进料、多点卸料，使用方便，产量高，占地面积小。由于外壳封闭，输送各种物料对环境都没有任何影响或污染。缺点是物料破碎比某些输送设备大，输送道内残存物料多。

（2）L 形埋刮板输送机工作原理　该设备是采用铸钢链勾连接组合成输送链，在矩形壳体内运动，和物料发生摩擦带动物料运动，达到输送的目的。埋刮板输送机可以往复、弯曲、垂直、水平几种形式，同在一个机器内完成输送目的。L 形是水平和垂直两种输送距离一体的输送机。选用多台直线形输送机还可以达到任意方向的输送。L 形埋刮板输送机结构简图如图 3-11 所示。

（3）主要结构　L 形埋刮板输送机主要由机头、机尾、中间壳体、链勾和传动部分组成。头、尾部的壳体由 5 m 铁板焊接而成，头部用于安置传动轴和轮，尾部安装被动轴、轮和弹力调节器。进料口设在尾部，出料口设在头部。外壳每一个活节都有 1～2 个检查口，平时用盖封死。输送链条是用单个链件组装成专用链条，单个链件是用 $45^{\#}$ 铸钢直接铸造而成。传动部分是由电机和变速箱组成。链件形状如图 3-12 所示。

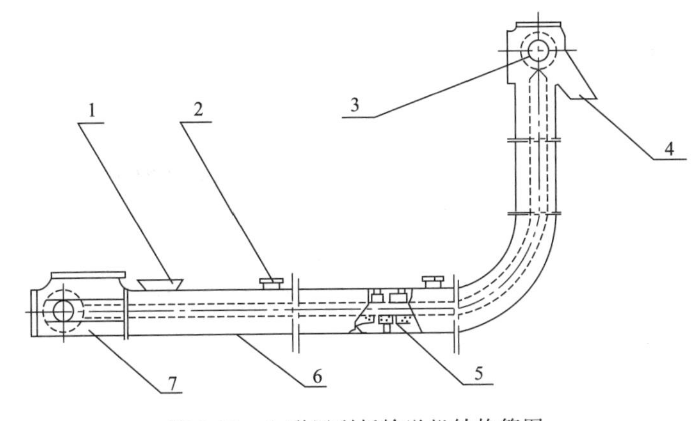

图 3-11　L 形埋刮板输送机结构简图

1—进料口；2—检查口；3—机头；4—出料口；5—链条；6—外壳；7—尾部

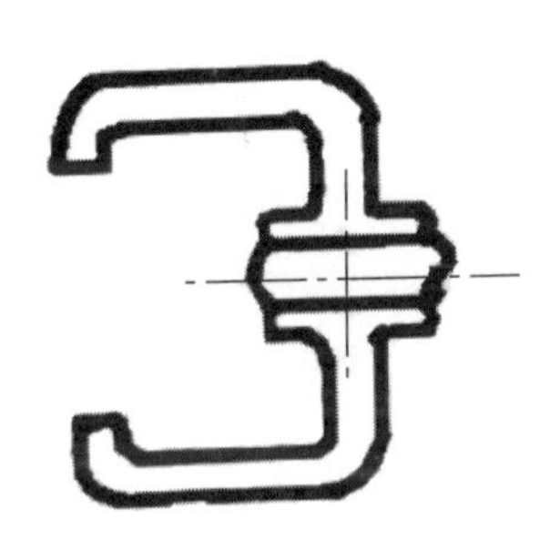
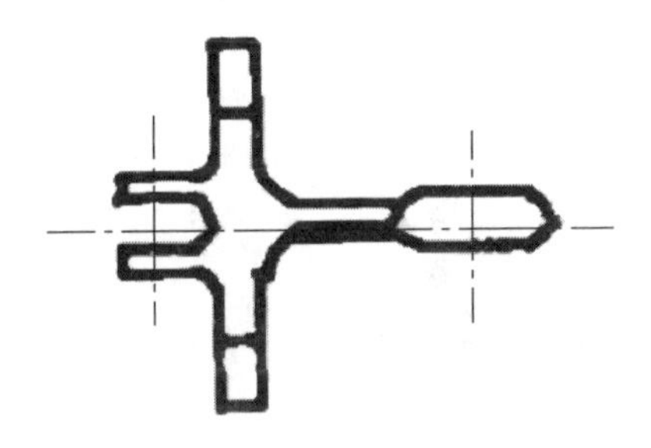

图 3-12　链件

5. 吸引式气力输送设备

（1）吸引式气力输送设备特点　气力输送设备在粮食行业使用比较广泛，在无法使用提升机或其他输送设备时使用。气力输送的特点是输送量大，输送速度快，特别是输送粉类及轻物料比较适合，但是输送颗粒物料破碎率大，有一定的噪声，耗电比提升机高。

气力输送的形式大致有三种：吸引式气力输送、正压气力输送、混合式气力输送。吸引式气力输送也称为负压气力输送，比较适宜于垂直输送物料。

（2）吸引式气力输送设备工作原理　吸引式气力输送（负压气力输送）是利用风机进口的吸引力，把一定浓度比的物料吸到输送终点，然后通过卸料器把物料卸掉，风则通过除尘器除尘净化，除尘后的风通过风机出口排往室外。

（3）主要结构　采用吸引式气力输送（负压）设备输送黄豆，所用的设备由接料器、物料管、卸料器、关风器、除尘器、风机、排风管组成。接料器采用诱导式，物料管用 2mm 薄钢管焊接，用法兰盘连接在一起，并在适当的位置安装透明观察管，以便随时观察物料输送情况。卸料器是采用大弯头和喷泉式卸料器组合的方法卸料。关风器根据输送量选配。除尘器大小根据风量选配。风机选择大风量低风压机型。吸引式气力输送设备简图如图 3-13 所示。

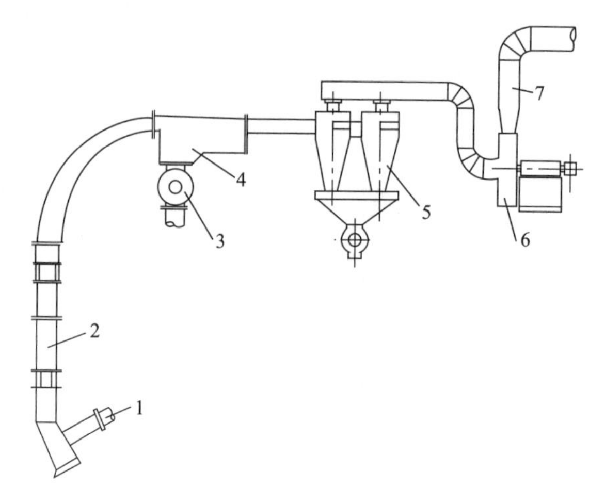

图 3-13 吸引式气力输送设备简图

1—接料器；2—物料管；3—关风器；4—卸料器；
5—除尘器；6—风机；7—排风管

6. 真空吸料设备

（1）真空吸料设备特点　真空吸料是一种简易的流体输送方法，可以输送各种食品加工中的液体或半液体物料。这种输送比较卫生，但输送距离比较短、高度比较低、耗电量比较大。真空吸料设备的卸料方式有两种，一种是连续式卸料，另一种是间歇式卸料。

（2）真空吸料设备工作原理　真空吸料是利用真空泵把系统内的容器、管道等抽成真空，吸料管插入泡料槽，由于泡料槽是敞开的，与系统内的料罐产生压力差，料和水在大气压力下被送进吸料管并送到料罐。当料到一定的高度，真空泵停止，打开料道的进气网，破坏真空。打开料罐放料口把料放净后再重新关好料门，关闭进气阀，启动真空泵继续工作。填满料罐之后安装真空分离器，用来过滤净化空气，保证真空泵正常工作，定时排放分离器罐内的污水。真空吸料设备简图如图 3-14 所示。

（3）主要结构　真空吸料设备主要由吸料管、料罐、分离罐、真空泵等部分组成。吸料管可用固定式铁管，也可用活动式带钢丝的橡胶管或塑料管。料罐用 8mm 铁板焊接，下面做成圆锥体，有利于放料。料罐上面安装抽气口、进气口，底部安装放水口、放料口，料罐要按低压压力容器规范制作。分离罐受压力、容器要求用铁板焊接。

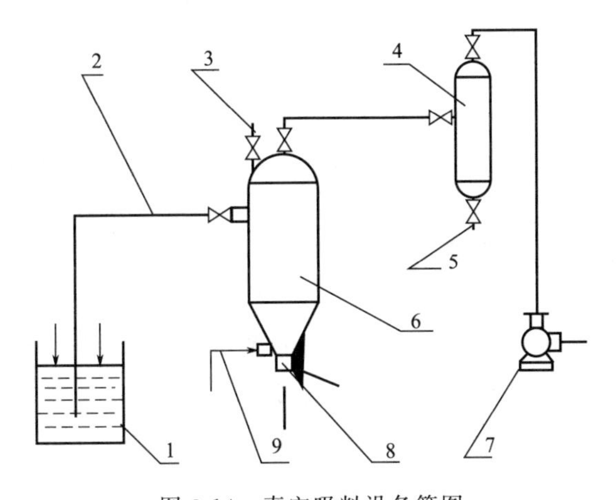

图 3-14　真空吸料设备简图

1—浸泡池；2—吸料管；3—进气阀门；4—分离罐；5—排水阀门；6—料罐；
7—真空泵；8—放料口；9—排水口

二、原料清杂设备

1. 机械式振动筛

（1）机械式振动筛特点　机械式振动筛是粮食行业使用比较早的筛选机。其特点是耗电低，筛选粮食范围广泛，维修方便。

（2）机械式振动筛工作原理　振动器是振动筛的振源，它是由偏重铁块组成，转动后带动筛船作快速往复运动。筛船上装有三层不同孔径的筛板，第一层筛板单孔为直径 12mm 孔；第二层筛板单孔为直径 8mm 孔；第三层筛板单孔为直径 2.5mm 孔。黄豆通过第一层筛板到第二层筛板，又到第三层筛板，然后振出筛船。三层筛板，分别除去大、中、小杂质，并经过吸尘风机把筛选过程中的轻质灰尘吸去，达到原料清杂的目的。

（3）主要结构　机械式振动筛主要由进料部分、除尘部分、筛船、振动部分、支架五部分组成。进料部分有三道斜板、一道压力门，控制进料量，并经斜板把物料均匀地分布在筛板上。除尘部分有风机和调风门等。筛船内有三层筛板，筛板面积一层比一层大，三层筛板均向出料口倾斜 10°～15°，第一层和第二层筛板前端安装清杂槽，第三层筛板直通出料口。除尘风机和振动器是用一台电机带动运转。机械式振动筛结构简图如图 3-15 所示。

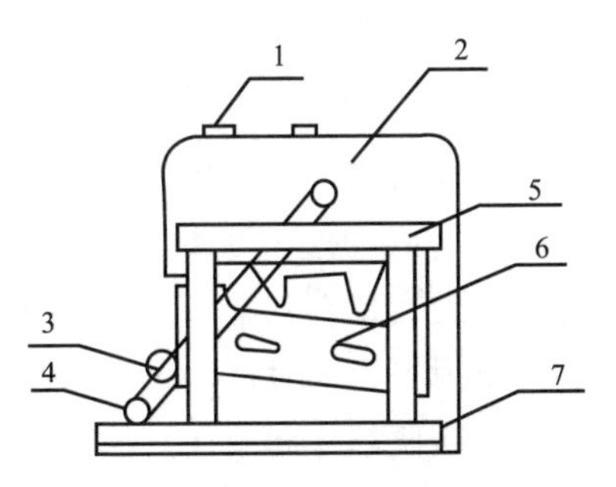

图 3-15　机械式振动筛结构简图

1—进料口；2—吸尘器；3—偏重铁块；
4—电机；5—支架；6—筛船；7—出料口

2. 自衡振动筛

（1）自衡振动筛特点　自衡振动筛与机械式振动筛相比，结构紧凑、耗电低、噪声小、筛选效果好、维修方便简单，而且是在物料密封的条件下工作，对工作环境影响小。

（2）自衡振动筛工作原理　自衡振动筛采用振动电机作振源，筛体架在空心橡胶垫上，两个振动电机安装在筛体两侧，并可以转动角度，调节电机的激振力大小、振动方向。筛体倾角可随意调整。筛体内三层筛板与机械式振动筛筛板相同。由于该设备使用振动电机为振源，故可以使高频率、小振幅的筛体作往复运动，对筛选物料非常适用。同时另配有吸尘系统，是目前比较理想的筛选设备。自衡振动筛内部结构见图 3-16。

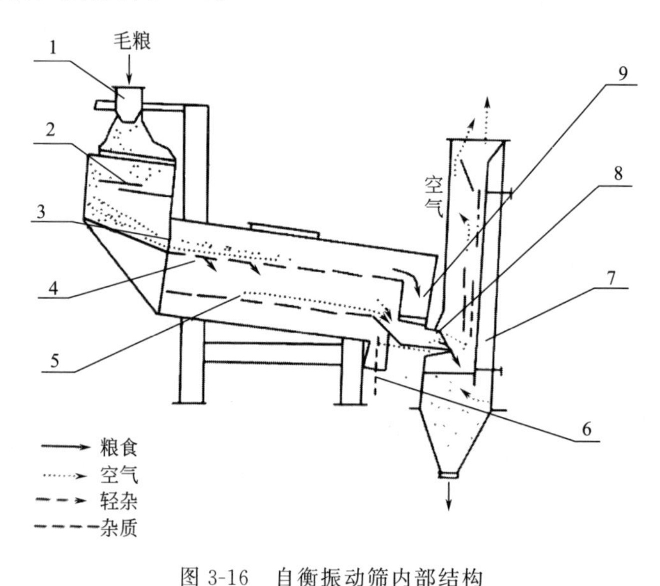

图 3-16　自衡振动筛内部结构

1—进料口；2—可调分料挡板；3—均布挡板；4——层筛面 5—二层筛面；6—小杂质出口；7—垂直吸风分离器；8—粮食出口；9—大杂质出口

（3）主要结构　自衡振动筛主要由筛体、进料结构、出料结构、机架、振动电机和吸风管组成。筛体是由钢板焊接和螺栓紧固连接，两侧中心位置设有安装振动电机的固定盘，可调节角度。筛板由夹紧装置固定在筛体上，整个筛体由空心橡胶弹簧支撑在机架上。进料及出料结构由钢板焊接，用螺钉连接在筛体上，清理筛板时可以随时拆卸。机架是用槽钢焊接，机架带有横梁，横梁可以调整高度，以便调整筛体和角度。振动电机是筛体作直线振动的动力源，其结构简单、安装方便，可以在筛体固定板上调节角度和抛掷角。吸风管内有风门和调节板，可通过手轮调节风量和出料角度。吸风管设有玻璃钢板，可以随时观察筛选效果。

（4）筛选机配套设备　筛选机工作需要的配套设备有：电气控制部分、提升机、给料器、风机、除尘器。提升机主要是将原料提升到筛选机进料口所在的高度，供给筛选机进料。提升机有多种形式，如斗式提升机、皮带输送机、螺旋输送机和风力输送机等，使用比较普遍的为斗式提升机。给料器的作用是控制给料的流量，流量过大筛选不干净，流量过小影响工作效率。给料器可以是电磁振动给料器，也可以是简单控制板，控制流量。风机和除尘器是将筛选过程中的灰尘等轻体杂质，用风力吸引到除尘器中，将杂质和灰尘留下，干净的风排出室外。黄豆筛选机配套的除尘器有：沙克龙（旋风除尘器）、脉冲除尘器、布袋过滤器等多种。为了能更好地除尘，一般做法是用旋风除尘器加布袋过滤器串联使用，见图 3-17。

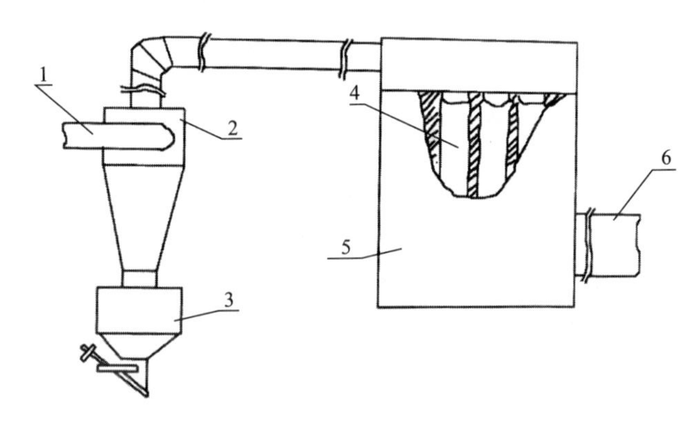

图 3-17　除尘系统示意图

1—进风口；2—旋风除尘器；3—集尘器；4—布袋过滤器；5—集尘箱；6—出风口

3. 电磁筛选机

（1）电磁筛选机特点　电磁筛选机是在冶金行业电磁振动器的基础上研制的，它的结构更加简单，耗电低，维修非常简单。

（2）电磁筛选机工作原理　该机是把电磁振动器与筛船固定在一起，电磁铁振动带动筛船振动，筛船悬挂在一个支架上，筛船随着电磁铁的高频振动达到筛选原料的目的。筛船与机械式振动筛和自衡振动筛相似，另配吸尘系统。

（3）主要结构　电磁筛选机主要由电磁铁、筛船、支架三部分组成。电磁铁一般选用冶金行业电磁振动器的电磁铁部分，根据筛选机的大小，选择合适的功率。电磁筛选机结构简图见图 3-18。

4. 比重去石机

比重去石机是粮食加工行业和豆制品生产行业普遍选用的原料专用设备。

（1）比重去石机特点　原料经过筛选后，比黄豆大的和比黄豆小的及比黄豆体轻的杂质均可去除，但是与黄豆体积一样大小的杂质很难通过筛选去除，这些

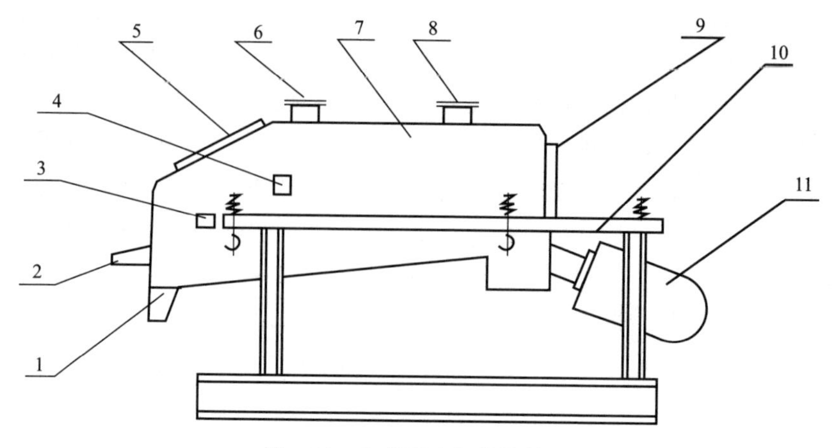

图 3-18　电磁筛选机结构简图

1—细杂质口；2—出料口；3—中杂质口；4—大杂质口；5—观察口；
6—吸尘口；7—筛船；8—进料口；9—清理筛板口；10—支架；11—电磁铁

杂质专业名称为“并肩石”，去石设备就是专为去除“并肩石”的专用设备。去石设备目前也有几种类型，如比重去石机、螺旋塔等。

（2）比重去石机工作原理　该设备采用振动和风力分层相结合的去石方式，比较巧妙地利用了物料和石头的密度差异分层。它也有一个带筛板的振动体（筛船），振动体也是靠振动电机为振动源，但振动电机装在振动体后面，而风是从筛板下面通过，当物料均匀地撒在筛板上，风力把物料吹起暂时离开筛板，石头仍留在筛板上，筛板有一定的斜度，由于筛体的往复振动，使石头与物料形成反方向运动。风力把原料吸起，再落下，靠振动和筛板斜度向出口方向运动。而石头不能被风吸起，在筛板上靠振动向反方向运动，从筛船尾部排出，达到去石的目的。该设备风机配备和风力的调节是去石效果的关键控制部位，同时也要配备除尘系统。比重去石机见图 3-19，比重去石机内部结构如图 3-20 所示。

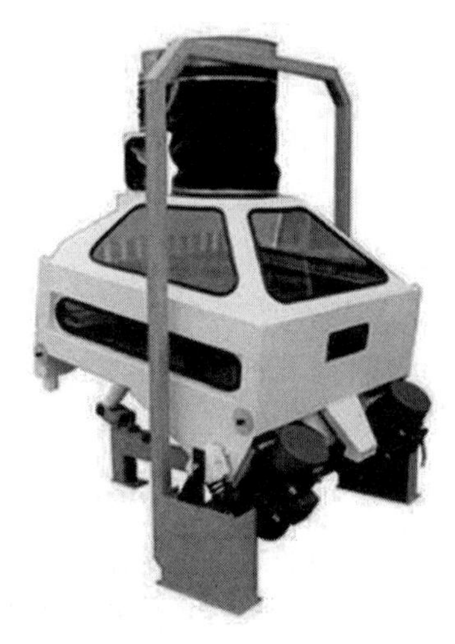

图 3-19　比重去石机

（3）主要结构　比重去石机是一个完全密封的振动体，由两台振动电机、进料口、出料口、机座、风管等组成。振动体是靠后端八字形弹簧和前端可调支撑杆三点支撑在机座上，振动体内装有两层抽屉式筛格。上层筛格有三段筛面，第一段为弹簧钢丝编织网，第二段为长形孔筛板，第三段为圆孔筛板，第一层为物料分级层，分级后的物料从振动体后端排出机

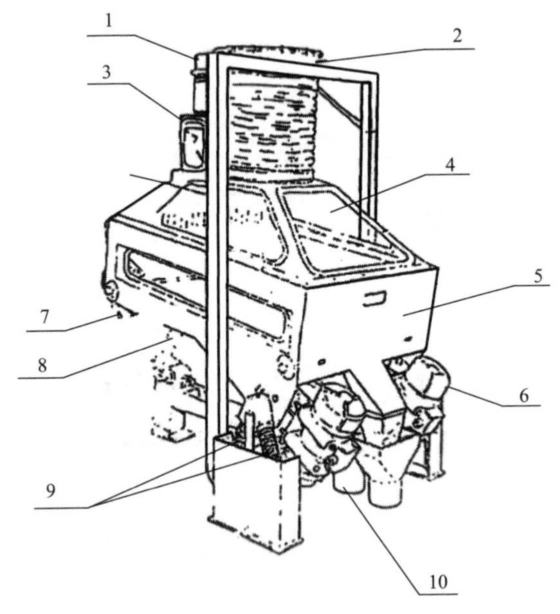

图 3-20　比重去石机内部结构简图

1—进料口；2—排风口；3—料箱；4—观察窗户；5—振动体；
6—振动电机；7—出石口；8—支撑杆；9—支撑弹簧；10—出料口

外。下层筛格主要是去除石头、泥块，通过筛网的石头、泥块由振动体前端两角出石口排出，去石后的物料从振动体后端出料口排出。两台振动电机固定在振动体后端圆轴上，两台电机相向转动，带动振动体作直线振动。振动体前端安装进料口，后端安装出料口。吸风罩安装在振动体上部，罩四面有观察玻璃窗。振动体、进料管、风管固定在机座上，采用软连接与机外管道相连。

（4）比重去石机配套设备　比重去石机工作必须有相适应的风机和除尘系统与之配套，才能完成去石工作。比重去石机配套设备有：风机、风力调节装置、旋风除尘器、通风管。风力调节装置是用于调节风力大小的碟形风门，安装在观察窗上部风管道上，通过把手进行调节。

5. 磁选器

磁选器主要是清除原料中的钢、铁等金属物，一般企业选择了比较理想的筛选机、比重去石机后，还应在系统中安装磁选器，用于清除磁性金属物。磁选设备有几种，一种是电磁选器、永磁滚筒和在输送管道内安装的简易磁选器。磁选器是安装在输送管道中的，如果是金属输送管道，就要在中间改成木制或塑料管道，最好是矩形或方形管道，在管道的底面、两侧安装数块永久磁铁，管道的倾斜度必须在 45°～55°，原料自流通过管道，黑色金属物被磁铁吸住，定时对磁选器进行检查，保证其处于正常状态，定时清除金属杂质，达到磁选目的。

6. 风选及除尘设备

前面介绍了各种形式的原料清理设备，不论选用什么设备，都必须配备风选系统，因为在筛选去石过程中，原料中较轻物质和灰尘都会飞扬。为了保证工作环境的清洁，要把这些轻物质和灰尘收集，并把排出的风净化除尘。风选设备，行业采用比较多的有两种方式：单机风选除尘设备和组合式风选除尘设备。

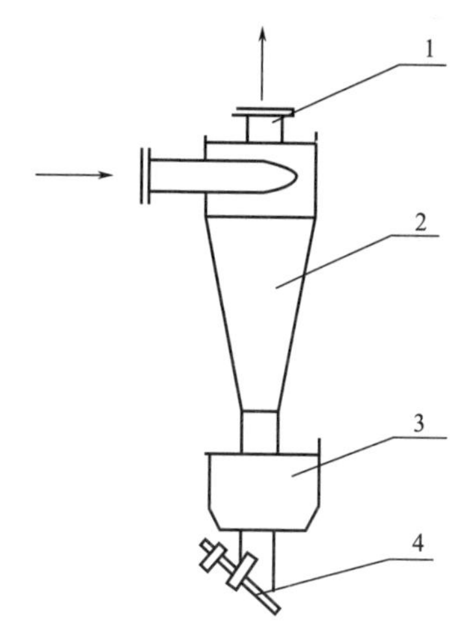

图 3-21 旋风除尘器

1—出风口；2—旋风除尘器；3—集尘箱；4—排尘口

（1）单机风选除尘设备　单机风选除尘设备是在筛选机上配备的风选除尘系统。一台筛选机配备一台风机和一台除尘器，除尘器一般选用沙克龙单体旋风除尘器，通过管道组合。单系统除尘器的优点是风机小、耗电低、操作灵活、噪声低。既可风选，又能除尘。旋风除尘器，如图 3-21 所示。旋风除尘器可以单个使用也可以并联使用，还可以串联使用，采用哪一种方式要根据实际需要以达到最佳除尘效果为准。但选用什么方式要考虑其风阻和比重去石机对风量的要求。

（2）组合式风选除尘设备　多系统风选除尘是在原料清理阶段，把所有可以吸尘和风管的排尘风管集合，进行统一的除尘处理。在清理过程中，筛选机有除尘风机、比重去石机有除尘和浮料风机，在风机出风口汇集，带有灰尘的风，首先经过组合式旋风除尘器，再经过布袋过滤器，经过两道除尘，即可把风中灰尘除净，使干净的风排出室外。

三、原料水洗设备

为了得到干净的原料，保证食品卫生，浸泡过或没浸泡的原料，最好经过水洗。常用的洗料机有振动式洗料机和绞龙式洗料机。

1. 振动式洗料机

（1）振动式洗料机特点　振动式洗料机比较适于浸泡之后原料的水洗，在水洗过程中，达到清洁黄豆、除石、除金属物的目的。但该设备耗水较多。

（2）振动式洗料机工作原理　洗料机是电机带动偏心轮，偏心轮通过拉杆拉动 V 形水槽，作往复运动，槽内不断流入豆和水，偏心轮向后拉动水槽时，水和豆一部分向前涌出槽外，经过排水网，水流回循环使用，豆继续向前推出洗料机，进入下道工序。经过往复晃动，石子、金属物密度大于黄豆的物质沉于水槽底部，生产结束后把水和石子等物从最低排水口排出，完成洗料去石过程，振动式洗料机见图 3-22。

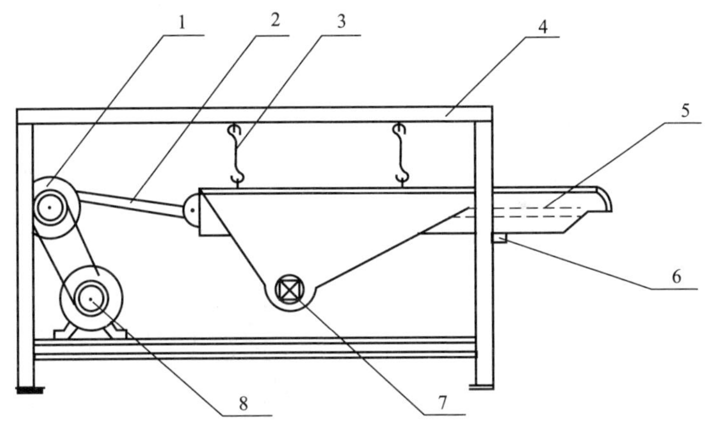

图 3-22 振动式洗料机

1—偏心轮；2—拉杆；3—吊钩；4—支架；5—水槽；6—排水口；7—排石放水口；8—电机

(3) 主要结构 振动式洗料机主要由电机、传动轴、偏心轮、水槽和支架五部分组成。电机是设备动力源，传动轴是变速及安装偏心轮的动力轴，水槽用 2.5～3mm 铁板焊接成 V 形槽，槽底部设置排石放水口。支架用角钢焊接而成，用于安装电机、传动轴和挂装水槽。水槽前部安装铁网板，用于滤水。

2. 绞龙式洗料机

(1) 绞龙式洗料机特点 绞龙式洗料机既可用于干原料水洗，又可用于浸泡后的原料水洗，同时具有将洗后的豆提升输送功能。设备结构紧凑、体积小、耗电量低、噪声低，是比较理想的洗料设备。

(2) 绞龙式洗料机工作原理 绞龙式洗料机主要由洗涤槽、绞龙、斗式提升机三部分组成。工作时先将洗涤槽内放满清水，并开动槽内一对相对方向转动的绞龙。当原料从槽头进入槽内水中，在绞龙旋转和水的漂浮作用下，克服黄豆的自重在水中漂浮、翻滚，并由于绞龙的推进作用，黄豆向提升机进料口方向运动。在水中密度小于黄豆的杂物、豆皮等物浮在水面，从溢水口排出；密度大于黄豆的石子等物便沉积在槽底，由放石口定时排出。原料在绞龙的作用下，向前运动到提升机进料口，被提升机进料口捞起，料斗带排水孔，把水瞬间排掉把料提升到下一工序，完成洗料去石过程。

该设备绞龙的转速和绞龙叶片旋转角度要合理选择，使黄豆在前进过程中在水中漂浮前进，而不沉于槽底，而且不能把石头绞动起来。进入水槽内的水和豆要掌握好比例（即浓度比），同时提升机的提升速度要和料流相匹配，才能保证洗涤效果和洗豆量。

(3) 主要结构　绞龙式洗料机水洗部分主要由洗涤槽、隔离板、溢流管、搅拌叶、主轴、齿轮、电机及减速器组成。主轴采用0Cr优质钢，不易磨损。洗涤槽由冷轧钢板组焊而成。搅拌器轴由齿轮传动，两绞龙轴作相向转动，搅拌叶位置与主轴垂直或呈45°交错焊接。

提升机部分由电机、减速器、主轴、链条、链轮、张紧结构、料斗、提升机外壳组成。提升机采用链条传送带，链条上挂料斗，料斗带有数个小孔以便漏水。提升机的调节部分放在下部与洗涤槽连接，浸泡在水中的部分不加提升机外壳，其他结构与一般提升机相同。绞龙式洗料机见图3-23。

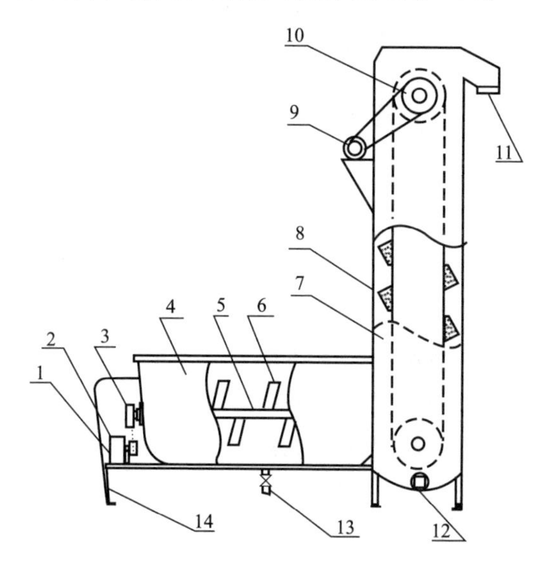

图3-23　绞龙式洗料机

1—电机；2—变速箱；3—主动轮；4—洗涤槽；5—搅拌轴；6—搅拌叶；7—提升机；8—料斗；9—提升机电机；10—传动轮；11—出料口；12—放水口；13—排石口；14—机架

四、原料浸泡设备

原料浸泡设备是豆制品生产中用于浸泡黄豆的专用设备。过去浸泡原料都是用缸、桶或水泥池，人工捞料，劳动强度大。随着生产机械化水平的不断提高，浸泡设备有了很大改进，目前行业内认为比较理想的浸泡设备有组合式浸泡设备和圆盘式浸泡设备。

1. 组合式浸泡设备

(1) 组合式浸泡设备特点　组合式浸泡设备是把洗料装置、输送装置、泡料罐组合在一起自动完成浸泡工序工作的设备，从而大大减轻了体力劳动。组合式浸泡设备如图 3-24 所示。

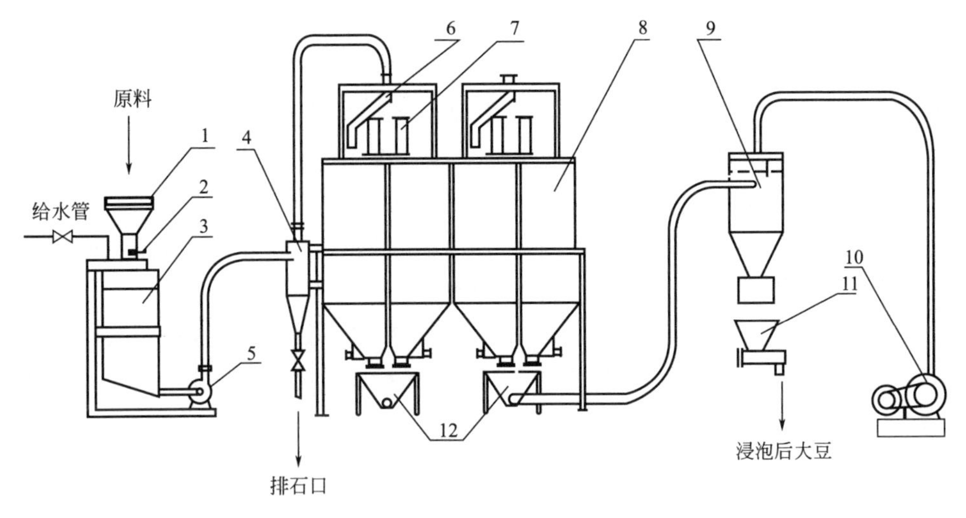

图 3-24 组合式浸泡设备

1—料斗；2—流量调节板；3—洗豆桶；4—去石器；5—输送泵；6—分料器；7—提重坨气缸；8—组合泡料罐；9—卸豆罐；10—风机；11—定量供料装置；12—放料斗

（2）主要结构

① 洗料装置。它是通过一个洗料桶，桶内不断进料，同时按一定浓度比加入清水，料水在内搅动，混合洗涤，再经过输送泵将料水打入旋转取石器，把石子等重物清除，料水从取石器中送到浸泡罐，通过浸泡罐内的排水网口排放洗料污水，原料留在浸泡罐内，完成输送、洗料过程。

② 泡料罐。泡料罐为使放料点集中、便于输送，一般由 4 个方桶组合在一起，桶上口呈一个田字格平面，桶下半部分为侧锥体，下部放料口均集中在中心部位。料桶放料口安装蝶阀，以利于放料。桶下部有排水口、补水口，桶上部有溢水口，组成完整的泡料组合罐。泡料组合罐如图 3-25 所示。

③ 原料浸泡后输送。原料浸泡后的输送有两种方法，一种是真空（负压气力）吸料输送法，另一种是流槽输送法。真空吸料输送法：浸泡后的原料排净浸泡水后，放到一个料盘内，由真空管道吸到磨上部的卸料桶内，吸满一桶后停止吸料，打开卸料桶阀门放料，料放净后关闭放料阀，又开始重复吸料过程。真空吸料是一种间歇式输送法，这种输送法的

图 3-25 泡料组合罐

动力源，可以选择真空泵，也可以选择负压气力输送系统。流槽输送法：在浸泡罐放料口高度位置或在设计立体布局制浆工艺时，可以考虑采用流槽输送的方法。流槽输送是靠水引导原料流动，到一固定点进入料水分离器，靠料水分离器把原料和输送水分开，水可以循环回用，原料则进入磨制工序。

2. 圆盘式浸料设备

（1）圆盘式浸料设备特点　圆盘式浸料设备是一种较新型的浸泡设备，是由原北京市豆制品三厂创造发明的。它与组合式浸泡设备相比，具有占地面积小、浸泡能力大、节约用水、设备耗电低、维修方便等特点。

（2）圆盘式浸料设备工作原理　圆盘式浸料设备是一个直径 10m、可以转动的圆形托盘，其上托起 12 个扇形的料桶，在料桶内泡料，由于整体可以旋转，这样可以毫不费力地达到定点给料和定点放料的目的。在放料时，单个扇形料桶后部，可由油缸推起，使桶底呈 45°斜面，帮助放料，靠料的自然滚动，将料桶内的料放净。既节约用水，又可减轻劳动强度。圆盘的转动是靠圆盘下的一个油缸推动 12 个分格托架的一个格，推动一次转动 1/12 格，正好是一个料桶。该设备只需配备一个油压泵站和一组液压阀操作杆，不再需要其他任何辅助设备，因而操作维修非常方便，节约能源非常明显。占地面积小，立体布局制浆工艺的生产厂采用这种设备是比较理想的选择。圆盘式浸料设备见图 3-26。

图 3-26　圆盘式浸料设备

（3）主要结构　圆盘式浸料设备主要由料桶、托盘、支撑轴承、液压油缸及控制系统组成（图 3-27）。料桶共 12 个，每个料桶为圆盘 12 份中的一份，每个料桶平面为扇形。料桶用 5m 钢板焊接，桶底有加强钢筋，桶底部外缘与托盘用铰链连接。托盘用 10# 槽钢焊接成 5.8m 的圆盘、内接 12 边形骨架，上面托料桶，下面有加固板，压力定心轴承，托盘底部外圈安装 12 个滑动支撑轮，压力轴承和 12 个支撑轮承载设备及物料的全部重量。圆盘转动主要靠液压油缸推动，料桶尾部升起也是靠油缸推起，动力油靠专用油泵系统供给。尾部油缸工作示意图见图 3-28。

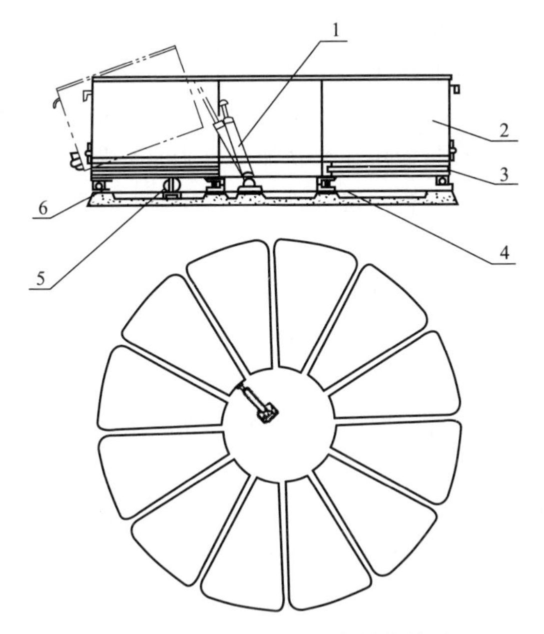

图 3-27 圆盘式浸料设备结构简图

1—起升油缸；2—料桶；3—托盘；4—压力轴承；5—排转油缸；6—支撑轮

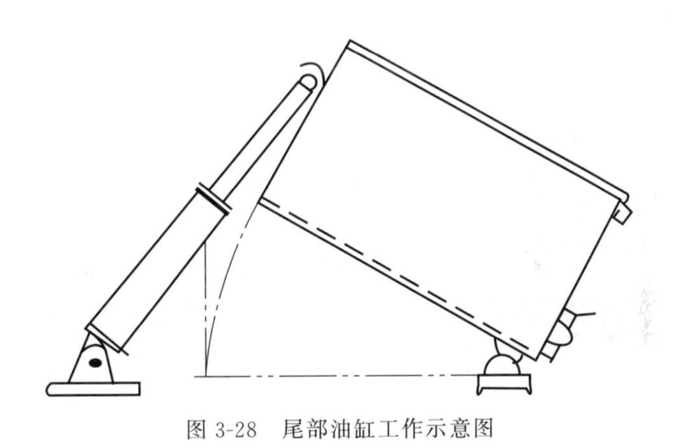

图 3-28 尾部油缸工作示意图

五、原料磨制设备

原料磨制设备主要工艺作用是将浸泡后的黄豆磨碎，便于大豆中蛋白质的提取。磨制设备经过多年的更新改造，变化非常大。目前使用比较广泛的磨制设备是砂轮磨；个别地区还使用石磨或者小钢磨；有的地区使用锤片式粉碎机进行湿粉碎，工艺缺陷比较多，不利于生产工艺需要。

1. 砂轮磨

砂轮磨是近些年在豆制品生产中使用的新型湿粉碎设备，它与石磨和小钢磨比有其独特的优点。它占地面积小、生产能力大、耗电低、操作和调节方便，磨制工艺质量高。砂轮磨最早使用在粮食加工行业的碾米工序上，后来被豆制品加工行业改造和借用。各地自行制造砂轮磨，不少商业机械厂也制造，所以砂轮磨种类多样、形式多样、规格多样。归纳起来有三类：一是电机直联式砂轮磨；二是电机侧装式砂轮磨；三是磨制分离一体式砂轮磨。根据行业的使用经验电机侧装式砂轮磨，最适用于生产，而且设备可靠性更强。砂轮磨如图 3-29 所示。

砂轮磨由电机带动可以上下调节的主轴，主轴上端装砂轮片，磨片外有磨套，磨套的上盖上装砂轮片，两磨片的间隙靠调节主轴的升降控制。浸泡好的黄豆由进料口进入磨膛，由于下磨片的高速转动，产生离心力，把黄豆向外推动，由于上下磨片空间越来越小，使黄豆与磨片产生强烈的摩擦，黄豆逐步粉碎到两磨片间隙最小的细磨区，将黄豆磨碎并甩出磨膛，磨糊从磨套出料口流出，完成磨制工艺。砂轮磨内部结构如图 3-30 所示。

图 3-29　砂轮磨

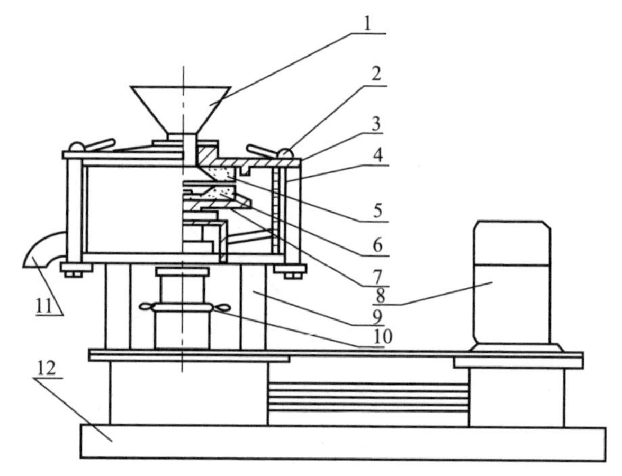

图 3-30　砂轮磨内部结构简图

1—料斗；2—把手螺母；3—上固定盘；4—支撑柱；5—上砂轮片；6—下砂轮片；7—下固定盘；8—电机；9—支架；10—调节器；11—出料口；12—机座

砂轮磨主要由电机、机架、主轴、砂轮片、磨套、料斗等部分组成。电机选用立式电机，机座用钢板焊接，成批生产多用铸造件。主轴部分由主轴、轴承、轴套、导向套、调节器、传动皮带轮等组成。砂轮片是用黑色碳化硅、陶瓷黏结剂经烧结而成。下砂轮片用螺母紧固在砂轮磨主轴轴头上，上砂轮片固定在外套上盖下面。外套是用不锈钢材料焊接而成，磨套用来存放磨糊和保护砂轮片。料斗也是由不锈钢材料焊接而成，用来存放少部分原料。

2. 石磨（立磨）

石磨是由过去的小驴拉磨（平磨）改进为电动平磨，又由电动平磨改为电动立磨。石磨在豆制品生产行业使用了近 30 年，在 20 世纪 80 年代末期才逐渐从行业规模生产中退出，但一些偏远小城镇还有采用者。

电动石磨（立磨）的磨片，分为动片和定片，主轴所安装的磨片为动片，主轴的另一头安装两个皮带传动轮，一个活轮一个死轮，磨片转动靠传动的皮带带动主轴死轮转动，临时停磨；或工作结束，将传动皮带推到活轮上，主轴停止转动。磨架支撑定片与动片间的距离靠丝杠调节。当黄豆进入转动的磨片内，经过两个磨片的摩擦将黄豆磨碎，利用磨旋转产生离心力把豆糊甩出磨膛。石磨结构简图见图 3-31。

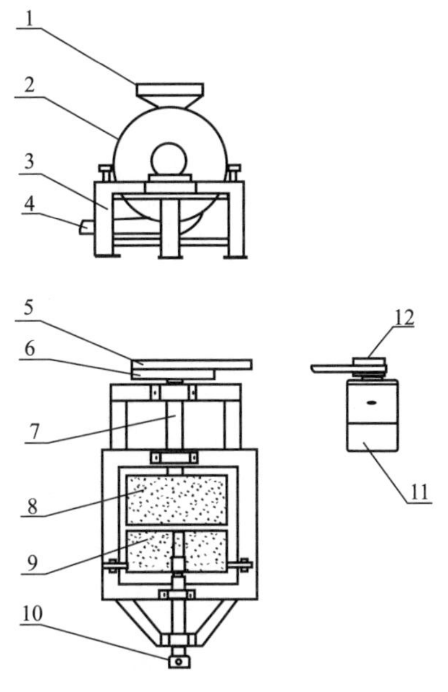

图 3-31　石磨结构简图

1—料斗；2—磨罩；3—磨架；4—出料口；5—活皮带轮；6—死皮带轮；7—主轴；8—动片；9—定片；10—调节丝杠；11—电机；12—传动皮带轮

石磨是由电机、磨架、主轴、磨片、调节丝杠、传动轮、磨罩等部分组成。磨架是用角钢焊接，主轴通过轴承及轴承盒固定在磨架上。磨片购进时是毛坯，经过人工修磨后装到主轴上，另一磨片架在磨架上，靠丝杠调节两磨片的间隙。磨罩和料斗是用钢板焊接的，可以拆卸清洗。

3. 小钢磨

我国南方一些地区的豆制品加工厂，有不少采用小钢磨磨黄豆的，特别是农村使用小钢磨比较广泛，既可以用于干粉碎，也可以用于湿粉碎。可用来粉碎玉米、稻谷、小麦、大豆等。

小钢磨具有占地面积小、结构简单、维修方便等优点。但由于铸钢磨片之间的高速旋转研磨，容易使磨糊升温，影响产品质量，另外磨片的磨损比较快，很短时间就需要更换磨片。

小钢磨是利用一对带有齿形的铸钢磨片，镶嵌在机壳上，一片为动片装在主轴上；另一片为定片，定片上有伸缩调节机构，调整磨片间隙。磨片为立装形式，进料口在定片中心，黄豆的磨碎过程与砂轮磨、石磨相同。

小钢磨主要由电机、皮带轮、主轴、磨架、磨套、料斗、磨片、调节手轮组成。磨架、磨套和进料斗及磨片均为铸造而成。磨片是用螺钉紧固在磨套内，定期更换。磨片分为定片和动片，定片可以调节。电机和主轴是用皮带轮和皮带传动。小钢磨结构简图见图 3-32。

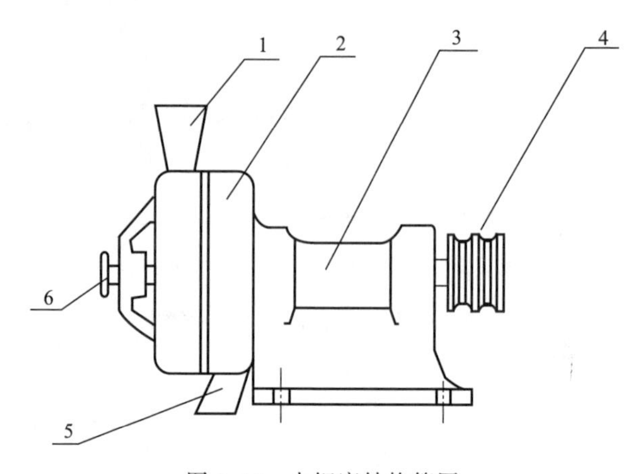

图 3-32 小钢磨结构简图

1—料斗；2—磨套；3—机架；4—皮带轮；5—出料口；6—调节手轮

六、滤浆设备

滤浆设备主要是将磨碎的磨糊加入一定量的水稀释后，把豆浆和豆腐渣分离出来，用豆浆制作食品，豆腐渣用作饲料等。分离机的分离效果好与坏，直接影响到黄豆中的蛋白质提取率和产品的出品率，因而滤浆机是豆制品生产中的关键设备之一。滤浆设备的种类也不少，但经过行业生产多年的比较和选择，目前比较好的有三种，即离心机、挤压分离机和螺旋挤压机。

1. 离心机

离心机是一种效率比较高的浆渣分离设备，分离效果比其他设备都好，在我国豆制品生产中使用比较广泛。但是离心机也存在不足，相对于其他设备，耗电量大，噪声高。但在较大生产规模中，目前还没有可替代的设备。

离心机是通过主轴带动钟形转鼓，在转鼓上均匀地打直径 6mm 的小孔，转鼓内有分离伞帽状尼龙滤网。因为转鼓为半锥形体，旋转起来转鼓内离心力随半锥形体直径扩大而增大。当稀释后的浆渣，从进料管流到分离伞帽上，分离伞帽把液体均匀地分到转鼓四周，靠转鼓的离心力把豆腐渣不断外推，最后排出转鼓，豆浆则通过尼龙滤网和转鼓上的小孔排出，经流浆管到贮浆桶内，豆腐渣则排出离心机，进行第二、第三次分离。离心机见图 3-33，结构见图 3-34。

2. 挤压分离机

挤压分离机是一种中小型的分离设备。它的演变过程，是由过去两种分离设

图 3-33　离心机

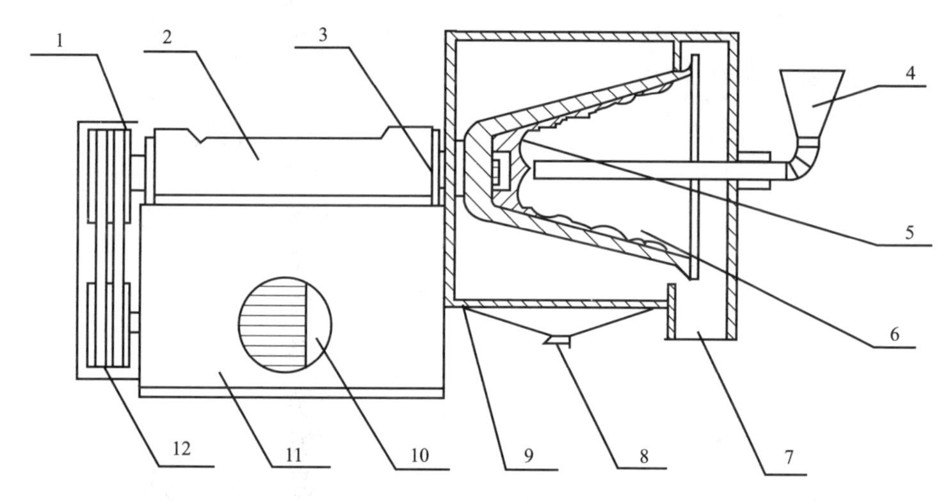

图 3-34　离心机结构简图

1—皮带罩；2—轴承盒；3—主轴；4—进料管；5—分离伞帽；6—离心转鼓；7—出渣口；8—出浆口；9—外套；10—电机；11—机座；12—传动轮

备的巧妙结合。20 世纪六七十年代，我国不少豆制品生产企业，使用过圆罗分离，也使用过挤浆机，这 2 种分离设备占地面积大、清理卫生不方便。80 年代出现了挤压分离机，它既有圆罗的结构，又有挤浆机的结构并配有豆浆暂时存贮和输送泵，形成完整的分离设备。该设备耗电低、噪声小、分离效果好。缺点是分离能力低、挤压网成本价高、维修费用高，因而不适用于大规模生产。

挤压分离机由一台电机带动圆罗转动，同时带动挤压滚筒转动，浆渣由输送泵输送到圆罗内，圆罗转动，圆罗内有螺旋道，浆渣顺着螺旋道向前行进，行进过程中豆浆从圆罗网漏下，豆腐渣从圆罗的另一头送出，掉在挤压滚筒上，挤压滚筒转动，豆腐渣随滚筒经过小挤压辊挤压，滚筒上布满微小的孔，豆浆从孔流到浆盘上，再流到贮浆槽，而豆腐渣则被滚筒外的刮板刮下来，经豆腐渣导向板排走。圆罗分离网外侧有一个清洗圆罗的蒸汽喷管，可随时清洗圆罗，防止网孔被豆腐渣堵死。挤压分离机见图 3-35，设备结构见图 3-36。

图 3-35 挤压分离机

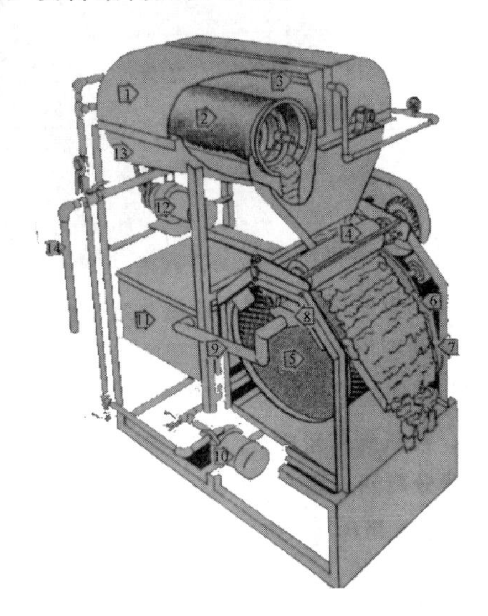

图 3-36 挤压分离机结构简图

1—分离机罩；2—圆罗；3—洗涤管；4—加压胶辊；5—微孔转筒；6—刮板；7—豆腐渣导板；8—豆浆接盘；9—豆浆输送管；10—输送泵；11—豆浆罐；12—电机；13—豆浆槽；14—豆浆管

3. 螺旋挤压机

如果豆制品生产采用熟浆工艺，制浆时用离心机进行浆渣分离就不适宜了，熟浆工艺前面已经讲过，是先煮磨糊后分离，如果使用离心机分离热磨糊，离心网很快就被糊住了，无法正常分离，比较适宜的分离设备就是螺旋挤压机（图 3-37）。

该设备采用螺旋挤压方式，并同时带有细渣过滤系统，可一次连续完成浆渣分离作业，无须进行多次分离，省工、省力，可实现无人操作。结构紧，占地面积小，分离效果好，蛋白质提取率比较高。由于挤压力较大，挤出的豆腐渣含水量一般在 75%左右，而且豆腐渣是经过煮沸的，有利于豆腐渣的再利用和储存运输，所以螺旋挤压机是熟浆分离的理想设备。

螺旋挤压机是由一根带有一定锥度的螺旋主轴旋转，带进磨糊逐步向前挤压，外套是带有无数微孔的圆筒，磨糊经过不断的强力挤压，豆浆从微孔流出，豆腐渣从另一侧挤出，完成浆渣分离工艺。豆浆流到储存桶通过浆泵输送到下一

图 3-37　螺旋挤压机

工序，豆腐渣挤出后进入关风器由气力输送设备输送到专用储存罐内。设备整机采用可编程控制器自动控制，该设备螺旋轴与外套圆筒的配合精度比较高，圆筒微孔加工和圆筒强度要求都比较高，因而设备造价较高。

螺旋挤压机是由机架、锥形桶、螺旋轴、出渣调节手轮、输送泵、电机和变速箱组成。设备除电机和变速箱外，其余全部使用不锈钢材料制作，机架是由不锈钢角钢焊接而成。锥形桶是三层结构，外层是外套用于收集豆浆并通过输送泵及时输出；中层是挤压桶加强圈；内层是带有数个微孔的锥形桶，被挤压的豆浆从微孔中排出。螺旋轴是带螺旋叶片的锥形螺旋轴，磨糊就是通过螺旋轴向前推进，进入锥形螺旋桶，逐渐加压最后挤出螺旋桶。调节手轮是出渣口的调节机构，控制豆腐渣挤出量。

七、煮浆设备

煮浆设备是将豆浆煮沸，达到豆浆杀菌和后面工序中豆浆热变性点浆凝固的需要。煮浆方法有蒸汽煮浆和明火大锅煮浆两种方法。煮浆过程又有直接煮沸和间接煮沸两种形式。随着生产的发展，目前明火煮沸已很少采用，采用蒸汽直接煮浆或间接煮浆最为广泛。其设备的类型主要有三种，即单罐煮浆设备、溢流煮浆设备、自动化熟浆煮糊（煮浆）设备。

1. 单罐煮浆设备

单罐煮浆设备是在过去敞开式大桶煮浆的基础上加以改进和提高的，属于间断性单罐密封煮浆设备，由于采用密封式所以煮浆罐成为压力容器，安全要求比较高，制作单位必须是生产压力容器的专业厂家才能生产，使用中必须是按压力容器管理和使用，所以在选择上受到一定的限制。

单罐煮浆耗能低、噪声小、煮浆能力强，是小型生产系统中比较理想的煮浆设备。它利用一个密封罐加热煮沸豆浆。豆浆利用蒸汽压力注入罐内，到一定量后，停止注入豆浆，此时煮浆罐的排气阀是打开的，蒸汽供给继续进行，这时的煮沸是常压状态蒸煮。蒸煮温度由带电接点的温度表测量，达到规定温度后，排气阀关闭，形成密封煮浆。罐内产生压力，当达到规定压力时，放浆阀门打开，在压力的作用下豆浆被送出密封罐，此时停止供汽，完成一罐煮浆。第二罐煮浆时，打开排气阀，继续往罐内送浆，如此循环进行，完成煮浆工艺。单罐煮浆设备如图 3-38 所示。

图 3-38　单罐煮浆设备

单罐煮浆设备是由浆罐、温度测定计、进浆管、注浆器、蒸汽管、排浆管、排气管组成。浆罐按压力容器的要求制作，并设有可以打开的清洗孔。设备材料选用不锈钢材质。温度计带有电信号，电气控制进、出豆浆电磁阀门和电磁蒸汽阀门的开、闭。

2. 溢流煮浆设备

溢流煮浆设备是行业内发明创造的煮浆专用设备，这种设备煮浆能力大，煮沸过程噪声小、耗能比散开式煮浆低；煮罐是半密封式，常压煮沸，对生产环境影响小，使用安全，而且是连续煮沸，是规模生产中比较理想的煮浆设备。

溢流煮浆设备是根据豆浆随温度升高而上升的原理，设计 5 个单独封闭小罐，以豆浆下进上出的路线，用连接管把 5 个小罐按顺序连接在一起。每个罐下部都通有蒸汽管，煮浆时，浆泵把豆浆从第一个罐的下口送入，同时打开第一个罐的蒸汽管加热，第一个罐浆满后，从上口溢到第二个罐的进口，第二个罐继续加温，这样逐罐溢流，逐步升温，平均每个罐升温 10～15℃，豆浆进口温度在 40℃左右，当豆浆从最后一个罐内溢出浆时，流经电接温度计，测定是否达到煮沸温度，如达到温度，浆泵继续输送豆浆；如果没有达到规定温度，则浆泵停止送浆，继续加热，使罐内豆浆继续升温，达到规定温度，浆泵继续送浆。煮浆罐的进浆、出浆、温度调控都是电气连锁自动控制，生产中开始做适当操作调整，正常运行后可以不间断地连续煮沸豆浆。溢流煮浆设备见图 3-39，结构见图 3-40。

溢流煮浆设备是由 5 个封闭罐、连接管、阀门、蒸汽管、支架、保温套组成。5 个封闭罐是用不锈钢材料及封头零件焊接而成，并进行压力容器检验。连接管也是不锈钢材质；机架和保温套是用普通钢材焊接，保温层用保温材料

图 3-39　溢流煮浆设备

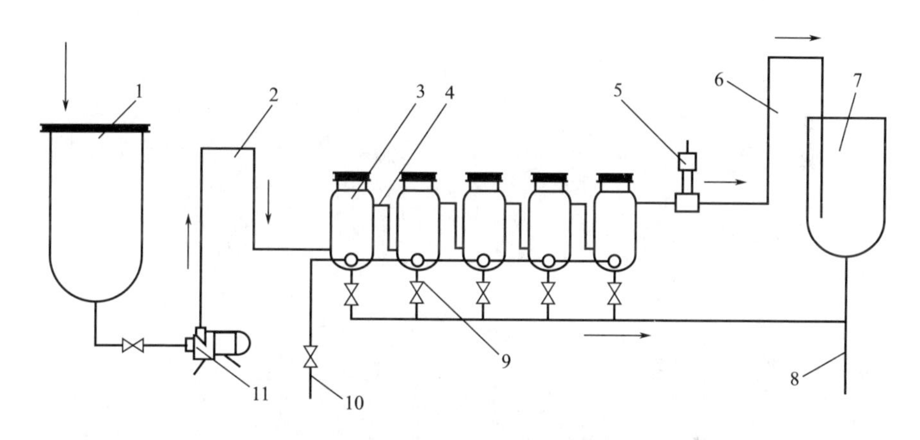

图 3-40　溢流煮浆设备结构简图

1—生浆罐；2—进浆管；3—煮浆罐；4—溢流管；5—电接温度计；6—出浆管；7—熟浆罐；8—放浆管；9—排放管；10—蒸汽管；11—豆浆输送泵

填充。

溢流煮浆设备在工作时要先手动打开浆泵，使罐内充满豆浆，然后停止浆泵打开蒸汽阀门开始加热。当罐内豆浆达到 95℃时，再使用自动控制系统。停止煮浆时先停止浆泵工作，待罐内豆浆都达到 95℃以上时再停止供蒸汽，打开最低位截门排出罐内豆浆，进行开罐清洗作业。

3. 自动化熟浆煮糊（煮浆）设备

豆制品采用熟浆工艺生产，是先煮磨糊后分离。过去煮磨糊设备就是明火大锅或蒸汽加热槽型带搅拌的煮锅，现在煮磨糊所用的设备是自动化熟浆煮糊（煮浆）设备。

自动化熟浆煮糊设备适用于熟浆工艺煮磨糊，目前也已经有用于煮生浆的自动化煮浆设备。该设备自动化程度高、热效率高，使用该设备对稳定豆浆浓度非常有利，工作系统基本处于低压封闭煮糊或煮浆状态，是行业比较先进的设备。

其工作原理与溢流煮浆有相似之处，磨糊或豆浆流经过程相似，但是煮罐内的结构有很大的区别，蒸汽供给与物料的接触方式发生很大的改变，内部结构能使蒸汽与物料均匀接触，保证了煮糊过程每罐的物料温度一致。该设备要求蒸汽压力稳定，物料供给流量恒定，在物料输出设备后配有减压罐，以降低物料压力。但是物料出口压力是微压，不构成压力容器。物料通过输送泵进入第一煮罐，加热到规定温度，从上口管道进入第二煮罐继续加温，按顺序经过最后煮罐进入减压缓冲罐，完成煮糊过程。该设备对每个煮罐的温度进行严格控制，以保证煮沸质量。自动化熟浆煮糊设备见图 3-41。

图 3-41　自动化熟浆煮糊设备

八、点浆设备

自动点浆设备是一个可以旋转的圆形机架上悬挂 18～24 个点浆小桶，点浆时向点浆桶内定量加入豆浆和一定浓度的液体凝固剂，然后用机械连杆在桶内定向搅动几下，完成点浆，开始蹲脑。当小桶随凝固机转动一圈后完成蹲脑工序。并往小型箱内倒脑，经过封包、加盖进入压榨设备。

自动凝固机由旋转机架、凝固桶、定量豆浆供给系统、定量凝固剂供给系统、搅拌和倒豆脑系统组合而成。自动凝固机如图 3-42 所示。

图 3-42　自动凝固机

九、压榨设备

豆腐自动压榨设备有多种形式，如直线步进式自动压榨设备、自动环形压榨设备，这两种设备的压力源，都使用气动（压缩空气），所以要配有空气压缩机，还有自重立式压榨设备、连续式压榨设备等形式。

1. 直线步进式自动压榨设备

直线步进式自动压榨设备是在一个长方形机架平台上，垂直安装数个汽缸，汽缸杆上安装压盘，汽缸上下运动，达到对豆腐小型箱上盖的压下和抬起动作。每一个型箱进入机架平台汽缸抬起一次，另一个水平汽缸把型箱推进一步，垂直汽缸再压下，如此循环进行，经过数分钟后完成压榨工艺。该设备如图 3-43 所示。

图 3-43　直线步进式自动压榨设备

2. 自动环形压榨设备

自动环形压榨设备是一个环形机架平台，平台上有环形传动链，传动链可带动数个托盘及汽缸转动，豆腐小型箱进入单个托盘后，汽缸杆压盘压下，整个托盘随传动链转动，运转中汽缸不再抬起，直到转动一周后，汽缸抬起，豆腐小型箱推出，完成压榨过程。该设备比直线步进式压榨设备的突出优点是，豆腐在压榨过程中不间断，对产品质量大有好处。该设备如图 3-44 所示。

图 3-44　自动环形压榨设备

3. 自重立式压榨设备

自重立式压榨设备是由压榨机架、进箱出箱机构及电机和变速器组成，压榨设备内可以垂直落放十几箱豆腐，它是靠豆腐型箱和箱内的豆腐重量自行压榨脱水的。工作时点浆完成后，豆腐脑倒入小型箱内，封包加盖完成后进入立式压榨，自重立式压榨的进出机构把每一箱豆腐从上面送入压榨机，每送入一箱重量就增加，当送入十几箱后，下面的豆腐就已经压成了，机构把最下面的一箱推出完成压制过程。自重立式压榨设备见图 3-45。

图 3-45　自重立式压榨设备

4. 连续式压榨设备

连续式压榨设备是目前最先进的豆腐压榨设备，突出特点是改变了豆腐制作时所用的大小型箱，采用上下履带间隙逐段减小，以达到逐渐加压的方式压制豆腐。更为先进的连续式压榨设备是采用柔性传送带，既有传动功能又可以滤水，在传送带两侧增加挡板，豆腐脑直接放在传送带上，传送带行走豆腐脑逐渐加压成形，豆腐压成后送出传送带进入与之配套的切块机进行切块，完成豆腐压榨过程。这种设备不但摆脱了豆腐制作所用的型箱，而且也摆脱了豆包布，设备的一端放入豆腐脑另一端连续出豆腐，使豆腐生产机械化程度提高到新的水平。但是该设备制作费用较高，与之配套的设备有自动点浆设备、自动进豆腐脑装置、自动切块装盒设备还要有设备运行中的清洗装置及生产结束后的卫生自动清洗系统等。连续式压榨设备见图 3-46。

图 3-46　连续式压榨设备

十、包装杀菌设备

1. 翻板机

翻板机的主要功能是将小型箱内的豆腐倒到托板上，以利于送入自动切块装盒机。翻板机是由翻转盘转动机构、压紧机构和机架组成。当自动压榨机把压成豆腐的小型箱推出后，人工取出上压盖，揭开上布，放上托板，送入翻板机的翻盘上，汽缸将型箱压紧，转动机构开始转动 180°，将大块豆腐翻到托板上，取出型箱，揭开下布，一块完整的豆腐即亮在托板上。翻板机如图 3-47 所示。

2. 自动切块装盒机

使用小型箱做出的豆腐，块形为 680m × 360mm × 40mm，要将其切成 120mm×85mm×40mm 的长方形块，并装入塑料包装盒内。自动切块装盒机就是完成这一工作内容的专用设备。自动切块装盒机是由水槽、推进切刀机构、分

图 3-47　翻板机

块、装盒四部分组成，大块豆腐放入水槽内，由推进机构把它推入切块部位，进行切块分块，并托出水面装盒，豆腐装入包装盒后由传输链送出，完成切块装盒工作。这些动作除装盒外，其他动作都是在水中进行的，这样减少了切块过程中豆腐的破碎。各部位动作均是由大小不等的汽缸杆伸缩完成的，设备使用安全可靠，自动化程度高。该设备见图 3-48。

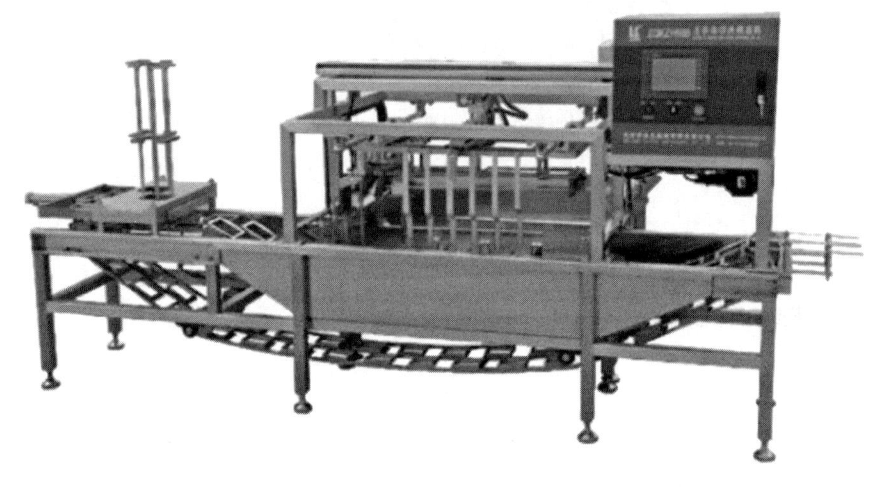

图 3-48　自动切块装盒机

3. 封盒包装机

封盒包装机主要用于盒装豆腐的封膜，是根据盒形选择的专用包装机，它与前面介绍过的充填包装机相似，不同的是它减少了充填工序，只保留封膜、切断、输送等工序。封盒包装机见图 3-49。

4. 杀菌冷却槽

杀菌冷却槽与制作内酯豆腐所使用的设备一样，只是温度调节略有区别在此不做细致的介绍。杀菌冷却槽见图 3-50。

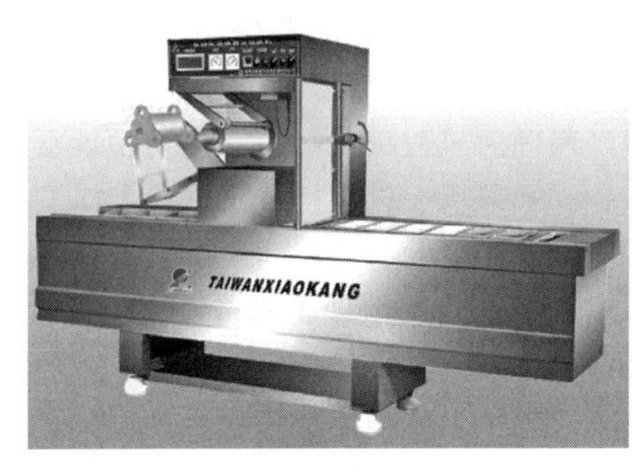

图 3-49 封盒包装机

图 3-50 杀菌冷却槽

在豆腐生产还没有实现机械化的地区，仍然使用比较传统的工具设备。随着人民生活水平的提高、食品卫生意识的加强，不久的将来都会实现产品包装化、生产机械化。

第三节 豆腐质量控制

一、常见质量问题和解决方法

1. 豆腐颜色发红、色暗

颜色发红是水豆腐和干豆腐的常见质量问题。主要原因是豆不熟，特别是使用敞口蒸汽锅煮豆浆时容易出现假沸现象，当豆浆煮到 80℃左右时最容易出现假沸，只凭豆浆的翻滚和没有泡沫并不能说明豆浆已煮好，只有温度计测温达到 100℃左右，才算真正把豆浆煮沸。煮沸后还要保温 5～7min。使用敞口蒸汽锅煮浆时，通常需要反复几次沸腾，锅内泡沫经反复几次升降，使用消泡剂把泡沫全部消除，测温达到 97～100℃，就不会出现豆腐发红现象。

豆腐的色暗，主要是豆腐表面缺乏光泽感。考虑有以下原因：其一，原料变质或受高温刺激，或在保管过程中经过强制干燥处理。其二，生产过程中存在的问题，如原料筛选处理不净；浸泡方法不当或大豆吸收的水分不足；磨碎时磨口过紧或混入污物；豆浆浓度过高；煮浆方法不妥或豆浆煮好没有及时出锅等都会造成豆腐色暗。

2. 豆腐牙碜或苦涩

豆腐牙碜一般都是发生在使用新铲修过的石磨时，由于石磨的碎石屑在磨豆时经研磨脱落后混在豆浆内，虽经过滤但难以全部滤出。凝固剂混入杂质、豆腐脑缸刷洗不干净留有杂质，这些杂质经凝固后难以清除，混在豆腐中就会有牙碜感。

豆腐中的苦涩味几乎是同时产生的，常见于明火煮豆浆的产品。主要原因是豆糊粘于锅底而煳锅（锅巴），产生串烟味和苦味，凝固剂石膏或卤水添加量过多或使用方法不当也会造成产品有苦涩味。

3. 馊味或酸腐味

豆腐出现馊味或酸腐味有两种情况：一是新鲜的豆腐就有馊味或酸腐味，这主要是生产过程中卫生条件太差，制作豆腐的设备等不洁造成的，特别是使用的豆腐包布和压榨设备没有及时清洗、消毒、晾晒，产生馊味，导致新制作的豆腐表面出现馊味或酸腐味；二是豆腐的贮藏条件不适或时间过长引起的。豆腐水分含量高，又富含蛋白质、脂肪等营养成分，受微生物污染后极易酸败变质，夏秋季节环境温度较高，豆腐在短时间内就会腐败变质。加强豆腐生产过程中的卫生管理，豆腐在冷链中流通、贮藏等可以延长豆腐的保质期。

4. 大豆浸泡发生不开和过性

大豆的浸泡过程主要是让大豆能够均衡吸收足够的水分，使大豆蛋白质适度变性和大豆子叶部分组织松软，经磨碎便于大豆蛋白质溶解。如何准确地掌握大豆吸水量还要根据大豆质量和水温变化，正确掌握浸泡时间。按常规一般大豆质量好，吸水量大，吸水速度慢；大豆质量低劣，吸水量少，吸水速度快；水温高、吸收快，可减少浸泡时间，水温低、大豆吸收慢，时间应加长；含水量高的大豆浸泡时间短，含水量低的大豆浸泡时间应长；浸泡容器小，大豆吸收水分均衡，浸泡容器越大，大豆吸收水分就越容易出现不均衡现象。在大豆浸泡过程中，为使大豆吸水均衡，中途不能有缺水现象（即有的大豆有时接触不到水）。凡是出现大豆浸泡不开和过性现象，都是没有掌握好浸泡规律，只要按浸泡规律认真操作就不会出现浸泡不开或过性现象。

5. 大豆磨碎有粗有细

大豆在磨碎过程中粗细是由操作者掌握的，出现粗细不均现象多数是由于操作者马虎大意，使用砂轮磨和立式石磨时，磨片调整不适当，或者磨在运行过程中出现松动未能及时发现，当磨片松动时，两片间隙加大，磨出的磨糊就粗，调整时磨片过紧就会导致磨糊过细。时粗时细现象的出现，对豆腐的生产不利，磨糊过粗会使出品率降低，磨糊过细会使豆腐没筋力、易破碎、增加黏度、过滤困难。使用卧式石磨发现磨糊过粗时，主要是石磨铲得不细或不平造成的。磨口紧和经常使用磨膛齿磨光了没及时铲修，也会出现磨糊过细。此外，在磨料过程中发生断水、断料也会使磨糊出现粗细不均。

6. 豆腐渣中蛋白质冲洗不净

蛋白质冲洗不净导致的主要结果是豆腐的出品率降低、豆腐渣发黏，经挤压有乳状浆水渗出，或豆腐渣颗粒明显粗大。导致这些现象的主要原因是大豆浸泡过度或磨糊过度。由于磨片过紧或磨口老，豆料在磨膛内留存时间延长，受膛温刺激磨糊黏度增加，浸泡过度的大豆也会增加磨糊黏度，洗渣时很难将蛋白质洗净。豆腐渣再经挤压有乳状浆水流出，就证明豆腐渣内仍含有一定数量的蛋白质，有蛋白质流失就必然导致出品率降低；豆腐渣颗粒粗大是磨糊过粗，磨糊粗了蛋白质不能完全分离出来，只靠洗渣无论怎么冲洗也不会把蛋白质完全洗净。此外，洗渣时加水不足，也会导致蛋白质冲洗不净。

7. 再次过滤浆内还有杂质

再次过滤的目的是彻底清除豆浆内的杂质，如果经再次过滤豆浆内仍有杂质存在，可能是操作不细心或用的滤网不适当，没有起到再次过滤的作用。解决办法是应检查滤网是否适当和是否有损坏漏渣处，要及时更换和修补；使用电振动筛要看筛的周围是否严密，不能操之过急，避免撒漏；大规模生产厂还要注意管道壁脱落或留存的杂质，最好在豆浆入凝固缸时再用手动滤网过滤，避免有杂质。

8. 豆腐脑老嫩不均

点脑老与嫩的问题有以下几种情况：以每个缸为单位，全缸豆腐脑都点老、全缸豆腐脑都点嫩或同一缸豆腐脑中有老有嫩。前两种情况主要与下卤速度有关。下卤要快慢适宜，过快脑易点老，过慢则点嫩。第三种情况就是点脑的技术出问题，如在同一缸豆腐脑中出现了老嫩不一的情况。点脑时应不断将豆浆翻动均匀，在即将成脑时，要减量、减速加入卤水，当浆全部形成凝胶状后，方可停止加卤水。

9. 豆腐形状不规则

豆腐生产要求使用标准模具，对产品有一定的规格标准要求。然而豆腐也会出现厚薄不均匀的现象，其主要原因是上榨不匀和偏榨。上榨不匀是指在几块豆腐之间互相对比厚薄不一样。偏榨是指同一个豆腐体存在各部位的厚薄不一样。前者主要是生产过程对豆浆浓度掌握不准或在凝固时点脑的老嫩不一所致，如生产过程豆浆浓度忽稠忽稀，点脑时就会出现忽老忽嫩，很难做到产品的厚薄均匀一致。偏榨原因主要是底板放不平，或是操作者疏忽造成的。

10. 压榨不成或过性

压榨不成的原因主要有以下两种情况：①豆腐脑没点成。由于点脑时的疏忽，把豆腐脑点得过嫩，这种情况属于豆腐脑没有点成，上榨时方法不当，就不容易压成豆腐。②豆腐脑凉了。豆腐脑凉了以后，其蛋白质组织在凝固时形成的网络结构将豆腐脑中的水溶液完全凝结在一起，增强了豆腐的保水性能，失去了析水能力。过多的水分含在豆腐的组织中不能析出，豆腐脑本身不能成形，即使经过压榨强制析水也是无效的，也就无法让其成形了。压榨过性主要体现在豆腐脑点老了，产品失去了保水性能，经压榨很容易把水分大量挤出，保证不了规定的标准厚度，造成压榨过性。

二、影响豆腐得率和质构的因素

1. 大豆原料的影响

大豆原料无疑对豆腐生产有着重要影响，国内外的科技工作者对此进行了研究。探究大豆原料与豆腐生产之间的定性及定量关系，不但对大豆育种工作者改良大豆加工品质、培育豆腐专用品种具有指导意义，而且对豆腐生产者选择大豆原料提高豆腐得率、改善豆腐质构以及实现豆腐生产的自动化具有重要价值。大豆品种对豆腐得率、质构的影响，实质是大豆化学成分的影响。品种不同，大豆的化学成分也很难相同；即使是同一品种，生长环境不同，大豆的化学成分在数量上也相差较大。目前，有关大豆品种对豆腐得率和质构影响的研究已深入大豆化学成分对豆浆凝固过程的影响。

2. 植酸的影响

统计分析表明，大豆中的植酸含量与豆乳中的植酸含量之间、大豆和豆乳中的植酸含量分别与硫酸钙豆腐及葡萄糖酸-δ-内酯（GLD）豆腐中的植酸含量之间，都呈显著正相关，且相关系数很高；绝对含量比较也表明，大豆中的植酸大部分保留在豆腐中。研究发现，无论是大豆中天然存在的植酸，还是添加到豆乳中的植酸，都对豆腐质构有重要影响，豆乳凝固时加入的钙离子优先被豆乳中的植酸结合，当在一定范围内，限定添加的钙盐量时，豆乳中植酸含量越高，用于蛋白质凝固的有效钙离子量就越少，所制作的豆腐水分含量就越大，导致豆腐的得率就越高，豆腐的硬度就越小。

3. 大豆蛋白质的影响

大豆蛋白质主要为 11S 大豆球蛋白和 7S 大豆球蛋白，这两种球蛋白的组成、结构和构象不同，且不同品种间 11S 球蛋白和 7S 球蛋白的组成、含量也有显著差异，因此导致豆腐加工性能也不同。

4. 大豆其他成分的影响

大豆的主要成分是蛋白质和油脂，其次是大豆纤维。有关大豆油脂对豆腐得率和品质影响的研究尚未有详细报道。制作豆腐时，一般将大豆纤维（即豆腐渣）去除，因为豆腐渣会影响豆浆的凝固，降低豆腐的感官品质。显然，纤维含量高的大豆，其豆腐得率必然较低。由于现代医学证明膳食纤维对人体有益，而大豆纤维又是优质膳食纤维，因此如果能在提高豆腐中纤维含量的同时又提高豆腐得率，便可提高豆腐的营养保健价值。

三、 HACCP在豆腐生产中的应用

1. 关键控制点的建立

根据HACCP体系的相关要求，应建立从原料、加工到冷藏、运输、销售的全面质量管理体系。根据《HACCP计划书》的要求，按照产品生产的工艺流程进行危害分析，确定了以下几个食品安全易受到危害的工序作为关键控制点。

（1）原料　豆制品的主要原料是大豆。按HACCP的要求，生产厂家要建立合格供应商，使用的大豆都是定点供应的，并通过国家绿色食品认证，其有害物质和农药残留量都大大低于国家标准GB 1352—2009要求。

（2）生产过程　根据企业的设备和具体生产情况，建立生产过程中的若干个关键控制点，对关键控制点岗位上操作员工应进行专业培训，在生产中严格按照相关规程操作。

①大豆清洗、浸泡。加工前应对大豆进行挑选，除去杂质，然后经3次彻底清洗（带搅拌）以除去大部分农药残留和附着微生物。洗净再经过浸泡，浸泡池内壁要求光滑且无气孔，不脱落，浸泡时间不宜过长，以免造成腐败。夏秋季要勤换水，也可适量添加碱，但不宜过量。

②磨浆。磨浆前要对磨浆机、管道、工具及相关器皿进行清洗消毒。磨浆要注意颗粒的细度，以100～120目为最佳，这有利于豆浆溶出和纤维分离。浆液过滤可以清除豆腐渣，注意保洁，以减少细菌的污染。

③煮浆。加热能使大豆蛋白质发生变性，提高蛋白质在人体内的消化吸收率，加热还可以破坏大豆中对人体健康有害的胰蛋白酶抑制剂等物质。煮浆温度应控制在95～100℃，时间为5～7min。

④点卤成形。点卤时所用的凝固剂必须符合相关的卫生标准，凝固剂用量要适中。成形所用的箱、板、布等器具用品，用后必须清洗干净并且消毒。应该特别注意的是对消泡剂、凝固剂等化学物质的使用量，制订严格的控制措施，并且有详细的使用记录，便于监管人员监督检查，从而保证产品的食用安全性。

（3）冷藏和运输环节　豆制品保质期比较短，控制好冷藏和运输是保证品质的关键。企业生产的豆制品都要及时送入冷库，送货车必须是专用货车，并且尽

量缩短运输时间，以确保将最新鲜、卫生的产品及时送给客户。

2. 提高企业的管理水平

按照 HACCP 的相关要求，企业应制订《安全卫生质量手册》，使企业的生产管理符合 SSOP（卫生标准操作规程）和 GMP（良好操作规范）的标准，从以下几个方面实现生产管理的制度化、科学化、规范化，提高企业的管理水平。

（1）建立完善的质量控制体系　按照 HACCP 的要求，企业明确各部门、各环节的职责，并提出具体的要求，使各部门都参与质量控制与管理，从而建立从原料到销售的全过程质量管理体系，使企业的管理制度化、科学化。

（2）提高规范化管理水平　首先，对硬件设施进行改造，按照标准工艺流程的要求购置冷却设备，使成品的温度在短时间内达到 10℃以下，以提高产品质量；建立冷库、化验室，配备有资质的化验人员和先进的化验设备。其次，所有员工都需持健康证上岗，车间员工必须戴工作帽，穿工作衣、鞋，不化妆，不戴饰品，进出车间必须更衣、洗手、消毒，车间环境、生产机器、工器具坚持班前班后清洗。最后，按 HACCP 的要求，对各生产工序制订操作规程，即操作过程中必须遵守的程序，员工在实际操作中严格执行，实现生产操作的规范化，提高员工的整体素质。按照 HACCP 的要求，企业应加强对员工的教育和培训，包括各类操作练兵和业务培训，企业管理人员应参加标准化知识培训、HACCP 培训等，提高企业干部职工的整体素质。

3. 豆腐的加工与安全质量控制

以内酯豆腐的生产为例，进行 HACCP 危害分析，见表 3-1，HACCP 计划见表 3-2。

表 3-1　内酯豆腐加工危害分析

工厂名称：　　　　工厂地址：　　　　产品描述：内酯豆腐

销售和贮存方法：包装出售、低温贮存　　　　预期使用和消费者：所有人

（1）	（2）	（3）	（4）	（5）	（6）
配料/加工步骤	确定在这步中引入的、控制的或增加的潜在危害	潜在的食品安全危害是显著的吗？（是/否）	对第 3 列的判断提出依据	应用什么预防措施来防止显著危害	这步是关键控制点吗？（是/否）
原料验收	生物的致病菌污染	是	水和土壤中可能存在致病菌	适当的漂烫温度和时间可杀死致病菌	否
	化学的　农药、重金属污染	是	种植区域水和土壤中可能存在环境污染物	拒收来自污染区域的原料	是(CCP1)
	物理的　无	否			

续表

(1)	(2)	(3)	(4)	(5)	(6)
浸泡	生物的　微生物	是	水中可能存在致病菌	取生产用水浸泡	否
	化学的　无	否			
	物理的　无	否			
磨浆分离	生物的　致病菌	否	人员及设备带入	通过 SSOP 控制	
	化学的　洗涤剂	是	化学品管理及用量不当	通过 SSOP 控制	
	物理的　无	否			
烧浆	生物的　微生物	是	杀菌温度及时间不到位，造成微生物繁殖	控制加热温度和时间	是(CCP2)
	化学的　无				
	物理的　无				
配料	生物的　致病菌	否	人员及设备带入	通过 SSOP 控制	
	化学的　消泡剂、内酯	是	用量不当	严格执行化学品管控制度，严格控制使用量，不得超过标准量	否
	物理的　无	否			
灌装	生物的　微生物	是	灌装时空气及人员带入	通过 SSOP 控制，全部设施换成密闭式	否
	化学的　无	否			
	物理的　无	否			
冷却	生物的　无	否			
	化学的　无	否			
	物理的　无	否			
储藏	生物的　致病菌	是	豆腐放在常温下时间不超过5h，大于5h有害细菌将会大量繁殖(如大肠杆菌)	控制冷藏温度	是(CCP3)
	化学的　无	否			
	物理的　异物	是	异物控制不当混入产品中	通过 SSOP 控制	否

表 3-2　内酯豆腐 HACCP 计划

关键控制点（CCP）	显著危害	关键限值		监控对象			纠偏措施	验证	记录
				内容	频率	人员			
原料选择（CCP1）	（1）农药残留、重金属；（2）黄曲霉素	《食品安全国家标准 食品中农药最大残留限量》（GB 2763—2019）、有无使用添加剂	（1）农残药和重金属残留是否达到最大限值；（2）真菌毒素	直接观察和检查证书，检查化验单	每批必检	质控员监督工序记录	拒收	每批取样感官检验，每年索取两次官方出具的检测报告，每批索取供应商保证书、化验单	证书/CCP 监控记录、原料验收记录
烧浆（CCP2）	皂苷、胰蛋白酶抑制剂	煮浆时的温度	皂苷、胰蛋白酶抑制剂	严格控制	定期检查温度	操作人员	严格控制	每次煮浆测定其温度是否达标	检测记录
储藏（CCP3）	微生物的繁殖、异物	控制储藏温度，密封处理	检测	每天	管理人员	发现细菌总数超过标准值及有异物，立即上报及处理本批次成品	管理人员至少每天检查一次当天细菌总数	细菌总数记录	微生物的繁殖、异物

第四节　特色豆腐加工工艺

一、北豆腐

1. 生产工艺

见第三章第一节。

2. 操作要点

见第三章第一节。

3. 质量标准

（1）感官指标　白色或淡黄色，具有豆腐特有香气，味正，块形完整，软硬适宜，质地细嫩，有弹性，无杂质。

（2）理化指标（表 3-3）

表 3-3　北豆腐理化指标

项目	指标	项目	指标
水分	≤85.00%	铅(以 Pb 计)/(mg/kg)	≤1.00
蛋白质	≥5.9%	食品添加剂	按 GB 2760—2014 执行
砷(以 As 计)/(mg/kg)	≤0.50		

（3）微生物指标（表 3-4）

表 3-4　北豆腐微生物指标

项目	指标	
	出厂	销售
细菌总数/(CFU/g)	5×10^4	10×10^4
大肠菌群近似值/(MPN/100g)	70×10^4	150×10^4
致病菌	不得检出	

二、南豆腐

1. 生产工艺

见第三章第一节。

2. 操作要点

见第三章第一节。

3. 质量标准

除水分每 100g 不得超过 90g，蛋白质每 100g 不得低于 5g 外，其他指标与北豆腐相同。

三、内酯豆腐

1. 生产工艺

见第三章第一节。

2. 操作要点

见第三章第一节。

3. 质量标准

（1）感官指标　色泽洁白，质地细腻，保水性好，挺而有劲，入口润滑，豆香气浓郁。

（2）理化指标　蛋白质含量=4%，含水量≤90%，砷、铅和食品添加剂许可用量同表 3-3 所述。

（3）微生物指标　同表 3-4 所述。

四、脱水冻豆腐

1. 生产工艺流程

老豆腐→冻结→冷藏→解冻→脱水→通入氨气→包装→成品

2. 操作要点

（1）冻结　冻结的速度与冷冻温度、风速有关。把老豆腐切成 80mm×60mm×20mm 的薄型豆腐片，每块重约 90g。当温度在－8℃、风速 55m/s 时，只需 44min 即冻结。若没有风，则要 248min 才能冻结。若温度降至－18℃、风速 5m/s，只要 20min 即可冻结，但若没有风，则要 119min才能冻结。冻结的速度与冰的结晶大小也有关，结晶的大小又与成品的质量有关。一般冻结速度快，结晶小，成品纹理细；而冻结速度慢时，内部结晶大，纹理粗。对冻结的豆腐要求表面结晶小，纹理细；内部结晶大，纹理粗，这样脱水后的干豆腐，经加水复原后，成品表面细腻，内部松软不发硬，所以在冻结时应分两个阶段进行。先在－16℃、风速 5～6m/s 的冷藏室速冻 1h，然后再进入－6℃、风速 3～4m/s 的冷藏室速冻 2h，这样可达到豆腐表面急速冷冻结晶小而内部因缓慢冷冻结晶大，符合脱水冻豆腐的质量要求。

（2）冷藏　豆腐经冷冻后，如果随即解冻，在烘干时，会引起不规则的收缩，造成产品的不整齐、不雅观。因此，冻结的豆腐必须冷藏在－3～－1℃的冷库中，冷藏 20h 左右。在这种情况下，豆腐的冰结晶有变化，蛋白质冷变性，会使豆腐形成海绵状结构，在解冻时容易脱水，干燥时，成品不收缩，体积不会缩小变形，可制成多孔而整齐的脱水冻豆腐。

（3）解冻　先将冻结的豆腐放在金属网中，防止豆腐解冻时破碎，然后将冻结的豆腐在 20℃的流水中浸泡 1～1.5h 或排列在宽幅度的运输带上，用 20℃的水喷淋 1.5h，可完全解冻。

（4）脱水　解冻的豆腐，可先置入离心机里初步脱水，而后进烘房烘干。在烘干时，最初烘房的温度不宜太高，以免表面干燥而内部的水分不易排出散发。一般烘房的温度宜选择 50～60℃、风速 1～1.6m/s、空气相对湿度 70%～80%

（干燥空气中含水量）较为适宜。

（5）通入氨气　为使加水复原时膨大效果良好，可将豆腐置入密闭室内通以氨气，经数小时后取出，随即用玻璃纸包装。因脱水冻豆腐内含有游离氨，所以膨胀效果好，氨在加热调理时，会自行消失，所以不会影响食品卫生，但脱水冻豆腐久存后氨气逐渐逸散，影响效果。

3. 质量标准

（1）感官指标　色泽黄亮，不焦，块内呈海绵微孔，块整不碎。

（2）理化指标　脱水冻豆腐经水浸泡复原后，在烹调食用时仍维持豆腐的口味和特色，其食法与老豆腐相仿。

（3）微生物指标　同表3-4所述。

五、酸浆豆腐

1. 生产工艺流程

大豆→浸泡→去杂→打浆→滤浆→煮浆→除渣→豆浆→降温→点脑→蹲脑→泼压→成品

（点脑↑酸浆）

2. 操作要点

（1）酸浆制备　以传统工艺制作的卤片豆腐黄浆水作为初级黄浆水，由其直接发酵制得一代酸浆。以一代酸浆作凝固剂制得二级黄浆水，再发酵制得二代酸浆。以二代酸浆作凝固剂制得三级黄浆水，以三级黄浆水为发酵基质制取酸浆凝固剂和酸浆豆腐，酸浆制备的最佳条件：温度42℃，发酵时间30～35h，酸浆pH为3.3～3.5。

（2）选豆及预处理　要选用色浅、含油量低、蛋白质含量高、粒大皮薄、表皮无皱、有光泽的大豆为原料。将选好的大豆先除去各种杂质，经称量后利用清水进行漂洗，以除去轻型杂质。

（3）浸泡　将经上述处理后的大豆放入浸泡容器中进行浸泡，浸泡水温度为25℃，浸泡时间为10～16h。

（4）打浆　将浸泡好的大豆送入打浆机中进行打浆，料水比为1∶8。

（5）滤浆、煮浆、除渣　将得到的浆液经过滤除去豆腐渣，得到的浆液进行煮浆，煮沸后持沸5min，然后再用尼龙筛布除渣并收集豆浆。

（6）降温、点脑　当豆浆温度降为90℃时，轻搅下徐徐加入制备好的酸浆，直至出现均匀脑花，酸浆的用量为22%。

（7）蹲脑、泼压　于90℃蹲脑20min，然后将尼龙筛布铺入模具内，小心转入豆腐脑，包严网布，覆平，上置不锈钢压板，在2kPa的压力下压制40min，将豆腐脑压制成形即为成品。另外，此时可收集黄浆水以用于制备酸浆。

3. 质量标准

（1）感官指标　色泽白中泛黄，有豆腐脑和酸乳特有的香气，滋味丰富，口感爽滑，组织细腻均匀，韧性好，且有一定弹性；无石膏豆腐、卤片豆腐的苦涩味，色、香、味、形俱佳。

（2）理化指标　水分 70.3%～82.5%，蛋白质 9.4%～10.6%，砷≤0.5mg/kg，铅≤1mg/kg，食品添加剂按 GB 2760—2014 执行。

（3）微生物指标　细菌总数 3.6×10^{5}≤CFU/g，大肠菌群未检出，致病菌未检出。

六、食醋豆腐

食醋豆腐是以食醋为凝固剂生产的豆腐。

1. 生产工艺流程

选料→浸泡→磨浆→滤浆→煮浆→点脑（加食醋）→凝固→成品

2. 操作要点

（1）浸泡　大豆与自来水比例约为 1∶(2～3)，水温 15～20℃，时间 8～12h，浸泡后大豆断面无硬心，吸水后质量约为浸泡前的 2.0～2.5 倍。

（2）磨浆　磨制时的加水量应为浸泡好大豆质量的 2～3 倍，取用 pH 值 5～7、温度 85℃的软化水最好。

（3）滤浆　用 80～100 目的滤网，加大豆质量 2～3 倍的水。

（4）煮浆　煮浆温度应控制在 95℃以上，时间为 8～10min，然后立即用 80～100 目的滤网过滤。

（5）点脑　采用倒浆法，以凝固剂为固定相、豆浆为流动相将豆浆温度降至 80～85℃，浓度 11～12°Bé，pH 值为 6～6.5，冲入放有适量食醋的容器中，并加以充分搅拌。食醋添加量控制在 2.0%。

（6）凝固、成品　与普通豆腐生产技术相同。应注意的是，此过程要保温 15～20min，且不宜振动。

3. 质量标准

（1）感官指标　白色或淡黄色。具有豆腐脑和陈醋特有的香气，味正，略有陈醋酸味。质地细嫩，软硬适宜，有弹性，无杂质。

（2）理化指标　水分≤92%，蛋白质≥4%，砷（以 As 计）≤0.5mg/kg，铅（以 Pb 计）≤1.0mg/kg。

（3）微生物指标　细菌总数≤500CFU/g，大肠菌群数≤70CFU/100g，致病菌不得检出。

七、豆清豆腐

1. 生产工艺流程

大豆→预处理→浸泡→磨浆→煮浆→浆渣分离→点浆→破脑→压榨制坯→切块→成品

2. 操作要点

（1）浸泡　最佳浸泡时间判断标准：将大豆去皮分成两瓣，以豆瓣内部表面基本呈平面，略微有塌陷，手指稍用力掐之易断，且断面已浸透无硬心为浸泡终点。①浸泡的水质依据 GB 14881—2013《食品安全国家标准 食品生产通用卫生规范》中规定，食品企业生产用水水质必须符合 GB 5749—2006《生活饮用水卫生标准》要求，若能在符合标准水质的基础上，进行软化或反渗透处理，得到的软化水或反渗透水泡豆则更佳。②浸泡温度不同，浸泡时间也不同。水温高，浸泡时间短；水温低，浸泡时间长。其中冬季水温为 2～10℃时，浸泡时间为 13～15h；春秋季水温为 12～28℃时，浸泡时间为 8.0～12.5h；夏季水温为 30～38℃时，仅需 6.0～7.5h，并且此期间应更换泡豆水一次。夏季因为气温高，在浸泡水中宜添加 0.4%食用级碳酸氢钠（以干豆质量计），防止泡豆水变酸，并且可提高大豆蛋白质抽提率。③豆水比约为 1∶4。泡水量较少会导致大豆露出水面，浸泡不均匀；泡水量太多，工厂用水和排污成本都会增加，造成浪费。

（2）磨浆　磨浆的水质应符合 GB 5749—2006 相关要求，大豆磨碎程度要适度，磨得过细纤维碎片增多，在浆渣分离时，小体积的纤维碎片会随着蛋白质一起进入豆浆中，影响蛋白质凝胶网络结构，导致产品口感和质地变差。同时，纤维过细易造成离心机或挤压机的筛孔堵塞，使豆腐渣内蛋白质残留量增加，影响滤浆效果，降低出品率。

（3）煮浆　煮浆可采用二次浆渣共熟工艺，2 次煮浆的温度、时间、加热方式决定了煮浆的效果。通过工厂的大量实践表明，两次煮浆最适的温度均在 92℃以上，维持 4～5min，若只加热到 70～80℃或只加热 1～2min，尽管部分细菌已被杀死，但抗营养因子及豆腥味生成物（如脂肪氧化酶等）还未得到抑制；这样的温度下，尤其是分子量大的蛋白质高级结构还未打开，凝胶性较差，当点浆时因保水性差会造成豆腐凝胶结构散乱，没有韧性，甚至无法形成豆腐。当煮浆至 90℃以上时，除原料中极少量土壤源芽孢菌还残存外，其他影响食品安全的微生物及豆腥味物质均已消除；保证了与大豆蛋白质加工性能密切相关的 7S 和 11S 大豆球蛋白充分变性，蛋白质的凝胶特性明显增加，在凝固剂的作用下即可形成结合力很强、有弹性的蛋白质凝胶体，制得的豆腐组织细腻、结构坚实、有韧性。

（4）浆渣分离　人工分离一般借助压力放大装置和滤袋，滤袋一般以100～120目为宜；机械过滤一般选择卧式离心机（生浆）或挤压机（熟浆），加水量、进料速度、转速、筛网目数决定着分离效果。在二次浆渣共熟工艺中，经3次浆渣分离后，得到的豆浆浓度稳定，适合以豆清发酵液为凝固剂进行点浆。

（5）点浆　豆清豆腐的特点就是采用发酵好的豆清发酵液作为凝固剂。豆浆浓度在5.2～5.8°Bé时，加凝固剂形成脑花大小适中，豆腐韧性好。点浆温度和时间密切相关，点浆时维持在78℃左右，加入豆清发酵液后静置保温40min，点浆效果最好。温度过高，会使蛋白质分子内能跃升，一遇到酸性的豆清发酵液，蛋白质就会迅速聚集，导致豆腐保水性变差、凝胶弹性变小、硬度变大。如果凝固速度过快，豆清发酵液点浆又是分多次加入凝固剂，稍有偏差，凝固剂分布不均，就会出现白浆现象。当温度低于78℃甚至低于70℃时，凝固速度很慢，凝胶结构会吸附大量水分，导致豆腐含水量上升，韧性不足。

八、宁式小嫩豆腐

1. 生产工艺流程

大豆→浸泡→去杂→制浆→点浆→涨浆→摊布→浇制→翻板→成品

2. 操作要点

（1）制浆　工艺与上述制北豆腐相同。小嫩豆腐的特点是：既要嫩又要有韧性，挺而有力，因此在浇制时尽量不破坏大豆蛋白质的网状组织，为此在制浆时，要减少用水量，以每1kg大豆出浆率在7.5kg以内为宜。

（2）摊布　以刻有横竖条纹的豆腐花板作为浇制的底板。在花板面上摊一块与花板面积同样大小的细布。摊布有三个作用：一是当箱套放置在花板上时由于夹有细布，可防止箱套的滑动；二是通过布缝易于豆腐沥水；三是在豆腐翻板后，可以把布留存在豆腐的表面上，有利于保持商品卫生。摊布后，在花板上可重叠放置两只嫩豆腐箱套。

（3）浇制　根据小嫩豆腐品质肥嫩、保水性好的要求，在浇制时要尽量使豆腐花完整不碎，减少破坏蛋白质的网状组织，因此舀豆腐花的铜勺要浅而扁平，落手要轻快，以便稳妥地把豆腐花溜滑至豆腐箱套内。每板嫩豆腐最好舀入八勺。具体舀法是以箱套的每一只角为基底，每内角各舀一勺，再在上面分别覆盖四勺，然后再把箱套内的豆腐花舀平。豆腐花的总量以一个半箱套的高度为宜。以后任其自然沥水约20min。在向缸内舀豆腐花时，要沿平面舀，注意使缸内豆腐花始终呈水平状，以减少豆腐花的碎裂而影响大豆蛋白质的网状组织。这样豆腐花不会发生出黄浆水的现象，从而提高豆腐的保水性。

（4）翻板　浇制后经沥水约20min，豆腐花已下沉到接近一个箱套的高度，这时可取去架在上边的一只箱套，覆盖好小豆腐板，把豆腐翻过来，取出花板，再让其自然沥水凝结3h，即为成品。

3. 质量标准

（1）感官指标　无豆腐渣、无石膏残留，不红、不酸、不粗，刀口光亮，脱套圈后不坍。规格：箱套内径为255mm×255mm×46mm，脱套圈后成品中心高度为44～46mm，开刀后5min内下降为42～44mm。

（2）理化指标　水分≤92%，蛋白质≥4%，砷（以As计）≤0.5mg/kg，铅（以Pb计）≤1mg/kg，食品添加剂符合GB 2760—2014规定。

（3）微生物指标　细菌总数出厂时≤5万CFU/g，大肠菌群出厂时≤70MPN/100g，致病菌出厂或销售均不得检出。

九、姜黄豆腐

1. 生产工艺流程

制豆腐花→压制→煮姜黄汤→煮豆腐块→烘烤→成品

2. 操作要点

（1）制豆腐花　将黄豆磨细、过滤，除去豆腐渣煮成豆腐花。

（2）压制　用$10cm^2$的小块布，把豆腐花一包一包地扎起来，放置在桌面上。最后盖上木板，以重物压之，挤出水分，制成软硬适度的豆腐块。

（3）煮姜黄汤　按100kg黄豆的豆腐，取新鲜姜黄40kg，洗净捣烂，加水160 L煮沸，待呈金黄色即成。

（4）煮豆腐块　把豆腐块放入“姜黄汤”中，稍煮5min后捞起，放在竹箅上。

（5）烘烤　以炭火烘烤10min即为成品。

3. 质量标准

（1）感官指标　无豆腐渣，无石膏残留，不红、不粗、不酸，表面光洁。

（2）理化指标　水分≤92%，蛋白质≥4%，铅≤1mg/kg，食品添加剂按GB 2760—2014执行。

（3）微生物指标　散装时细菌总数≤10^5CFU/g，大肠菌群≤150MPN/100g；定形包装时细菌总数≤750CFU/g，大肠菌群≤40CFU/100g，致病菌不得检出。

第四章 豆腐干加工技术

第一节 豆腐干加工工艺

一、原料要求

同豆腐原料要求。

二、生产工艺流程

水 → 调浆；凝固剂 → 点浆

豆浆→调浆→点浆→蹲脑→破脑→滤水→上板→压制→切块→半成品坯→精加工→包装→灭菌→成品

三、操作及要求

1. 调浆

经过煮沸的豆浆，温度在95℃以上，这个温度是不能直接点浆的，同时豆浆浓度也根据产品不同而不同，所以要先进行温度、浓度的调整。制作不同的豆腐干白坯，对其硬度和含水量有不同的要求。

豆制品品种比较多，在制作豆腐干白坯时要根据具体的品种要求调整豆浆，为下一步操作创造条件。

2. 点浆

制作豆腐干点浆所用的凝固剂，以盐卤凝固剂为主，因为盐卤点浆豆腐脑保水性差，利于压制脱水，并能使豆腐干弹性、韧性、硬度达到要求。所用凝固剂（盐卤）的比例应在 100∶4.2 左右，比制作豆腐的凝固剂使用量大，为冷点浆准备的凝固剂液体浓度略低于为热点浆准备的凝固剂液体浓度，热点浆凝固剂液体浓度为 10～12°Bé。点浆可用机械点浆，也可用人工点浆。其点浆操作及要求与制作豆腐的点浆相同，只是要根据具体产品要求，确定是采取冷点浆还是热点浆。

3. 蹲脑、破脑、滤水

制作豆腐干点浆之后要蹲脑，使凝固剂与蛋白质充分反应，形成豆腐脑，蹲脑时间 10～15min 即可。当蹲脑 10min 后就开始破脑，破脑的程度要根据所做产品含水量及硬度要求进行，其目的是使豆腐脑中的部分黄浆水排出。破脑后 3min 就可以吸滤出上浮的黄浆水，容器内剩下的豆浆和部分黄浆水就可以进行下道工序。要注意吸滤黄浆水程度，豆腐脑内黄浆水滤得太干，豆腐干缺乏弹性，同时也不宜掌握其薄厚程度；黄浆水留得过多，不利于上板，板框内的容积有限，会使豆腐干达不到厚度要求，所以滤水应适宜，为下道工序创造条件。将筛子或网眼滤水工具压在脑面上，待黄浆水溢出后用舀子将水撇出，按开缸方法和豆腐干白坯含水量的不同进行撇水即可。

4. 上板

制作豆腐干是用数块 500mm×500mm×20mm 的木板，配备 450mm×450mm 的方木框，上面放好豆包布，将滤水后的豆腐脑倒入板框内，封好豆包布撤掉板框，再继续放上木板及板框，重复以上 5～6 板后，将其放入专用压榨板框内，待 15～18 板时就可以开始压制。上板主要要求：豆腐脑的数量要根据所加工产品豆腐干白坯的厚薄而确定，为达到厚薄一致，数量要掌握准确。每上一板，板框内厚薄一致，不留空角，才能使豆腐干白坯方方正正、厚薄一致。如果采用机械生产线生产豆腐干坯，一般采用履带式压榨机，上板工作是在履带上自动、连续进行的。

5. 压制

（1）压制操作　压制工序是成形过程中的一个重要工序，压制过程要逐渐加压，排出黄浆水，使豆腐干白坯结构紧密、弹性好，如果压力过急，豆腐干白坯表皮很硬但内部黄浆水没有排出，豆腐干反而又糟又软，无法进行精加工。冬季压制时要注意保温，以利成形。从上板预成形到加压脱水，中间要有一个倒板的工序，自下而上倒板，使得压制程度一致。①初压阶段时，施压表现应是豆包布的四个边有明显的黄浆水较快排出。初压时的压力保持在 0.1～0.15kPa，时间一般掌握在 2min 左右。②中压阶段是指大部分黄浆水被挤出之后的继续脱水阶段，这一段的压力可以保持在1.5～2.0kPa，时间一般掌握在6min左右。③重压阶段被挤出的黄浆水量很少，这一段的压力可以保持在2.5～3.0kPa，时间一般掌握在3min左右。由于所生产的品种不同，压力和时间会有一定的差异。

（2）压制设备的种类　豆腐干白坯含水量60%～75%，要达到这一要求，就需要将豆腐脑浇制入模后通过加压，排出豆腐脑中包含的多余水分，同时通过加压使豆腐脑内部分散的蛋白质凝胶更易接近和黏合，使制品成形并具有需要的硬度，压榨设备是生产中不可缺少的重要设备之一。目前使用的压榨设备种类很多，如手动千斤顶、手动丝杠压力榨、液压榨、电压榨、气动压榨设备，还有与生产线配套、机械化程度较高的自动旋转压榨机等。总体上分为以下两种类型。

① 手动操作的压榨设备。手动压榨设备是我国豆制品行业采用的传统压榨方式，因其手动加压柔和、适合豆腐脑泄水的特性，不论要求制品含水量多少，都能通过人力根据压榨时的情况适当掌握。如用大箱制作豆腐，仍使用手动千斤顶进行加压成形。南方制作厚百叶，仍采用土榨床的方式压制。生产量小的企业压榨设备仍采用手动丝杠压力榨压制豆制品，它便于操作，设备构造简单，容易掌握。

② 机械操作的压榨设备。机械压榨设备有电压榨、液压榨、自动压榨机等。使用机械压榨设备，可以减轻人力，提高生产效率。液压榨设备也称为油压榨设备，它节省电力、生产量大、操作方便，建立一个液压泵站，可带动多台压榨，满足产量的需求，适合生产各种含水量要求的产品使用。

6. 切块

比较大型的豆制品加工企业，切块都用专用切块机加工，这样块形整齐、劳动效率高。较小规模的工厂用人工切制，就要特别注意块形整齐不破碎。切块之后的豆腐干白坯要放在通风的包装箱内，松散开。每个包装箱内的坯块多少要称重，为精加工做好准备。

豆腐干白坯称重后放入包装箱内，放在通风的地方就完成了豆腐干半成品坯的制作，送入精加工工序进行精加工。

第二节　豆腐干生产设备

一、压榨设备

压榨设备主要用于豆腐干生产中的压制脱水工艺。目前使用较为普遍的是油压榨和电力压榨两种类型。

1. 油压榨

图 4-1 油压榨

油压榨是由一个油泵中心带动多台压榨机。该设备适用于规模生产，具有产量高、压制质量好、设备维修方便、节约能源的优点。油压榨见图 4-1。

油压榨是由机架、油缸、压盘和托盘小车组成，另有油泵中心供给压力油。在制作豆腐干时，将点浆、上板、封包后的预压豆腐干 15 板左右摞在一起，托盘小车将其推入压榨机，油缸杆和压盘向下行走，达到压制的目的。压制过程中逐步加压，15～20min 后豆腐干压成，托盘小车将豆腐干推出压榨机。托盘小车是由另一个油缸推动的，以减轻劳动强度，也有做成轨道，人工推进推出的。

油压榨基本结构见图 4-2。

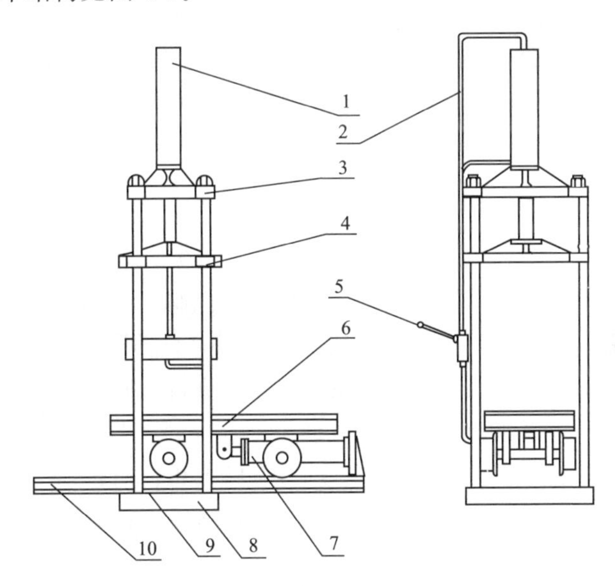

图 4-2 油压榨基本结构简图

1—压榨油缸；2—油管；3—上固定板；4—压板；5—手动阀；6—托盘小车；7—推车油缸；8—机座；9—立柱；10—导轨

2. 电力压榨

电力压榨是独立式压榨机，它是由电机、机架、蜗轮、蜗杆或齿轮杆、压盘组成的压榨机。该机操作及设备维修方便，比较适用于小型生产。但是在使用中需要特别注意，如运行距离超过蜗杆长度就有冒顶和掉杆的危险。有的设备增加了强行限位装置，解决了这一问题。可是在较潮湿的车间，过多地增加电气件，其安全程度易受到影响，所以限位装置所用的电气件应该使用安全电压。

电力压榨机由电机通过传动皮带，带动蜗轮转动，蜗轮带动蜗杆转动，蜗杆有固定套，固定套有内螺纹，蜗轮转动，在固定套作用下，改成垂直运动，蜗轮的一端安装压盘，压盘再将豆腐干逐步加压完成压制脱水工序。电压榨的传动皮带和蜗轮蜗杆，既是传动装置，又是变速装置，经过变速使蜗杆垂直运动速度很低，电力压榨如图 4-3 所示。

图 4-3　电力压榨

电力压榨主要是由机架、下压盘、上压盘、升降丝杠、蜗轮蜗杆或齿轮、电机及控制开关组成。机架是由钢板焊接的底座，四根立柱和机头组装成压榨的主要部分。下压盘安装在底座上，上压盘固定在升降丝杠下，上压盘与立柱有滑动导向套，防止压盘摆动。蜗轮蜗杆或齿轮是变速及传动机构，带动丝杠升降。电机可带动蜗杆或齿轮转动。电气控制包括正反向开关和上下限位开关，可控制电机运行和控制丝杠上下极限位置，保证操作安全。

二、全自动豆腐干生产线

全自动豆腐干生产线采用可编程控制器自动控制，实现人机对话，对答式操作，使得操作更为简单、易于掌握。生产线运转时自动凝固机完成点浆蹲脑后，豆腐脑倒入上板封包传动线的豆腐干模型框内，进行预脱水、封包、去框，并传送到进板、出板、落板机械手工位。机械手把板和封包好的豆腐脑送入压榨机，按规定板数摞在一起，进行压制脱水。八方旋转式压榨机转动一周后，再由机械手把压好的豆腐干和板一块送出压榨机，放在传送带上完成压制过程。全自动豆腐干生产线如图 4-4 所示。

三、豆腐干加工切制设备

压制之后的豆腐干是呈 400mm×400mm×(10～20)mm 厚的大块。根据工艺需要，要把大块豆腐干切制成各种形状的小块，用于加工各种产品。豆腐干切制的工作量很大，切制设备就是完成豆腐干切块工序的专用设备。切制机的种类

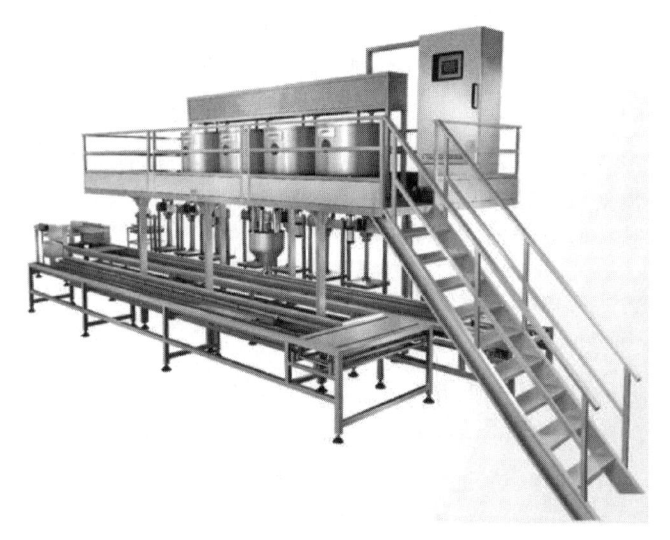

图 4-4　全自动豆腐干生产线

有两种，一种是单品种切制机，另一种是多刀多品种切制机。

1. 切干机（单品种）

切干机是比较简单的切制机，只适用于切一种横向刀距的豆腐干坯子，但纵向切刀是可以更换刀距的圆形转刀，这样就可以相应增加切制品种。在生产中某个品种产量很大时可选用单品种切制机。

切干机是通过机架上的传送带行走。传动轴上的偏心轮带动两根刀架立柱，两根刀架立柱和横梁组成门型刀架，切刀安装在刀架上，随刀架立柱上下运动，达到对放在传送带上的豆腐干横向切制的目的。纵向切制，是由安装在机架和传送带上的定距圆形刀片组，随传送带转动，当大块豆腐干经传送带送入切刀部位时，转动的圆刀把豆腐干纵向切割成长条状，即完成纵向切制。切干机如图 4-5 所示。

图 4-5　切干机

切干机是由机架、传动轴、偏心轮、横向刀架、滚刀、传动辊、传送带，保护罩、电机等组成。机架是用角钢组焊而成，机架底层安装电机，传动轴机架上层安装传动辊、传送带，机架两侧中心部分安装刀架纵向连杆，连杆下头连接传动轴上的偏心轮，连杆顶端与横向刀架固定，刀架上安装横向切刀。经过两级变速的传动轴皮带轮，带动传送辊旋转，传动辊带动环形传送带行走。滚刀是纵向切割，靠传送带行走的摩擦力带动旋转；横向刀上下往复运动，带动刀架。

2. 花干机

花干机也是一种单品种切制机。这种切制机区别于切干机的有三点：①切制方式不一样，它是在10mm厚的豆腐干横斜方向上下两面切，各切5mm深，不切断。由于切刀上下同时切制，传送带就不能用一条，要用两段式传送带。②花干机一机上完成横向100 m切断，需要有桃形轮拉动刀架，间式切断，这比连续切断增加很大的难度。③花干机一机上完成横向100mm刀距切断和双面横向并且斜3mm各切豆腐干的一半，同时完成纵向50mm宽的圆形转刀切断，三种不同切制刀同时完成切制过程。

花干机由两段式传送带输送豆腐干进出，两传送带之间由一个有X形刀口的过渡板连接。电机经变速箱降低转速后，带动两根传动轴，两根传动轴分别带动两种刀架垂直动作，即完成横向、斜向上下刀切制，纵向切断采用圆形转刀切断，与切干机相同。该设备制作比切干机复杂，但使用该设备切制花干，效率可以大幅度提高，而且切制质量好。花干机如图4-6所示。

图4-6　花干机

花干机机架是用角钢焊接而成，用钢板或不锈钢板外包。主传动配有离合器，方便临时停机。所有刀片使用不锈钢板制作，刀具可根据需要随时调整。花干机结构简图如图 4-7 所示。

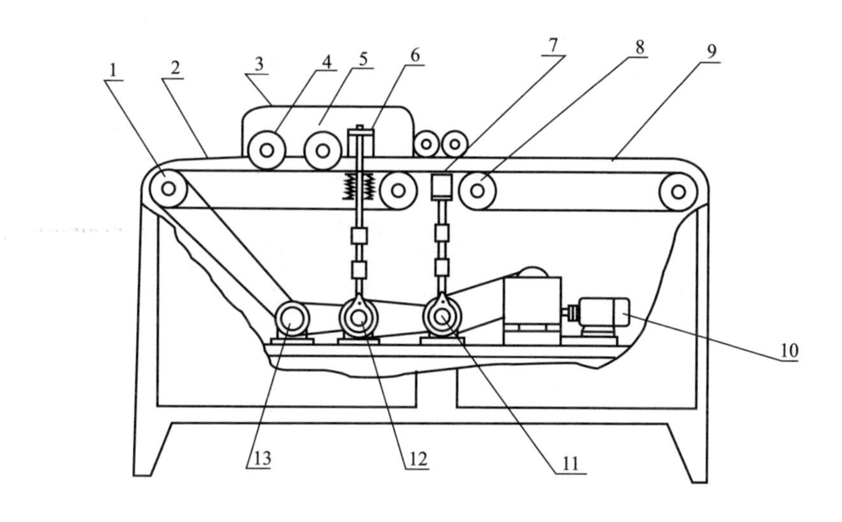

图 4-7 花干机结构简图

1,8—传动辊；2—传送带；3—有机玻璃罩；4—横向断刀；5—纵向圆刀；
6—八字形刀（上）；7—八字形刀（下）；9—后传送带；
10—电机及变速箱；11,12—偏心轴；13—传动轴

3. 多刀切制机

多刀切制机是比切干机技术更先进的切制机械。它可以一机切制 20 多种形状不同的产品坯子，适用性强、生产效率高、质量好。

将压制好的大块豆腐干坯放在机器的橡胶输送带上，输送带行走过程中，经过纵向滚刀完成纵向切条，然后经过横向切刀，完成横向切片。比较突出的特点是皮带输送速度可调。滚刀是由五种刀具组合在可调刀架上，可以根据需要，非常容易更换。横向刀具，也是可以随时更换的。这样经过调速和调换刀具，就可以切出不同尺寸的豆腐干坯，适用于加工多种产品。多刀切制机如图 4-8 所示。

多刀切制机是由一组五挡位定架式滚刀组成纵向切刀，一组异形横向切刀，还有多种预备更换的横向切刀，切刀固定在机架上。机架由角钢组焊而成，由一台电机带动所有传动系统和工作系统。切刀片采用不锈钢材质，刀架、刀片轴及连杆均电镀。传送带为橡胶带（5500m×500mm×10mm），机架外面用不锈钢板包厢，既保护设备，又利于清洗。

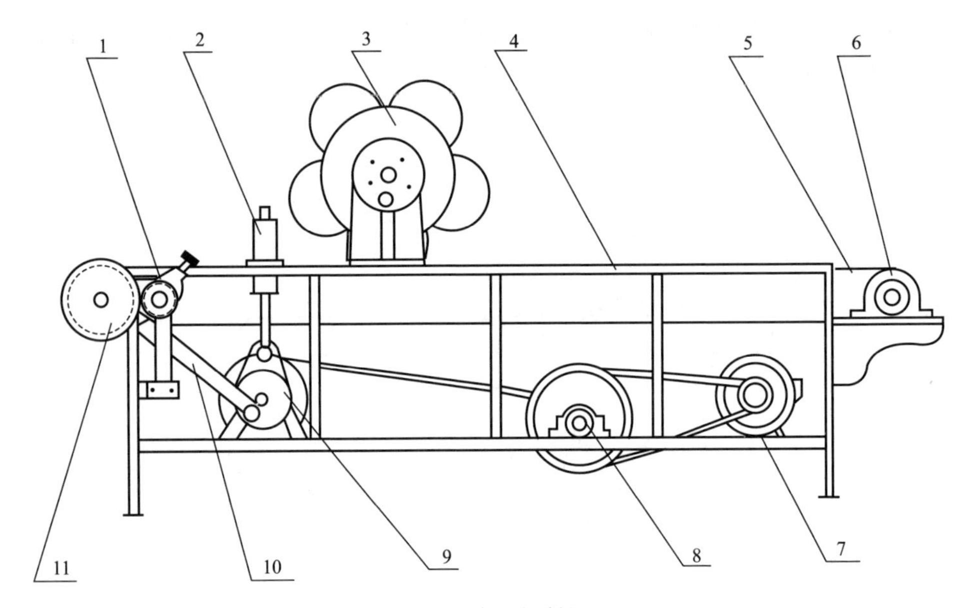

图 4-8 多刀切制机

1—进给机构；2—断刀架；3—滚刀架；4—机架；5—传送带；6—传动辊；
7—电机；8—传动轴；9—偏心轴；10—传动拉杆；11—传动齿轮

第三节 豆腐干质量控制

一、常见质量问题和解决方法

1. 微生物滋生

豆腐干存在的一个重要问题就是细菌问题，造成微生物污染的原因主要是加工场所简陋、卫生状况差，原始的手工操作为微生物污染创造了条件；贮存运输、销售过程中的二次污染更为严重；从业人员卫生意识淡薄、卫生习惯不良也是造成微生物污染的重要因素。具体可以从几方面解决：①严格控制生产车间的卫生状况，采用卫生标准操作程序（SSOP）进行管理。②对大豆原料应预先除杂、清洗除杂。③安装在线清洗系统（CIP）清洗设备。在生熟浆管道的一端连接高压蒸汽管道，在生产后，立即对管道和设备进行酸洗、碱洗和高压蒸汽消毒的步骤，从而将管道内残存的豆糊和渣子冲洗干净，以防止残留物腐败变质，从而直接影响到豆制品的质量和卫生。

2. 保质期短，卫生质量差

豆腐干类制品中的水分含量虽然远低于豆腐脑、南豆腐、北豆腐等豆腐类制品，但水分活度仍不足以抑制大多数微生物的生长，常见的质量问题仍然是由微生物引起的腐败变质。对原料实施质量控制标准，实施科学的 HACCP 管理，考虑到原料中水分含量过少可能引起微生物的滋长，应严格控制原料储藏条件。

3. 非法使用违禁食品添加剂

为延长豆制品的保质期，不法企业或个体商户经常在食品的制作过程中加入一些非法的食品添加剂，致使食品存在质量问题。有时在豆腐干的加工过程中加入吊白块，因为吊白块具有增白、保鲜、提高韧性的作用，加入后使豆制品不易煮烂，色感令人满意。加工过程中食品添加剂的加入量应严格遵照国家标准执行，禁止添加非法食品添加剂来增加豆制品的口感与品质。

4. 卤豆腐干成品形状不规则

传统豆制品的加工是一种民间手艺，工艺和配方因人而异，卤豆腐干在卤制过程中的加工参数比较模糊，在煮制过程中可能由于时间过长，成品出现形状不均匀、煮烂的现象；或是由于时间过短，成品不易嚼烂，导致产品质量不稳定。严格控制豆制品加工过程中的工艺参数，统一产品的加工标准，并根据原料豆腐干的品质做适时的调整，以提高产品的品质，减少原料的浪费。

二、影响豆腐干得率和质构的因素

压制是影响豆腐干质构的关键工序，影响压制效果的因素主要有压制时豆腐脑的温度、压制时间、压力、碱液处理。

1. 温度

加压时必须要有一定的温度，温度太低，即使压力很大，蛋白质凝胶之间的结合仍然是松散的，做出的制品没有韧性，片类制品容易破碎。豆腐干类制品质地松散，易出现碎渣，豆腐干制品表面容易出现塌陷。所以加压时温度一般不能低于 60℃，在冬季生产时，不仅要掌握蹲脑的时间还要根据压制温度要求，做好豆腐脑的保温措施。另外，不同风干温度对豆腐干水分含量也有影响。

2. 压制时间

豆腐脑在一定温度下加压，制作成一定形状的制品，表面形成一层硬皮，需要有一个时间的要求，压制时间过长和过短都会影响制品的质量。压制时间短，不能使豆腐脑成形或定形，制品的表面不能形成一层包裹的硬皮，结构不紧密，加工时易碎；压制时间过长，会过多地排出制品中应含有的水分，不仅质地硬实，制品也会变薄，使制品的质量规格不符合要求。制品加压的时间应掌握在15～20min，由于豆制品的品种多样，要求含水量的程度也不一样，因此在操作过程中还应针对不同制品的要求，掌握好压制时间，避免时间过长或过短对制品质量造成影响。

3. 压力

压制时所施压力的大小是豆腐脑成形的关键环节。压力小包裹在豆腐脑中的黄浆水则排不出去，制成的白坯软，不符合质量要求。压力过大，会把已经形成整体的蛋白质凝胶组织压破。压榨过急，豆腐干白坯表面迅速形成硬皮，堵塞豆包布细孔，使内部组织中的黄浆水排不出来，白坯中间含水过多、质量不合格；压榨过慢，豆腐脑表面不能形成硬皮，使内部组织中的水分流失过多，豆腐脑因黏合力不够，温度下降，会使制品散碎、颜色发白。正确的压榨方法一般先轻后重、逐渐加压，压制的压力要根据不同产品软硬程度要求而掌握。

4. 碱液处理

随着处理豆腐干时碱液浓度的升高，所得产品的质构硬度先降低后升高，质构咀嚼性逐渐升高，质构弹性先升高后降低，在一定的碱液浓度范围内，提高碱液浓度可以降低豆腐干的质构硬度，增强质构弹性和咀嚼性，采用适当碱液温度的汆碱工艺可以降低豆腐干的硬度，提高豆腐干的弹性，增强豆腐干的咀嚼性，使产品的口感更丰富。但当碱液温度过高时，相同的汆碱时间，豆腐干中的蛋白质结构会破坏，保水性也降低，导致豆腐干的弹性感官得分大幅下降，影响豆腐干的硬度感官得分和咀嚼性感官得分。

另外，汆碱对豆腐干的质构性也有影响。随着豆腐干汆碱时间的延长，所得产品的质构硬度先降低后升高，质构咀嚼性逐渐升高，质构弹性先升高后降低。短时间的汆碱工艺（小于5min）可以改善豆腐干的硬度，提高豆腐干的弹性，增大样品的咀嚼性，更易于被人们接受，使得豆腐干的整体接受性感官得分升高；但长时间的汆碱工艺会破坏豆腐干中的蛋白质结构，降低保水性，影响豆腐干的营养价值，导致豆腐干的整体接受性感官得分下降。

三、 HACCP在豆腐干生产中的应用

1. 豆腐干的加工与安全质量控制

对豆腐干加工过程中每个步骤进行危害分析，列出所有可能出现并必须加以控制的危害与控制危害的措施，并用国际食品法典委员会推荐的CCP判断树鉴别豆腐干生产过程中的CCP。以烟熏豆腐干为例，加工危害分析见表4-1，并进一步制定HACCP计划表（表4-2）。

表 4-1　烟熏豆腐干加工危害分析

工厂名称：　　　　　　　　工厂地址：　　　　　　　　产品描述：烟熏豆腐干

销售和贮存方法：无包装出售、常温干燥贮存　　　　　　预期使用和消费者：所有人

(1)	(2)	(3)	(4)	(5)	(6)
配料/加工步骤	确定在这步中引入的、控制的或增加的潜在危害	潜在的食品安全危害是显著的吗？(是/否)	对第3列的判断提出依据	应用什么预防措施来防止显著危害	这步是关键控制点吗？(是/否)
原料	化学性危害：农药残留、重金属、激素、抗生素	是	黄豆在种植过程过度使用农药、化肥，导致农药等残留；黄豆中存在天然的有毒物质(胰蛋白酶抑制因子、植物红细胞凝集素)；黄豆在生长过程中可能发生霉变，含有大量黄曲霉素；也会因土壤污染导致黄豆受到污染	控制原料来源，选择土壤未受到污染的地区种植，对供应商的原料进行质量安全检验；正规渠道选择原料	是(CCP1)
	生物性危害：致病菌污染、天然毒素	是			
	物理性危害：异物混入	是			
除杂	化学性危害：无	否		由SSOP控制	否
	生物性危害：无	否			
	物理性危害：异物混入	否			
浸泡	化学性危害：清洁剂残留	否	来自人手、工器具	由SSOP控制	否
	生物性危害：无	否			
	物理性危害：无	否			
磨浆	化学性危害：无	否			否
	生物性危害：无	否			
	物理性危害：无	否			
煮浆	化学性危害：清洁剂残留	否	煮制过程温度或时间不足，操作人员操作不当	由SSOP控制、高温消除致病菌	是(CCP2)
	物理性危害：无	否			
	生物性危害：病原体污染	否			

续表

(1)	(2)	(3)	(4)	(5)	(6)
点浆	化学性危害：清洁剂残留	否	来自人手、工器具	由SSOP控制	否
	生物性危害：病原体污染	否			
	物理性危害：无	否			
蹲脑	化学性危害：无	否			否
	生物性危害：无	否			
	物理性危害：无	否			
成形切块	化学性危害：清洁剂	否	来自人手、工器具	由SSOP控制	否
	生物性危害：致病菌	否			
	物理性危害：无	否			
烟熏	化学性危害；盐分过多、煤烟中燃烧不完全的颗粒和焦油等许多有害化学物质、苯并芘等有害物质	是	过多盐分和有害化学物质摄入会引发高血压甚至癌症	选取合适的盐分标准，使材料燃烧完全	是(CCP3)
	生物性危害：无	否			
	物理性危害：无	否			

表4-2 烟熏豆腐干HACCP计划

关键控制点(CCP)	显著危害	关键限值		监控对象			纠偏措施	验证	记录
				内容	频率	人员			
原料选择(CCP1)	(1)农药残留、重金属；(2)黄曲霉素	《食品安全国家标准 食品中农药最大残留限量》(GB 2763—2019)、有无使用添加剂	(1)农残药和重金属残留是否达到最大限值；(2)真菌毒素	直接观察和检查证书，检查化验单	每批必检	质控员监督工序记录	拒收	每批取样感官检验，每年索取两次官方出具的检测报告，每批索取供应商保证书、化验单	证书/CCP监控记录、原料验收记录

续表

关键控制点（CCP）	显著危害	关键限值		监控对象			纠偏措施	验证	记录
				内容	频率	人员			
煮浆（CCP2）	皂苷、胰蛋白酶抑制剂	煮浆时的温度	皂苷、胰蛋白酶抑制剂	严格控制	定期检查温度	操作人员	严格控制	每次煮浆测定其温度是否达标	检测记录
烟熏（CCP3）	煤烟中燃烧不完全的颗粒和焦油等许多有害的化学物质	采用符合食品标准的燃料	煤烟中的有毒物质	检测	每批	操作工	对不合格的进行拒收	复查每一批的记录	豆腐干中因煤烟而附着的固体颗粒物含量

2. 豆腐干加工 HACCP 实例

（1）建立豆腐干加工关键限值　关键限值是保证食品安全性的绝对允许限量，是 CCP 的控制标准。在豆腐干生产过程中必须针对各 CCP 采取相应的预防措施，使加工过程符合这一标准。根据公布的数据、专家建议、实验数据以及各方面意见，综合后再制定出合理、适宜、可操作性强、经济、实际、实用的关键限值。

（2）建立豆腐干加工监控程序　豆腐干加工监控程序是一个有计划的连续检测或观察过程，用来评估某一个豆腐干的 CCP 是否受控，并为将来验证时使用。因此，豆腐干加工监控程序是豆腐干 HACCP 计划的重要组成部分，是保证豆腐干安全生产的关键措施。确定监控内容、监控方法、监控频率和实施监控的人员，以确保每一个 CCP 都处于受控制之下。

（3）建立豆腐干加工纠偏行动程序　根据 HACCP 的原理与要求，当监测结果表明某一 CCP 发生偏离关键限值现象时，必须立即采取纠偏措施。豆腐干加工过程中，防止 CCP 发生偏离，要妥善保存所有可疑产品，向 HACCP 管理部和其他有关专家征求意见，并重点考虑豆腐干产品中有害物质的危险性，对豆腐干产品进行全面的分析、测试，评估产品的安全性等。

（4）建立豆腐干生产记录保持系统　豆腐干生产 HACCP 实施及其实施效果可通过一系列记录来体现，因此每次生产时应按 HACCP 计划要求做详细记录。豆腐干加工 HACCP 体系监控记录包括：豆腐干和油脂原辅料验收记录、湿蒸记录、发酵记录、配料记录、装罐记录、产品检验记录、卫生检查记录、纠偏行动记录、验证过程的有关记录等。为保证 HACCP 计划的良好运行，每 3 个月由 HACCP 小组对原辅料、监控记录、纠偏措施及成品检验记录、卫生检查记录等进行检查，以确认系统是否正常运行，如出现失控，HACCP 小组需要重新审查，确保 HACCP 系统正常进行。HACCP 体系的所有记录表单都应整理归档，HACCP 妥善保存，以保证质量控制的可追溯性，所有记录应字迹清晰、内容清楚，保存期限不少于 3 年。

（5）建立豆腐干生产验证程序　豆腐干加工 HACCP 体系验证程序包括：HACCP 小组必须对 HACCP 计划进行确认，以验证按计划执行时，显著危害能否得到有效控制；HACCP 计划每年至少重新评估和确认 1 次；当发生原料或原料来源改变，加工工艺或加工设施改变，偏差重复出现，验证数据出现相反结果，产品加工配方和消费者发生变化时，也应重新评估和确认；HACCP 小组对 CCP 进行日常验证，能确保所应用的控制程序标准在适当的范围内操作，正确发挥作用，以控制食品的安全。

第四节　特色豆腐干加工工艺

一、白豆腐干

1. 生产工艺流程

原料拣选→清洗浸泡→磨浆→煮浆→浆渣分离→点浆→蹲脑→破脑→上包→压榨→切分成形→烘烤→冷却内包装→杀菌→打码装箱

2. 操作要点

（1）原料拣选　原料大豆在收割过程中以及经收割后的扬场和晾晒，必然会带进一些杂质，如根茎、树枝、沙石、泥块、铁钉、塑料袋等。这些杂质必须彻底清除，才能保障产品的质量和安全。最近十几年国内豆腐干企业的强劲发展，现在很多豆腐干设备厂家都能根据企业需求配套提供专用的清理除杂设备，如振动筛选机、密度去石机、除尘器等。这些设备的使用，能有效降低生产环境的粉尘污染，提高挑选除杂的质量和效率。

（2）清洗浸泡　大豆经适当的清洗、浸泡，有利于充分提取出其中的蛋白质。大豆通过浸泡过程来吸水膨胀，吸水膨胀后的大豆由于蛋白质吸水而变软、硬度降低，这样更容易使含有蛋白质的细胞破碎，从而有利于蛋白质和脂肪从细胞中游离出来，为下一步磨浆工序提取蛋白质做准备。大豆中水分含量越高，吸水速度越快，所需浸泡的时间越短。另外，用软水制得的豆浆蛋白质含量比用一般自来水高0.28%，豆腐得率高5.9%。同时，用较软的水加工出的豆腐外观色泽鲜亮和口感品质好。浸泡后的大豆表面光滑、无皱皮、豆皮不易脱落，手指能掐开，且断面无硬心，同时要求豆子不滑、不黏、不酸。大豆浸泡程度以达到即将发芽的阶段，浸泡后大豆的重量是原来的2.2倍左右，体积为原来的2.5倍左右，大豆吸水均匀。

（3）磨浆　磨浆就是浸泡后的大豆再兑清水混合后，经磨浆机研磨，打破包裹着蛋白质的蛋白体膜，释放出蛋白质，形成蛋白质胶体溶液的过程。工艺指标要求6°Bé≤豆浆浓度≤10°Bé；豆腐渣残留蛋白质≤3.5%，豆腐渣残留水分≤84%。

（4）煮浆　煮浆主要就是使大豆蛋白质热变性，便于点浆时在凝固剂协同作用下凝固成形。除此之外，还有破坏大豆中胰蛋白酶抑制剂、红细胞凝集素、脲酶等抗营养因子，提高大豆食品安全性的作用；破坏大豆粉碎过程中释放出的脂肪氧化酶，减少豆腥味，产生豆香味；杀灭大豆中残留的杂菌、虫卵等；使大豆蛋白质适度变性，提高消化吸收率。工艺指标要求：①豆浆完全均匀熟透，但不能过头（即长时间在高温状态下），煮熟即用；②98℃≤豆浆温度≤102℃；③豆浆保持上述温度3～5min。

（5）浆渣分离　浆渣分离就是将豆浆和豆腐渣分离开，利用豆浆进行后续加工的过程。通常，在进行浆渣分离时，如果不再对煮熟的豆浆进行过滤，所用滤网应为100目以上；如果要对煮熟的豆浆进行再次过滤，可以使用80目的滤网。但由于消费者对豆腐干的口感要求越来越高，有很多厂家现在都采用煮熟后再过滤的方式。煮熟的豆浆再过滤，一般采用高频振动圆筛，滤网目数高达200目以上，但如果高于300目，过滤效率较低，增大了清洗滤网的难度。

（6）点浆　卤水配制前文有述。点浆时应注意：①当点浆桶内豆浆放满时，马上开始点浆，以保证豆浆温度符合标准要求。②刚开始生产时的前5桶豆浆必须用温度计测试，当温度大于82℃时方能点浆；当温度低于82℃时应对豆浆进行加热，使温度达到82℃以上方能点浆。③豆腐老嫩度遵循以下原则。a. 当要求豆腐较老时，点浆终点应以大颗粒呈现且有一丝淡黄色浆体为准。b. 当要求豆腐中等嫩度时，点浆终点应以大颗粒呈现且无淡黄色浆体为准。c. 当要求豆腐较嫩时，点浆终点应以小颗粒呈现且无淡黄色浆体为准。d. 交接班、吃饭等需要停止生产时，应确保储浆及其管道内无残留豆浆并及时清洗干净。

（7）上包　破脑结束应及时上包（垫板边长46cm，垫板沟槽距3cm±0.5cm，包布框边长4cm，包布边长71～76cm，上包温度≥70℃），并根据品种规格适度控制坯子厚薄（参考控制要素为豆腐脑量或包布、拉布程度）。豆腐脑在模具内应平整、均匀，四周填满，并用包布折叠盖住，无皱褶。上包产品应及时压榨（放置时间≤8min）。

(8) 压榨　压榨应把握先轻压后重压原则（有大量出水即完成一次施压），控制施压频率（先快后慢），参考压榨时间 25min≤薄坯≤40min，40min≤厚坯≤60min。成品湿坯感官指标表面平整、光洁，有弹性，无缺角、缺边现象。

(9) 切分成形　压榨结束将成品豆腐坯放置于洁净台面，及时撕去表面包布。按要求对豆腐坯进行手工或机械切分成形。切片后，初选出单品尺寸不符、蜂窝眼、含杂质等不合格坯料。经操作人员拣选，将外形完整的合格产品进入烘烤工序。

(10) 烘烤　烘烤一般宜采用的温度为 85℃左右，最好不超过 95℃。温度太低，效率低且易使产品变质；温度太高，容易引起豆腐干坯内部水分迅速汽化而冲破坯表面，造成表面不均匀甚至破损状态，形成感官缺陷。烘烤时间应根据产品设计的软硬度及豆腐干坯厚薄决定。现在市场销售的产品一般烘烤 2～4h。烘烤过程中适当地翻动效果更好，烘烤后通常散失 15%左右的水分。烘烤过程中尤其要注意滤筛是否有破损，如有破损极有可能混入折断的丝网等杂质，对产品的食品安全构成重大隐患，应高度注意。

(11) 冷却内包装　将烘烤完成的豆腐干，在符合卫生标准的环境中冷却至室温。豆腐干拌料后，必须立即进行装袋包装。现市售的产品一般有两种包装：一种为复合彩袋包装，不抽真空，包装前及包装过程中（包括空间消毒等）必须严格控制卫生，微波或辐照杀菌。这类产品一般水分含量较低，为 16%～25%，如风味豆腐干。另一种为真空包装，多使用高温蒸煮袋，包装后需进行严格杀菌处理。这类产品一般水分含量较高，为 40%～60%，如大部分普通豆腐干。

(12) 杀菌　产品包装后，应立即进行杀菌处理。食品的杀菌方法有多种，物理的如热处理、微波、辐照等；化学的如加入各种防腐剂、抑菌剂；生物的如加入特定的微生物或能产生抗生素的微生物。但热处理是食品工业中最有效、最经济、最简便的杀菌方法，因此至今仍然应用最广泛。

二、五香豆腐干

1. 生产工艺流程

大豆→磨浆→煮浆→点浆→浇制→压榨→制坯→卤煮→成品

2. 操作要点

(1) 磨浆　用大豆 50kg、全大料（八角、花椒、小茴香、陈皮、桂皮等）0.5kg，把这些配料和浸泡好的大豆一起上磨，加水磨成豆浆并煮熟。

(2) 点浆　做豆腐干时常用卤水点浆，卤水浓度为25°Bé，0.5kg卤水对2kg清水，然后装进卤壶里，点浆时一手把住壶，手把住勺子，将卤水缓缓地点入浆内，勺子在浆里不停地搅动，使豆浆上下翻动，视浆花凝结程度掌握点浆的多少，点浆后的豆腐花在缸内静置15～25min，使其充分凝集。

(3) 浇制　将豆腐干木制方框模型放在模型石板上，再在模型方框上铺好包布，把豆腐花快速轻轻舀入模型框内，再把包布的四角盖在“舀入”的豆腐花表面。

(4) 压榨　把浇制好的模型框逐一搬到木制“千斤闸”架的石板上，移入榨位，将模型框层层叠放，共放5～8层，在最上层的模型框上压一块面板，使豆腐闸的撬棍头正对面板，再把撬棍另一端拴在撬尾巴上，然后踩压撬棍，撬头就压榨面板，使豆腐花内的黄浆水排出，过一段时间再踩压一次，不断收缩撬距，直至撬紧，黄浆水不断流泄出来，大约压榨15～20min，就可放撬脱榨。

(5) 制坯　将模型框逐一取下，揭开包布，底朝上翻在操作台板上，去掉模型框，揭去包布，成形的豆腐干坯即脱出来，用刀修去坯边，再把豆腐坯按5cm×5cm大小用刀切成整齐的小方块。

(6) 卤煮　将切成小块的小豆腐干放进盛有卤汤（卤汤的配料为每1000块豆腐干，用食盐100g、五香粉50g，加适量水）的锅里卤煮，卤煮时间每次不得少于20min，煮后晒（或晾）干，这样反复晒3次即成五香豆腐干制品。

3. 质量标准

(1) 感官指标　块形整齐，色泽深褐，质地坚实，味道芳香。

(2) 理化指标　水分≤75%，蛋白质≥14%，砷（以As计）≤0.5mg/kg，铅（以Pb计）≤1mg/kg，食品添加剂按GB 2760—2014标准执行。

(3) 微生物指标　细菌总数≤50000CFU/g，大肠菌群≤70MPN/100g，出厂或销售均不得检出致病菌。

三、卤煮豆腐干

1. 生产工艺流程

大豆→浸泡→磨浆→滤浆→煮浆→点浆→蹲脑→破脑→浇制→压榨→切片→煮炸→包装→杀菌→成品

2. 操作要点

(1) 浸泡　将大豆经除杂、计量倒入浸泡容器中进行浸泡，浸泡的条件同普通豆腐生产。

(2) 磨浆　用磨浆机进行磨浆，磨浆时加入大豆重4倍左右的清水。

(3) 滤浆　把磨好的糊浆送入离心机后，加少量水，搅均匀，开机离心，再加水，再离心，反复3～4次，直至用手捏豆腐渣感到不黏而散即可。滤浆时应注意水量和水温。一般1kg大豆加水4kg左右，滤浆时再加水约4kg，水温控制在50℃左右。

(4) 煮浆　煮浆温度达到95～98℃，并沸腾3～5min，升温时间不超过15min。沸腾后要注意止沸，或降低温度，防止溢锅或煳锅。不得将生浆或冷水加入。煮浆后，用80～100目的铜纱滤网过滤，再进入点浆工序。

(5) 点浆　每20kg大豆用1.5～2.0kg的卤水点浆时温度控制在80℃左右，上下不超过5℃。盐卤浓度为25°Bé。上下搅拌熟浆，使浆从缸底向上翻滚，然后将凝固剂慢慢加入，边加边搅。当缸内出现50%芝麻粒大小的碎脑时，搅动逐渐放慢，出现80%碎脑时停止搅拌使其凝固。搅拌时应方向一致，不能忽正忽反，更不能乱搅。

(6) 蹲脑　点浆后豆浆就转变成豆腐脑。此时缸不能受振动，以免影响凝固。

(7) 破脑　把豆腐脑适当打碎，排出包在蛋白质周围的黄浆水，要求破碎程度较大。

(8) 浇制　先用煮沸的碱水将包布煮一段时间，以达到消毒的目的，再用清水洗净。将包布铺在铝制方框内，方框高约为5cm，再将豆腐脑快速轻轻地舀入包布上，然后对角拢好包布，即可上样。

(9) 压榨　把装好的模型框移入榨位，层层重叠，放5～8层，最上一层铺压一块平板，将板压下，到黄浆水不再排出时即可下榨，大约15～20min。

(10) 切片　下榨后的模型框反放在消毒后的铝板上，用细线将成形的豆腐割成上下两层，然后再用井字形框线将豆腐切成豆腐片。切割时注意每次下切的速度要快，这样豆腐干后的形状较光滑，成品外形美观。

(11) 煮炸　煮炸过程是决定豆腐风味的主要过程。①炸制采用的油是棕榈油或棕榈油与猪油的混合油，为防止油在高温过程中变质及豆腐片浮出油面，可采用连续密闭式油炸设备。油温控制在150～180℃，炸制时间约2min。②卤煮豆腐干滋味的形成通过卤煮完成。加入配好的料液，倒入炸制过的豆腐干，料液没过豆腐干，煮制到料液耗尽时，倒锅重新加好料液，使原来上面的豆腐干没到下面，再煮一次，出锅即可。

(12) 包装、杀菌　包装使用聚乙烯薄膜真空包装。杀菌利用微波加热杀菌，频率2450Hz、功率50W。

3. 质量标准

(1) 感官指标　咸甜适口，香味浓郁，块形完整，质地坚韧，颜色均匀，不苦、不酸。

（2）理化指标　水分<68%，氯化钠<5%，蛋白质≥14%。

（3）微生物指标　细菌总数<5000CFU/g，大肠菌群≤70MPN/100g，出厂或销售均不得检出致病菌。

四、花干

1. 生产工艺流程

白豆腐干→切块→拉花→油炸→沥干→卤制→干燥→包装→杀菌→成品

2. 操作要点

（1）切块、拉花　将洗好的豆腐干放入香干切块机内切成20cm×8cm的长方形条块，要求切块大小一致、坯子的薄厚一致。将切好的小块坯子放在豆腐干切花机的输送带上，送入切制部分，从另一头输送出来，便切好了两面。在长方形的正面和反面切入半深的条形口，正反面不能重合。

（2）油炸　炸制油可用豆油、花生油等。使用网带式全自动电加热油炸流水线对豆腐块进行油炸，油炸时的油温和油炸时间一定要控制好，炸制前先用1～2块坯子试试油温，油温合适就可将花干几片几片地送入油炸装置内。当坯子的刀口炸成微黄色时，就可捞出、沥干，进行下道工序。

（3）卤制　将油炸好的花干放入可倾式夹层锅中加水蒸煮，以水没过花干为宜，同时加入食盐、麻椒、大茴香、小茴香、肉桂、丁香、胡椒、猪肉香精等，在90℃下煮制20min，捞出，滤出香辛料，用蒸煮汤浸泡煮制的花干30min，使花干入味。然后加入味精、辣椒、酱油搅拌进行调味，使花干入味均匀。原料配方：以100kg豆腐干为例，加食盐0.7kg、肉桂0.4kg、大茴香0.2kg、小茴香0.2kg、麻椒0.5kg、丁香0.06kg、胡椒0.2kg、猪肉香精0.6kg、酱油1kg、五香粉0.1kg、味精0.2kg、纯碱0.2kg、辣椒0.3kg。

（4）干燥　将入味后的花干均匀地放在托盘中，放入烘箱，60℃30min。

（5）包装　将烘干后的花干用真空包装机进行真空包装。

（6）杀菌　将真空包装的花干在微波杀菌设备中进行121℃、20min高压杀菌，冷却后即为成品。

3. 质量标准

（1）感官指标　具有花干应有的棕黄色，色泽均匀；香气正常，咸淡适口，无异味，具有花干特有的风味；块形整齐、完整，坚韧，有弹性；卤煮透彻，无硬心，不并条、不断条、拉得开；无肉眼可见杂质。

（2）理化指标　水分≤68%，氯化钠<5%，蛋白质≥14%。

五、模型豆腐干

1. 生产工艺流程

大豆浸泡→磨浆→滤浆→煮浆→点浆→涨浆→板泔→抽泔→摊袋→浇制→压榨→划坯→出白→成品

2. 操作要点

（1）浸泡、磨浆、滤浆、煮浆　同豆腐操作。

（2）点浆　将25°Bé的浓盐卤，加水冲淡至15°Bé后作凝固剂。其点浆的操作程序与制盐卤老豆腐时相似，但在点浆时，速度要快些，卤条要粗一些，一般可掌握在像赤豆粒子那样大，铜勺的搅动也要适当快一些。当缸内出现有蚕豆颗粒那样的豆腐花及既看不到豆腐浆，又不见到沥出的黄浆水时，可停止点卤和翻动。最后在豆腐花上洒少量盐卤，俗称"盖缸面"。采用这种点浆方法凝成的豆腐花，质地比较老，即网状结构比较紧密，被包在网眼中的水分比较少。

（3）涨浆（蹲脑）　涨浆时间掌握在15min左右。

（4）板泔（破脑）　用大铜勺，口对着豆腐花，略微倾斜，轻巧地插入豆腐脑中。一面插入，一面顺势将铜勺翻转、使豆腐花随之上下翻转，连续两下即可。在操作时，要使劲有力，使豆腐花全面翻转，防止上下泄水程度不一，同时注意要轻巧顺势，不使豆腐花的组织严重破坏，以免使产品粗糙而影响质量。

（5）抽泔　将抽泔箕轻放在板泔后的豆腐花上，使黄浆水积在抽泔箕内，再用铜勺把黄浆水抽提出来，可边烧制豆腐干边抽泔，抽泔时要落手轻快，不要碰动抽泔箕。

（6）摊袋　先放上一块竹编垫子，再放一只豆腐干的模型格子，然后在模型格子上摊放好一块豆腐干包布，布要摊得平整和宽松，以使成品方正。

（7）浇制　用铜勺在缸内舀豆腐花，舀时动作要轻快，不要使豆腐花动荡而引起破碎泄水。将豆腐花舀到豆腐干的模型格子里后，要尽可能使之呈平面状，待豆腐花高出模型格子2～3mm时，全面平整豆腐花，以使薄厚、高低一致，然后用包布的四角覆盖起来。

（8）压榨　把浇制好的豆腐干，移入液压压榨床或机械榨床的榨位上，在开始的3～4min内，压力不要太大，待豆腐黄浆水适当排出，豆腐干表面略有结皮后，再逐级增加压力，继续排水，最后紧压约15min，到豆腐干的含水量基本达到质量要求时，即可放压脱榨。如果开始受压太大，会使豆腐干的表面过早生皮，影响内部水分的排泄，使产品含水量过多，影响质量。

（9）划坯　先将豆腐干上面的盖布全部揭开，然后连同所垫的竹编一起翻在平方板上，再将模型格子取去，揭开包布后立即用小刀先切去豆腐干边沿，再顺着模型的凹槽切开。

（10）出白　把豆腐干放在开水锅里，把水烧开用文火焐 5min 后取出，自然晾干。

3. 质量标准

（1）感官指标　每十块重 325～362g，块形四角方正、厚薄均匀、不粗、表皮不毛。

（2）理化指标　含水量≤75%，蛋白质≥16%，砷（以 As 计）≤0.5mg/kg，铅（以 Pb 计）≤1mg/kg，食品添加剂按 GB 2760—2014 标准执行。

（3）微生物指标　细菌总数≤5000CFU/g，大肠菌群≤70MPN/10g，出厂或销售均不得检出致病菌。

六、布包豆腐干

1. 生产工艺流程

大豆浸泡→磨浆→滤浆→煮浆→点浆→涨浆→板泔→抽泔→摊袋→浇制→压榨→成品

2. 操作要点

布包豆腐干除成形是用手工包扎外，其他操作工艺过程和规格质量要求与模型豆腐干完全相似。

（1）浇制　布包豆腐干是用 100mm^2 的小布一块一块包起来的，浇制的方法：先用小铜勺把豆腐花舀到小布上，接着把布的一角翻起包在豆腐花上，再把布的对角复包在上面，然后顺序地把其余两只布角对折起来。包好后顺序排在平方板上，让其自然沥水。待全张平方板上已排满豆腐干，趁热再按浇制的先后顺序，一块一块把布全面打开，再把四只布角整理收紧。

（2）压榨　把浇制好的豆腐干移入土法榨床的榨位后，先把撬棍拴上撬尾巴，压在豆腐干上面约 3～4min，使黄浆水适量排出，待豆腐干表面略有结皮，开始收缩榨距，增加压力直至紧，15min 后，即可放撬脱榨，取去包布即为成品。

3. 质量标准

同模型豆腐干。其理化指标中蛋白质≥17%，水分≤70%。

七、模型香豆腐干

1. 生产工艺流程

大豆浸泡→磨浆→滤浆→煮浆→点浆→涨浆→板泔→摊袋→浇制→压榨→煨汤→成品

2. 操作要点

（1）点浆　香豆腐干用盐卤的浓度与点浆方法和模型豆腐干相似，但凝聚的豆腐花比豆腐干要适当嫩一些，这样有利于提高豆腐干的韧度。

（2）涨浆　同模型豆腐干。

（3）板泔　板泔的方法也与模型豆腐干相仿，但要板得足些，使豆腐花翻动大、豆腐花泄水多。使做成的香豆腐干质地坚韧、有拉劲、成品入口有嚼劲，达到香豆腐干坚韧的特色。

（4）摊袋　摊袋的方法同模型豆腐干。

（5）浇制　模型格子较模型豆腐干薄，这样有利于在压榨时坯子泄水，提高香豆腐干质地坚韧和拉劲，浇制成形的方法与模型豆腐干基本相仿。

（6）压榨　香豆腐干能否达到坚韧，压榨是最后一环，它的压榨方法与模型豆腐干相仿，但要压榨得较为强烈，使其坯子有较大的出水，达到产品的坚韧要求。

（7）煨汤　煨煮香豆腐干的料汤，用茴香、桂皮及鲜汁配制而成，用料标准按每千克香豆腐干加盐 100g、茴香 25g、桂皮 75g、鲜汁 1000g 和水若干。料汤煮开后，把香豆腐干坯浸入在料汤内，先煮沸，然后用文火煨，煨汤时间最低不能少于 20min。有条件的，可以煨 1～2h，经过煨汤，香豆腐干色、香、味俱佳。煨汤时间越长，香豆腐干的色、香、味越佳。

3. 质量标准

（1）感官指标　每十块重 200～325g，块形四角方正、厚薄均匀、不粗、表皮不毛、对角折而不断、色泽均匀。

（2）理化指标　含水量≤70%，蛋白质≥18%，砷（以 As 计）≤0.5mg/kg，铅（以 Pb 计）≤1mg/kg，食品添加剂按 GB 2760—2014 标准执行。

（3）微生物指标　细菌总数≤50000CFU/g，大肠菌群≤70MPN/100g，出厂或销售均不得检出致病菌。

八、布包豆腐香干

1. 生产工艺流程

大豆浸泡→磨浆→滤浆→煮浆→点浆→制坯→划块→布包→压榨→煨汤→成品

2. 操作要点

（1）点浆　与模型豆腐干相仿。

（2）制坯　把豆腐花包布摊放在香豆腐干坯子的大套圈里，舀入豆腐花把布拉平后，再把布的四角覆盖好，即上榨加压，使一部分水分泄出去，所得的坯子较老豆腐老一些，但坯子含水量仍较高，含水量在85%左右，然后把坯子翻出在平方板上。

（3）划块　按香豆腐干的大小，划成块状，备包布。

（4）布包　用100mm^{2}的小布，把划好的坯子用包布按对角收紧包好后，然后顺序整齐排列于平方板上，准备上榨。

（5）压榨　压榨的方法与压榨豆腐干的方法相同，但要压得干一些，其水分要低于豆腐干，待复核要求后放撬脱压，剥下包布即为香豆腐干白坯。

（6）煨汤　与模型豆腐干相同。

3. 质量标准

同模型豆腐干。

九、蒲包豆腐干

蒲包豆腐干是以蒲包代替包布或模型制成的产品，其形状呈圆形。根据蒲包的大小，可分为大圆、二圆、三圆三个规格。现在市场上供应的一般是二圆，制作技术上点浆、涨浆、板泔和抽泔与豆腐干相仿，但浇制以后有所不同。

1. 生产工艺流程

大豆浸泡→磨浆→滤浆→煮浆→点浆→涨浆→板泔→抽泔→浇制→压榨→出白→成品

2. 操作要点

（1）浇制　在浇制前，需先把蒲包浸在热的豆腐下脚黄浆水里使蒲包的温度升高，以免浇入的豆腐花很快冷却，然后用特制的长嘴小簸箕那样的铜勺，把需要量的豆腐花舀入蒲包内，然后把蒲包上沿往同一方向旋转旋紧，压紧袋内的豆腐花。再把上口翻剥下来压盖在旋转点上面，使蒲包固定形状，并依次放在平方板上，让其自然沥水，待平方板放满后趁热按先后次序整理收紧蒲包。在旋紧蒲包时，如果蒲包内的豆腐花过多就取出些，少了就补足。然后第二次把蒲包中间旋转旋紧，同样把蒲包上口翻剥下来盖在蒲包上并依次排列在平方板上。整个操作过程要快速，使豆腐花保持一定的温度，否则用冷豆腐花是做不好产品的。

（2）压榨　与制豆腐干基本相仿，但由于蒲包孔眼较之棉布稀松，所以豆腐花很容易泄水，上榨加压要适当，以免过度，影响含水量的要求。

（3）出白　由于蒲包豆腐干泄水较多、含水量低、产品坚实，所以出白的开水锅里可以加极微量的碱，这样经出白加工后的蒲包豆腐干表面微小毛粒在弱碱作用下剥落，所以一经晾晒，产品就带有明显的光亮度，色泽很理想。

3. 质量标准

（1）感官指标　每10块重525～575g，大小均匀，质地坚韧，切丝不断，表皮不毛，发光，四周无裂缝。

（2）理化指标　水分≤38%，蛋白质≥20%，砷（以As计）≤0.5mg/kg，铅（以Pb计）≤1mg/kg，食品添加剂按GB 2760—2014标准执行。

（3）微生物指标　细菌总数≤5000CFU/g，大肠菌群≤70MPN/100g，出厂或销售均不得检出致病菌。

十、猪血豆腐干

猪血豆腐干是一种在传统猪血丸子的基础上，采用现代工业方法，通过改进工艺研制而成的一种富含铁质、风味独特的新型豆腐干制品。猪血豆腐干成品为深褐色干制品，带有肉制品及豆制品的烤香，风味独特，质地软硬适中，最终含水量为10%左右。

1. 生产工艺流程

选料→泡料→磨浆→煮浆→点脑→蹲脑→初压→混合（猪血、调料）→压榨成形→烘干→成品

2. 操作要点

（1）煮浆、点脑、蹲脑　和其他豆腐干相似。制成含水量较低的豆腐干。

（2）猪血预处理　把鲜猪血通过细滤过滤，然后加入0.8%的氯化钠，放入冰箱（或冷库）待用。

（3）调料处理　先把精瘦肉、生姜、香葱分别捣成浆，加入食盐、味精、五香粉等配料，搅拌均匀备用。

（4）混合　把制好的豆腐干、猪血、调料一起加入配料缸搅拌，使之混合均匀。

（5）压榨成形　混合均匀的原料，上榨进行压榨，并按花格模印顺缝切为整齐的小块。

（6）烘干　把豆腐块放入烘箱中进行烘干，一般采用热风干燥，干燥温度为50～60℃，时间为8～10h。

十一、羊角豆腐干

羊角豆腐干，因产于重庆市武隆区羊角古镇，得名羊角豆腐干，距今已有数百年历史。羊角豆腐干是羊角古镇码头文化的产物，其生产工艺已列为重庆市非

物质文化遗产项目。

1. 生产工艺流程

大豆浸泡→磨浆→煮浆→滤浆→点浆→压榨→切块→氽碱→干燥→卤制→摊凉→拌料→包装→杀菌→成品

2. 操作要点

(1) 采用熟浆工艺　先煮浆后分离，减少了豆浆中粗纤维的含量，提高了大豆中多糖的溶出率，使得豆腐干口感更细腻、保水性更好。

(2) 氽碱　制坯完成后切成长 70mm、宽 45mm 左右的块状，倒入添加 2%～4%食用碱的沸水中，待豆腐干表面光滑、布纹消失后捞出豆坯烘干，豆腐干表面光亮，呈金黄色。

(3) 卤制　卤汁由十多味药食同源的香辛料熬制而成，将氽碱干燥后的豆腐干浸入其中卤制，经多次卤制、多次摊凉，豆腐干卤味突出，豆香味浓郁。

3. 质量标准

(1) 感官指标　每块厚 8～12mm，表面光亮呈红褐色，内如象牙色，口感绵弹有韧性。

(2) 理化指标　水分 58%～65%，蛋白质≥20%，砷（以 As 计）≤0.5mg/kg，铅（以 Pb 计）≤0.5mg/kg，食品添加剂按 GB 2760—2014 标准执行。

(3) 微生物指标　大肠菌群≤100MPN/g，出厂或销售均不得检出致病菌。

第五章 腐竹加工技术

第一节 腐竹加工工艺

一、生产原理

豆浆是一种以大豆蛋白质为主体的溶胶体，大豆蛋白质以蛋白质分子集合体——胶粒的形式分散在豆浆之中。大豆脂肪是以脂肪球的形式悬浮在豆浆里。豆浆煮沸后，蛋白质受热变性，蛋白质胶粒进一步聚集，并且疏水性相对提高，因此熟豆浆中的蛋白质胶粒有向浆表面运动的倾向。

当煮熟的豆浆保持在较高的温度条件下，一方面浆表面的水分不断蒸发，表面蛋白质浓度相对增高；另一方面蛋白质胶粒获得较高的内能，运动加剧，这样使得蛋白质胶粒间的接触、碰撞机会增加，聚合度加大，以致形成薄膜，随时间的推移薄膜越结越厚，到一定程度揭起烘干即成腐竹。

腐竹的结构不是连续均一的，它包含高组织层和低组织层两部分。靠近空气的一层质地细腻而致密，为高组织层。靠近浆液的一层，其质地粗糙而杂乱，为低组织层。高组织层和低组织层的厚度随薄膜形成时间的延长而增加。高质量的腐竹生产应以高组织层最厚、低组织层最薄为原则。

腐竹的制作和豆腐一样要经过浸泡、磨浆、过滤、煮浆等工序，但不用任何凝固剂，其生产制作关键是冷却挑皮。就是将豆浆煮沸至100℃之后，让其冷却至82℃±2℃，豆浆上面会出现一层光亮的、很薄的半透明“油皮”，将这层油皮挑出来，晾晒在竹竿上烘干即成腐竹。

二、原料要求

原料要选择新鲜、含蛋白质和脂肪多而没有杂色豆的黄豆。

三、生产工艺流程

豆浆→煮沸→挑竹→烘干→回软→包装→成品

四、操作及要求

1. 豆浆煮沸

生产腐竹从原料到制成的生产工艺与前面制作豆腐、豆腐干等完全一致。豆浆要煮沸后在95℃以上温度保持2min，后放入专用的腐竹成形锅开始挑竹。

2. 挑竹

腐竹成形锅是一个长方形浅槽，槽内每50cm为一方格，格板上隔、下通，槽底下层和四周是夹层，用于通蒸汽加热。将煮透过滤后的豆浆倒入锅内，浆量约为锅容量的2/3。豆浆经过加热保温后，部分水分蒸发，起到浓缩作用，同时不断向浆面吹风。豆浆在接触冷空气后，就会自然凝固成一层油质薄浆皮（约0.5mm）用手提取。表层遇空气而凝结成软皮，用小刀把每格的软皮切成3条后挑起，使其自然下垂，呈卷曲立柱形，挂在竹竿上准备烘干。7～8min后可开始挑皮，一般可挑16层软皮，前8层浆皮黄亮，口味醇香，为一级品；9～12层浆皮呈灰黄色，为二级品；13～16层为三级品。剩余的稠糊状，在成形锅内摊制成0.8mm的薄片即甜片。当甜片基本上成干饼后，从锅内铲出，成形锅内再放豆浆，如此循环生产，完成腐竹的成形工艺。

3. 烘干

腐竹成形后，需要立即烘干。烘干多采用以蒸汽为热源的机械烘干设备，此方法适用于大规模生产和连续作业。烘干温度一般掌握在70～80℃，烘干时间为6～8h。湿腐竹质量每条25～30g，烘干后每条重12.5～13.5g，烘干后的腐竹含水量9%～12%。

4. 回软

烘干后的腐竹，如果直接包装，破碎率很大，所以要回软。即用微量的水进行喷雾，以减少脆性，这样既不影响腐竹的质量，又提高了产品的外观形象，有利于包装。但要注意喷水量要适中，一喷即过。

5. 包装

腐竹的包装，分为大包装和小包装。小包装是采用塑料包装，每500g一袋，顺装在袋内封死。将小包装袋再装入大纸箱，为大包装。包装时要注意匹配质量，分等级包装，保证腐竹的等级标准。包装之后即为成品。

第二节　腐竹生产设备

一、腐竹生产设备

腐竹生产设备主要是揭竹的锅，其实就是带夹层的不锈钢保温槽，通常把它叫腐竹锅。将煮沸后的豆浆放在保温槽内，夹层内通蒸汽使豆浆保持温度，操作者从豆浆表层揭皮，挂在锅上面的晾杆上，就是湿腐竹，如图5-1为生产腐竹的保温槽。腐竹锅结构简图如图5-2所示。

图5-1　生产腐竹的保温槽

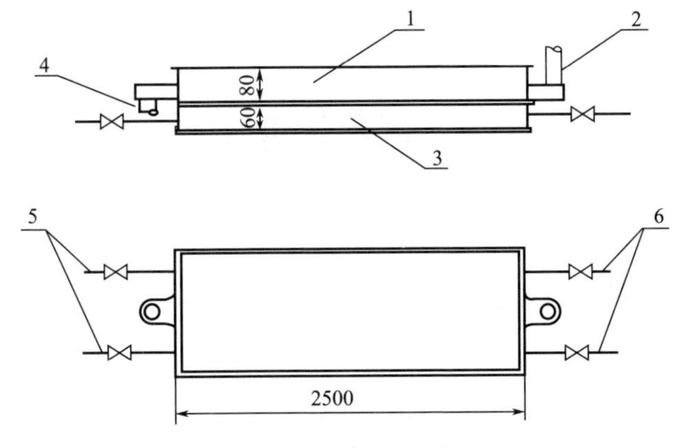

图 5-2　腐竹锅结构简图

1—不锈钢平底锅；2—进浆口；3—蒸汽夹层；4—排渣口；5—进气管；6—排气管

二、腐竹切割设备

腐竹切割装置主要由机架、切割刀具、导轨、夹持机构、切割台和控制系统等组成，其结构如图 5-3 所示。代安南等研究了一种利用气泵产生具有一定压力的压缩空气，通过气路电磁阀开闭，使得气体流入活塞腔体内部，通过连接杆驱动气缸双向往复切割，将气体的压力转变为活塞杆往复切割的动力，从而实现对腐竹高效切割生产的腐竹切割工具。

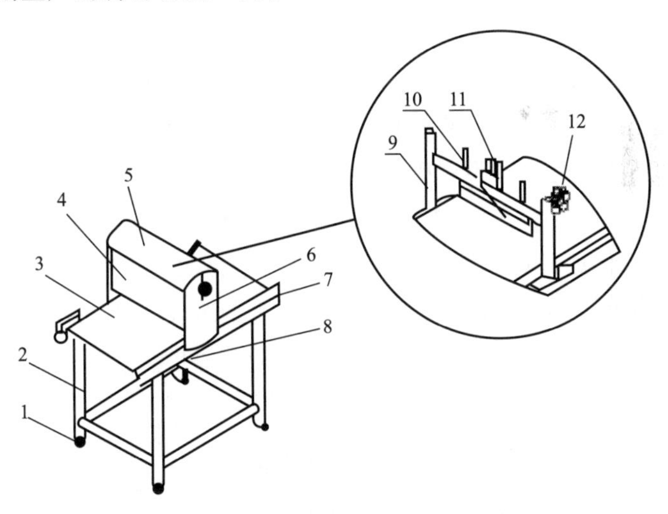

图 5-3　腐竹切割设备的总体结构设计

1—固定座；2—固定架；3—输送带；4—前侧厚板；5—上厚板；6—后侧板；7—传动轴（右）；8—传动轴（左）；9—切刀固定架；10—切刀；11—气缸；12—气路过滤阀

第三节　腐竹质量控制

一、常见质量问题和解决方法

1. 成膜效果不理想

① 豆浆的浓度是影响腐竹形成的重要因素。豆浆浓度低，蛋白质含量少，蛋白质分子间互相碰撞的机会相对减少，不易产生聚合反应，因而影响薄膜形成的速度；反之，豆浆中蛋白质浓度高，则薄膜形成的速度快。

根据折射仪的测定，一般豆浆中固形物含量为5.1%时，腐竹的出品率最高。但当固形物含量超过6%时，由于豆浆形成胶体的速度太快，腐竹出品率反而降低。因此，生产过程中应严格掌握好加水量，不能太多或太少，以防豆浆浓度太高或太低，影响腐竹形成的速度。

② 加热保持的温度对腐竹的形成也有较大的影响。豆浆成膜保持的温度越高（但不沸腾），成膜越快，保温60℃时虽然能成膜，但成膜速度慢。加热保持的温度一般以85～95℃为宜，这样不但可以加快成膜速度，而且出品率较高。

③ 豆浆的酸碱度（pH）是影响成膜的重要因素，碱性过强会导致生成的腐竹色泽发暗甚至不能成膜。豆浆的酸碱度（pH）应控制为6.2～10.5。当pH低于6时，不能成膜，且大豆蛋白质产生沉淀；当pH为8时，生产的腐竹色泽发暗；当pH高于10.5时，因豆浆中含硫氨基酸的破坏加快，不能成膜。

④ 生产场地的通风透气是生产腐竹的必要条件之一。生产场地若通气不畅浆表面的水蒸气气压过高，湿气过重，不利于水分蒸发，则不易成膜。生产场地应保持空气流通，这样浆皮表面蒸发的水蒸气能及时排除，利于成膜。

2. 吊白块问题

优质腐竹呈淡黄色，有一定光泽；次劣质腐竹的色泽较暗或呈灰黄色，但含有吊白块的腐竹色泽异常油面光亮。优质腐竹具有腐竹固有的豆香味，无异味；次劣质腐竹有霉味、酸臭味，入口有苦涩味等不良滋味。添加吊白块的腐竹无豆香味。吊白块是工业漂白剂，危害人体健康，我国禁止腐竹生产添加吊白块。但判断腐竹是否添加吊白块，单从外观、色泽、气味来区别判断是不够的，也不是十分准确，而是要通过有效的检测手段，采用现代检测技术，对腐竹中的甲醛含量分别作定性和定量的检测。

3. 干皮

烘干工序的防控：烘干腐竹放入烘房前，烘房中温度应控制在60℃，放入后开始升温，经过2h，使温度升到80℃，恒定烘房温度4h后，开始降温，经2h使温度降到60℃，然后从烘房中推出进行回软。烘房通风性要好，应能及时排湿，防止烘干不均匀；烘干前期升温要慢，否则易形成干皮。

二、影响腐竹得率和质构的因素

1. 黄豆品种及品质

不同品种的黄豆，其组分含量不同，有的甚至相差很大。用黄豆生产腐竹，由于不同品种主要成分含量不同，将直接影响到豆浆各主要成分的含量，并最终影响到腐竹的得率。其中，黄豆脂肪、总糖含量与腐竹产率呈显著的正相关；黄豆蛋白质/脂肪、蛋白质/总糖与腐竹产率呈显著的负相关。总之，黄豆中蛋白质含量越高，腐竹的得率越高，腐竹抗拉强度也越好。

豆浆中脂肪比例升高，腐竹延伸率、抗拉强度和透水率都有所下降。蔗糖比例升高，腐竹的抗拉强度下降，但延伸率上升，透水率先升高后下降。研究表明11S蛋白质含量不仅要比其他蛋白质含量、溶解度、凝胶性高，而且11S的膜性能也很强，认为在热诱导膜的形成过程中二硫键起到了重要作用，这可能是因为11S球蛋白内的二硫键及巯基含量高于7S球蛋白，并且11S球蛋白和7S球蛋白对加热变性敏感度不同，所以11S球蛋白比7S球蛋白结构更稳固，膜的拉伸强度更强。通过研究还发现，11S与7S蛋白质质量比为4∶1时，得到的腐竹横截面的孔径较大，粒子间的致密度较好，综合评分最高。

2. 豆浆质量浓度与浆液深度

豆浆质量浓度是指豆浆中固形物含量，浆液深度是指锅内豆浆的深度。豆浆质量浓度和浆液深度都是影响腐竹产率的重要因素。有研究报道，以温度为90℃、pH值为7时，在固定的温度和酸碱度条件下，改变豆浆浓度，观察其对腐竹产率的影响。经过大量实验发现，在浓度＜5%时，提高浓度能够提高产率，但达到5%以后，再增加浓度产率反而会降低。传统多次以揭竹方式制作的腐竹，随着豆浆质量浓度的增加，腐竹产率先增加后降低。同时，腐竹产率随着浆液深度的增加而增大，浆液深度超过5cm后，产率增幅较少；浆液深度为7cm时，腐竹产率最高，但此时产品的色泽暗黄、品质较差。当揭膜温度小于80℃

时，腐竹色泽偏浅，提升温度后腐竹的颜色又加深；一般随着揭膜次数的不断增加，腐竹的颜色也会逐步加深，最终变为深褐色。

3. 加热方式与温度

腐竹生产时有 2 次加热过程，一是煮浆过程；二是揭竹过程。目前，工业上主要采用夹层锅水浴加热方式，夹层中的水与炉灶用水管连接，以保持恒温。煮浆过程中若通过交变电流进行加热，加热速率快，热渗透更快，温度更均匀，有效避免局部温度过高，降低了豆浆的热损伤，提高了腐竹的品质和产率。揭竹过程中温度升高，产率呈现先升高后降低的趋势，当温度低于 80℃时，成膜速率低，能耗大，颜色浅，产率低；随着温度升高，成膜速率升高，腐竹皮较厚、筋力较强、颜色较深。豆浆煮沸时间小于 4min 时，腐竹抗拉强度随时间增加而逐步上升；当煮沸时间大于 6min 时，腐竹的抗拉强度逐渐下降，蛋白质链断裂，不利于蛋白质凝胶网状结构的生成，从而影响腐竹的抗拉强度。揭竹温度对腐竹机械性能有一定的影响。当温度低于 90℃时，抗拉强度随着温度的升高而增加，90℃时达到最高，然后随浆液温度继续上升而有所下降。腐竹生产过程中随揭竹次数的增加，其机械性能也逐渐降低。

4. 酸碱度

豆浆 pH 值会影响蛋白质的溶解度和对膜的结合方式。有研究报道，豆浆 pH 值为 8.0 时，腐竹的得率、拉伸强度最高，这可能是由于大豆蛋白质的等电点为 pH 4.2～5.6；当豆浆 pH 值远离其等电点，有利于大豆蛋白质的溶解，提高腐竹得率。也有报道，以豆浆浓度为 7%、温度为 90℃时，不同 pH 值对腐竹生产的影响为例，采用控制变量法进行研究分析，探究 pH 值改变过程中产率的变化规律。经实验研究表明，酸碱度对腐竹产率的影响呈一条倒 U 形曲线，在 pH 值到达 7.2 时，产率达到最高点，而这个 pH 值在酸碱度中属于中性偏碱性。厂家可以考虑在生产过程中对酸碱度进行实时调控，使 pH 值始终保持在 7.2～8，以加快生产效率，大大节约生产时间，从而创造更多的生产价值。

5. 通风条件

与豆浆浓度、pH 值和环境温度对腐竹产率的影响相比，通风条件往往被生产厂家忽视，而生产腐竹的过程涉及很多个步骤，其中煮浆和加热过程会发生化学变化，很多复杂有机物在此过程中会生成蛋白质等基本营养物质，还有很多营养物质需要发生氧化作用，才能保证腐竹的口感，这就需要环境中的氧气浓度要保持在一定范围内，同时氧气浓度还会影响煮浆等步骤的生产速度，所以保持良好的通风条件对于腐竹的产率和质量都有重要意义。在其他条件都达到最佳条件的情况下，研究通风条件对生产腐竹的影响，结果发现空气流通条件好的腐竹表面生成一种脂类表面聚合薄膜，使腐竹口感更佳，色泽更加鲜艳，而密闭环境下则不会生成这种薄膜。

6. 复合添加剂

有学者采用添加复合添加剂的方法来提高腐竹的品质和产率。如张麟等添加分子蒸馏单甘酯、多聚磷酸钠、D-异抗坏血酸钠 3 种添加剂复合而成的腐竹改良剂，确定腐竹改良剂的最优配方为分子蒸馏单甘酯添加量（质量分数）为 0.25%、多聚磷酸钠添加量（质量分数）为 0.10%、D-异抗坏血酸钠添加量（质量分数）为 0.02%，此条件下腐竹的品质好。肖付刚等采用添加海藻酸钠添加量 1.0%（以干豆质量计，下同）、焦磷酸钠添加量 0.07%、羧甲基纤维素（CMC）添加量 0.28%的复合添加剂以提高腐竹产率。

三、 HACCP 在腐竹生产中的应用

对腐竹加工过程中每个步骤进行危害分析，列出所有可能出现并必须加以控制的危害与控制危害的措施，并用国际食品法典委员会推荐的 CCP 判断树鉴别腐竹生产过程中的 CCP。以普通腐竹生产为例，加工危害分析见表 5-1，并进一步制定 HACCP 计划表（表 5-2）。

表 5-1 腐竹加工危害分析

工厂名称： 工厂地址： 产品描述：腐竹

销售和贮存方法：无包装出售、常温干燥贮存 预期使用和消费者：所有人

(1)	(2)	(3)	(4)	(5)	(6)
配料/加工步骤	确定在这步中引入的、控制的或增加的潜在危害	潜在的食品安全危害是显著的吗？(是/否)	对第 3 列的判断提出依据	应用什么预防措施来防止显著危害	这步是关键控制点吗？(是/否)
原料	化学性危害：农药残留、重金属、激素、抗生素	是	黄豆在种植过程过度使用农药化肥，导致农药等残留；黄豆在生长过程中可能发生霉变，含有大量黄曲霉素；土壤污染导致黄豆受到污染；包装处理不当等	选择合格的供应商；供应商证照齐全；后续工序清除杂质；煮浆、揭竹等热杀菌	是(CCP1)
	生物性危害：病原体污染	是			
	物理性危害：异物混入	是			

续表

(1)	(2)	(3)	(4)	(5)	(6)
清洗	化学性危害：清洗剂等	是	不适当的清洗造成清洗设备、管道的细菌残留	由SSOP控制；后续杀菌工艺控制	否
	生物性危害：病原体污染	是			
	物理性危害：异物混入	否			
浸泡	化学性危害：清洁剂残留	是	不适当的清洗造成清洗设备、管道的细菌残留	由SSOP控制；后续杀菌工艺控制	否
	生物性危害：病原体污染	是			
	物理性危害：无	否			
磨浆	化学性危害：清洗剂等	是	不适当的清洗造成清洗设备、管道的细菌残留	由SSOP控制；后续杀菌工艺控制；CIP清洗	否
	生物性危害：病原体污染	是			
	物理性危害：无	否			
煮浆	化学性危害：清洁剂的残留，蛋白质变性	否	不适当的清洗造成水槽细菌残留；煮浆温度、时间控制不当	CIP清洗、消毒；控制煮浆温度、时间	是(CCP2)
	物理性危害：无	否			
	生物性危害：病原体污染	否			
保温揭竹	化学性危害：亚硫酸盐、蛋白质变性、清洗剂残留	是	不适当的清洗造成锅中清洗剂残留；亚硫酸盐使用超标	CIP清洗；控制揭竹温度、次数；亚硫酸盐使用符合标准	是(CCP3)
	生物性危害：病原体污染	是			
	物理性危害：无	否			
晾竹	化学性危害：无	否	晾晒间清洁度不够	由SSOP控制	否
	生物性危害：病原体污染	是			
	物理性危害：无	否			

续表

(1)	(2)	(3)	(4)	(5)	(6)
烘干	化学性危害：清洁剂	是	烘房清洁度不够，有微生物残留	由 SSOP 控制	否
	生物性危害：致病菌	是			
	物理性危害：无	否			
回软	化学性危害：无	否	回软过程中空气尘埃和回软工具带入有害微生物	由 SSOP 控制	否
	生物性危害：细菌	是			
	物理性危害：无	否			
包装	化学性危害：无	包装内含物迁移、二次污染、异味等	包装材料的内含添加物迁移	对包装间、包装容器、包装人员严格消毒；由 SSOP 控制	否
	生物性危害：细菌	细菌			
	物理性危害：无	否			

表 5-2　腐竹加工 HACCP 计划

关键控制点（CCP）	显著危害	关键限值		监控对象			纠偏措施	验证	记录
				内容	频率	人员			
原料验收（CCP1）	农药残留、重金属、激素、抗生素、黄曲霉素；致病菌污染	国家对植物源性的农药残留限量标准、有无使用添加剂；种植产地环境质量符合产品质量标准	农残药和重金属残留是否达到最大限值；检查种植产地和保存库的环境卫生情况报告书	直接观察和检查证书，严格检查化验单中农药和重金属限量数值	每批必检	质控员监督工序记录	拒收	每批取样感官检验，每年索取两次官方出具的检测报告，每批索取供应商保证书、化验单	证书/CCP 监控记录、原料验收记录
煮浆（CCP2）	皂苷、胰蛋白酶抑制剂	煮浆温度 95℃、时间 4min	皂苷、胰蛋白酶抑制剂	严格控制	定期检查温度	操作人员	严格控制	每次煮浆测定其温度、时间是否达标	检测记录
保温揭竹（CCP3）	生物性危害	煮浆 80℃，浆液深度 2.5cm，后期加入干豆质量 1/30 的亚硫酸盐护色	豆浆液	温度、pH、亚硫酸盐	每批	操作工	根据偏离情况处理；校正温度、时间	各种记录	检测记录

第四节 特色腐竹加工工艺

一、河南腐竹

1. 生产工艺流程

选豆去皮→泡豆→磨浆甩浆→煮滤→提取腐竹→烘干包装

2. 操作要点

（1）选豆去皮　优选颗粒饱满的黄豆，筛去杂质与石子，将选好的黄豆在脱皮机作用下粉碎去皮，用鼓风机吹去麸皮。目的是保证腐竹色泽白黄，提高蛋白质出品率和利用率。

（2）泡豆　夏季泡豆4～5h，冬季以7～8h为最佳。水和豆的比例为1∶2.5（质量比），用手捏浸泡豆膨胀、不松软即可。

（3）磨浆甩浆　用石磨或钢磨将泡好的黄豆进行磨浆，用水比例为1∶10（1kg豆子10kg水），由此磨成豆浆。使用甩干机甩干过滤3～4次，手捏干豆腐渣松散且无黄浆水即可。

（4）煮滤　浆甩后，通过管道输入容器内，再用蒸汽煮浆，加热到100～110℃为宜。浆汁煮熟后通过管道流进筛床，将熟浆再进行1次过滤，以除去杂质提高质量。

（5）提取腐竹　熟浆过滤后输入腐竹锅内，由此加热到60～70℃，10～15min即可泛起一层油薄膜，将薄膜从中间用器具轻轻划开分别取出，取膜时用手将竹竿进行旋转，卷在竹竿上即可形成腐竹。

（6）烘干包装　把竹竿上的腐竹取下送到烘干房，依次排列。烘干房温度应达50～60℃，经过4～7h，待腐竹表面有黄白色且能透过腐竹看到光即可。最后将成品烘干，装入袋内包装、检验、出厂。

二、广西桂林腐竹

1. 生产工艺流程

大豆→选料→浸泡→磨浆→浆渣分离→过滤→煮浆→上浆→保温扯竹→烘干→缓苏→包装

2. 操作要点

（1）浸泡　大豆在水温 0～10℃时，泡 20～24h；在 10～20℃时，泡 14～20h；在 20～30℃时，泡 7～14h。

（2）磨浆　大豆磨浆后豆糊的粗细度小于 1.0mm。

（3）浆渣分离和过滤　豆浆 100 目筛网过滤，浓度 8～11°Bé。

（4）煮浆　温度≥95℃，时间 3～10min。

（5）上浆和保温扯竹　把熟浆放入保温槽内，控制豆浆温度在 85℃±5℃，当豆浆结膜厚度在 0.2～0.5mm 时进行扯竹，每根湿腐竹质量控制在 52～57g。

（6）烘干和缓苏　将湿腐竹在 75℃±5℃下干燥 2～3h，腐竹水分 30%～35%；然后吊竹干燥 20h 以上，温度 40℃±5℃，腐竹水分 15%～20%；再进行缓苏 20h 以上，温度 37℃±5℃，腐竹水分≤10%。

3. 质量标准

（1）感官指标　表面油润光亮，颜色淡黄或黄色，枝条均匀，色泽一致，空心松化。烹饪后，味道酥脆香甜，鲜嫩软滑，质地细腻，韧性好，口感劲道有嚼头。入汤不化，久煮不煳。

（2）理化指标　水分≤10.00%，蛋白质≥46.00%。

三、陈留豆腐棍

1. 生产工艺流程

选豆→泡豆→磨浆→过滤→煮浆→挑卷→晾晒→回潮→抽干→晾晒

2. 操作要点

前段工序（如选豆、泡豆、磨浆、过滤等）操作手法都与豆腐的生产工艺大致相同。微火煮浆，将表面的浮沫撇去，同时加温，将锅面用木棍分隔开形成两部分，在锅面上用鼓风机加速起油皮的速度，2～3min 后表面会出现一层含油皮的豆浆膜。用已经涂过食用油的木杆插入豆浆锅内，从一端挑起卷到另一端，将含油质的豆浆膜挑卷取出，晾晒 4～5h 后放在蒸笼内，升温回潮抽出木杆，继续进行晾干，隔天即出现圆筒形状的豆腐棍。大约 1kg 黄豆可产出豆腐棍 20～30 根，其中每根重 60～70g。用棉籽油、菜籽油、花生油均可，加入 0.1%草木灰混合搅拌熬煮成类似糖稀一样的液体，抹油的工序即完成。

3. 质量标准

（1）感官指标　颜色呈黄色或淡黄色，表面无霉斑点，略有豆香味，无异味；形状圆筒形，短，空心；用肉眼观察无杂质覆盖。

（2）理化指标　水分不超过12%，蛋白质不低于40%，脂肪不低于7.5%，铅、砷不超过GB 2762—2017限定量，食品添加剂符合GB 2760—2014规定。

（3）微生物指标　细菌总数出厂时与大肠菌群出厂近似值不能超过GB/T 22106—2008的要求，致病菌在食品检验中不得检出。

四、青豆腐竹

福建长汀是客家首府，地处闽西山区，气候优越，生产的青皮大豆品质优良。陈红玉等在传统工艺基础上进行优化改良，研发出以青豆为原料的新型腐竹，具有蛋白质含量高、豆香味浓郁、口感好、耐煮的特点。

1. 生产工艺流程

选料→泡豆→磨浆滤渣→蒸汽煮浆→无氧输送→成膜→起膜→烘干→包装

2. 操作要点

（1）选料　选择颗粒饱满、色泽青亮、无霉变、无虫蛀的新鲜青豆，筛清劣豆、杂质和沙土，保证原料纯净，尤以当年产新豆最好。

（2）泡豆　将青豆清洗干净，置于泡豆池中，并根据气候适度调节浸泡时间。夏季泡豆6～7h，冬季泡豆7～9h。青豆比普通黄豆要多浸泡1～2h。青豆未完全泡胀会影响出浆率。因此，应以大豆完全泡胀，手指碾压不会有硬块为宜。

（3）磨浆滤渣　将泡好的青豆通过真空吸附技术装备吸入高处的大罐桶内，再缓缓注入磨浆机的漏斗内干磨1遍，然后往青豆碎粒中加入水，水和豆的比例为5∶1，经过粗、细2道磨浆工序。观察浆的浓稠度，以不稀不稠、浆色变白为宜。在第2遍细磨时，将研磨出的豆浆过滤去渣。

（4）蒸汽煮浆　将滤完渣的豆浆边注入煮浆池内边兑水5～6倍稀释。煮浆池底部安有蒸汽管，加热到100℃沸腾即可。

（5）无氧输送　将煮好的豆浆经过密闭的不锈钢管道输送到起皮车间的双层不锈钢平底锅中，豆浆出口处用白粗布再滤浆1遍，既可以滤掉一些细小豆腐渣，又可以消除泡沫。这样一来，便可以不用添加消泡剂。注到八分满后，放入木制分格框。

（6）成膜　双层不锈钢平底锅上层盛着豆浆，下层装有清水，锅底下铺设有蒸汽输送管道，加热下层的水，水再加热上层的豆浆，并使其保持恒温在70℃左右。豆浆加热至70℃左右时，可加快成膜速度，同时提高出品率。利用蒸汽加热底层的水后再加热豆浆可使豆浆受热均匀、不煳锅，煮出的浆无异味、色泽亮，腐竹出品率高。

（7）起膜　当锅内豆浆表面形成皮膜时，即可用手拿着竹竿将膜揭起，并用剪刀稍微修剪两端，然后挂在竹竿上放至通风的玻璃顶棚底下晾至干爽。生产车间应保持通风，以防止温度过高导致雾气散发，也有利于豆浆表面聚合形成腐竹皮膜。

（8）烘干　挂好一架腐竹即可送到铺设有蒸汽管道的专用烘干室开始烘烤。初始室温可保持在70～80℃，过1～2h待腐竹表面的浆干爽后要翻面1遍，然后每隔1h再翻面1遍。翻完3遍后烘干室温度要调至60～65℃，再烘7～9h即可烘干。

（9）包装　将烘干的腐竹成品放入特制塑料袋包装封口，规格为250g/袋，再装入纸箱待售。

3. 质量标准

（1）感官指标　具有各类腐竹相应的天然色泽。表面有光泽，靠近尾部颜色略深，允许少部分带有赤褐色斑块，不得有霉变。具有青豆腐竹固有的浓郁豆香风味，不得有酸霉味等其他不良异味。不得有肉眼可见的外来杂质。

（2）理化指标　水分≤12.5g/100g，蛋白质≤40.0g/100g，Pb＜0.5mg/kg。

第六章 豆腐皮加工技术

大豆及其制品是我国的传统食品之一，其中豆腐皮是蛋白质分子在加热变性过程中通过疏水键与脂肪结合形成的大豆蛋白质脂类薄膜。它是汉族传统豆制品之一，在中国南方和北方地区有多种名菜。豆腐皮根据制成工艺不同一般分为两种，一是“挑”成的豆腐皮，也叫“油皮”“豆腐衣”；二是压制成的豆腐皮，与豆腐近似，但较薄（油皮则明显较厚）、稍干，有时还要加盐，口味与豆腐有区别。二者虽都叫“豆腐皮”，但形状、成分、口味、菜肴做法均有较大差别。

豆腐皮是一种营养价值很高的素食品，有“素中之荤”的誉称，豆腐皮中的蛋白质、氨基酸含量较高，还含有铁、钙、钼等人体必需的18种微量元素，经常食用能提高免疫力，防止血管硬化，保护心脏，滋润肺部，适当地吃豆腐皮还可以预防乳腺癌、直肠癌、结肠癌等癌症。除此之外，豆腐皮中含有的大豆卵磷脂十分有益于婴幼儿大脑的生长发育。用豆腐皮做各种菜品，其味道香美，回味无穷。本章主要介绍压制豆腐皮的工艺要点以及生产过程中应注意的卫生安全等问题。

第一节　豆腐皮加工工艺

一、原料要求

豆腐皮加工的主要原料是黄豆。豆腐皮加工必须选择皮色淡黄的大豆，不宜选用绿皮大豆，皮色淡黄的大豆可使成品更为鲜白。挑选新鲜大豆的同时还要注意挑拣出其中的坏豆、瘪豆，选择籽粒饱满、无霉变、无虫蛀有光泽的黄豆，通过过筛清除杆、柴草、沙石等杂物，使原料纯净。

大豆经浸泡加水磨碎后，用滤布除去豆腐渣得到的乳白色液体为豆浆，因此豆浆是一种含有乳浊液、胶体和真溶液3种分散体系的复杂分散体系。其中，蛋白质胶体分散体系对豆浆性质有决定性作用。大豆豆浆分散体系中，大豆蛋白质分子的亲水性基团在分子外部（如氨基、羧基等），疏水性基团位于分子的内部，由于水化作用，蛋白质分子吸附很多水分子。此外，蛋白质是一种两性物质，豆浆分散体系pH值大于其等电点，这使得大豆蛋白质胶粒静电吸附正离子。于是胶粒表面吸附正离子较多，成为紧密吸附层；距离较远的，吸附正离子较少，成为松散的扩散层，这就形成了蛋白质双电子层。水化膜和双电子层的保护作用使蛋白质胶体溶液保持稳定。豆腐皮生产工艺中，当对豆浆进行热处理时，其中蛋白质受热变性，使分子结构发生变化，疏水性基团转移到分子外部，而亲水性基团则转移到分子内部，同时浆体水分子蒸发，蛋白质浓度增加，蛋白质分子间不断碰撞而聚集，同时以疏水键与脂肪结合而形成豆腐皮膜，经挑起脱水后即得豆腐皮。

二、生产工艺流程

大豆→去皮→浸泡→磨浆→过滤→煮浆→点浆→粉脑→压制→晾干→烘烤→摊凉→成品→包装

三、操作要点

1. 选料

要选择优质无污染、未经热处理的大豆，以色泽光亮、籽粒饱满、无虫蛀和鼠咬的新大豆为佳，刚刚收获的大豆不宜使用，应存放3个月后再使用。大豆浸泡时间与季节有关系。水量：浸泡体积一般为大豆体积的2～2.5倍，浸泡水最好不要一次加足。第一次加水以浸过料面15cm左右为宜，待浸泡水位下降到料面以下5～7cm即可。即浸泡好的大豆达到以下要求：大豆吸水量约为120%，大豆增重为1.5～1.8倍，大豆表面光滑，无皱皮，豆皮轻易不脱落，手触摸有松动感，豆瓣内表面略有塌陷，手指掐之易断，断面无硬心。

2. 浸泡

随着大豆浸泡时间的延长，偏硬的成熟大豆蛋白质的皮膜组织吸水溶胀，质地变脆后变软。通过机械破碎脆性状态下的大豆蛋白质皮膜组织，可使蛋白质分散到水中。因此，大豆浸泡是豆腐皮生产中的关键工序之一，浸泡程度直接影响豆腐皮产品的色泽、产率和大豆磨浆工序的能耗。通过严格控制浸泡工艺过程，不但可以使大豆充分膨胀，细胞壁纤维软化，减少大豆研磨制浆工序的能耗，促进大豆组织蛋白质的溶出，同时还能有效改善产品的色泽和白度。

3. 磨浆

磨浆的目的是为最大限度将经过浸泡好的大豆蛋白质提取出来，关键掌握好豆浆的粗细度，过粗影响过浆率，过细大量纤维随着蛋白质一起进入豆腐渣中，一方面会造成筛网堵塞，影响滤浆；另一方面会使豆制品质地粗糙，色泽灰暗。磨浆时还要注意调整好砂轮间隙，进行磨料，磨料的同时需添加适量的水。

4. 煮浆

煮浆的温度应控制在97℃以上，保持3min左右，加3%消泡剂，加热要均匀，当浆的温度达到75℃时，即可进行点浆工作。

5. 点浆

常用凝固剂有石膏、卤水和葡萄糖酸-δ-内酯。

石膏化学名称为硫酸钙，以市面上的石膏粉点浆为宜。一般情况大豆需石膏粉0.15～0.2kg，加400g水调和均匀倒入豆浆，迅速搅拌，有豆腐花出现时即停止搅拌。

卤水作凝固剂，蛋白质凝固速度快，操作不宜掌握。巧点卤水，以5kg干豆为例，放浆前在浆桶底部撒约60g食盐，待温度下降至85℃，分2～3次倒入泡好的卤水，卤水用量50～70g，卤水干片用50g温水泡开，加少许内酯豆腐(35g左右)。

葡萄糖酸-δ-内酯用量一般是豆浆0.25%～0.5%。点浆前先将90℃以上的热浆降温至75～85℃，然后加凝固剂。

6. 粉脑

把点好后的豆腐脑放入装脑桶内，清理好卷包布上的杂物，把已卷好的包布安装到工作台上，然后接通电源开关，打开粉脑开关。

7. 压制

把接豆腐脑盘放到第一层包布上，打开流脑阀门，运转开始，调整压辊间隙使薄厚均匀。第一批包布接完后，关闭流脑口把接过流脑后的包布搬到手动液压机上（此时可以安装第二批包布继续进行流脑工作），把液压机的压杆压至第3～4个压力，然后停流3～5min，提起手动液压机构即可揭出成品。生产出来的豆腐皮不但卫生，而且味道鲜美、质地醇正、薄厚均匀。需要注意的是包布用过后要用清水洗干净，拿到卷包机上进行卷包，包布卷得不要过紧，也不要过松，用脚轻踩下面踏板进行卷包，卷完后，切记关闭电源开关。

第二节　影响豆腐皮品质的因素

一、影响豆腐皮得率和质构的因素

1. 蛋白质

蛋白质是生物大分子，能通过共价键相互结合形成网络，由于不同蛋白质的功能特性各异，豆浆中蛋白质组分对豆腐皮的品质也有一定的影响。大豆蛋白质的凝胶强度可直接影响豆腐皮产品的刚性，这与大豆蛋白质分子间聚合时成键的数目有关。此外，豆腐皮中蛋白质与可溶性碳水化合物的相对比例对豆腐皮的耐煮性能也影响显著。蛋白质与脂质间不仅存在单一的键，蛋白质与脂质之间借助于弱共价键的相互作用而缩合。在豆腐皮的形成过程中，体系受热，一方面由于作用力，脂肪被结合到膜中；另一方面因为蛋白质的突然变性，凝胶网络的突然形成，大量脂肪也随着蛋白质的失水干燥而被夹在其中。随着脂肪/蛋白质的增加，豆腐皮的机械性能降低。

2. 脂肪

豆腐皮的主要成分是蛋白质和脂肪，脂肪与蛋白质的形成结构对豆腐皮的氧化变质以及机械性能均有较大的影响。脂肪的存在能显著改善蛋白质膜的机械性能和通透性。脂肪酸部分的碳链长度越短，形成的凝胶强度越大。

3. 糖类

在豆腐皮结皮过程中，蛋白质与糖类之间的结合力较弱，主要是氢键作用。尽管它们之间的结合力较小，但糖类物质对膜性能的影响却很大。糖类对豆腐皮的机械性能、通透性、色泽都有影响。添加多糖可以显著改善大豆蛋白质膜的机械性能及透氧性、透湿性等。在长时间的保温结皮过程中，其中一部分的糖逐渐成为还原糖。氨基酸同还原糖相互作用发生美拉德反应，产生酱色的色素，加深了豆腐皮的色泽。添加亚硫酸盐可以调控豆腐皮的色泽，因为亚硫酸钠能有效切断美拉德反应历程，从而使色泽不再加深。

4. 浸泡条件

在磨浆工艺前，大豆的浸泡工艺也很重要。经过加水浸泡大豆，使其颗粒吸水膨胀，有利于提高磨浆时蛋白质胶体的分散程度和悬浮性，促使蛋白质从细胞中分离出来。大豆浸泡程度通过影响大豆蛋白质溶出率，从而影响产品的得率和质量。浸泡至大豆符合操作技术要点，测定大豆吸水量为1∶1.2左右。当料水比为1∶1时，大豆由于浸泡加水量不足，大豆蛋白质溶出率低；当浸泡用水量高于大豆2倍以上时，大豆能将水基本吸收完，充分软化大豆细胞结构，大豆蛋白质溶出率升高；继续增加浸泡用水量，大豆蛋白质溶出率变化不大，但随着大豆吸收饱和，部分蛋白质溶出到浸泡水中，导致损失。有研究表明：料水比过少会导致大豆蛋白质溶出不完全，料水比过多会造成弃水中溶出蛋白质的损失，适宜的大豆浸泡料水比在1∶(2～5)。

原料大豆的浸泡时间受泡豆水温的影响，泡豆水温越高则浸泡充分所需的浸泡时间越短，但泡豆水温过高又会影响豆腐皮的产率和色泽，因此浸泡温度不宜过高或过低，泡豆水温控制在15～20℃，浸泡时间一般为8～10h。

5. pH值

适宜的浸泡大豆水pH值在7.0～8.0。当浸泡大豆用水pH值在6.0～7.0呈微酸性时，蛋白质不易溶出，所以豆腐皮产率不高。随着pH值的增大，产率逐渐提高，当浸泡水的pH值大于7.0时，能使大豆细胞壁变软，促进大豆蛋白质的溶出，缩短浸泡时间；还使蛋白质偏离等电点，增加大豆蛋白质溶解度。浸泡水的pH值为8.0时，豆腐皮产率达到最大。但浸泡水pH值大于8.0过碱时，又使大豆蛋白质变性，表现出一定的乳化性，大豆蛋白质增溶或解离成大豆蛋白质分子次级结构，使大豆脂肪球分散在浆液中，导致产率下降，且豆浆中含硫氨基酸破坏加快，形成的豆腐皮色泽发暗，影响产品质量。

6. 豆浆煮浆

传统的豆腐皮生产工艺是磨浆后即过滤，然后再煮浆。而实践证明，磨浆后先煮浆后过滤有利于提高豆腐皮的出品率，而且煮浆后的过滤可以根除杂质，防止因豆浆中的纤维（豆腐渣）煳锅，而影响豆腐皮的品质和出品率。在煮浆后的保温揭皮过程中，豆浆的理化特性以及温度、固形物含量和pH值等因素对揭皮工序及豆腐皮的品质影响很大。

7. 豆浆浓度

豆浆浓度（以可溶性固形物含量表示）低时，蛋白质含量少，蛋白质分子之间相互碰撞的机会相对减少，不易发生聚合反应，从而影响薄膜形成的速度。固形物含量较低时，豆腐皮得率相对较低，色泽和机械性能较差；固形物含量较高时，随着豆浆表面水分加热蒸发，豆浆浓度进一步加大，离子强度显著增大，从而抑制了蛋白质的解离作用，由于大豆蛋白质无法伸展开，导致其内部的疏水基团和二硫键无法转移到外部相互结合，使得豆浆表面无法形成蛋白质网络结构，也就无法成膜，从而使得率下降。豆浆固形物含量过高或过低都不好，一般认为固形物含量为7.0%左右时豆腐皮的得率最高。

8. 豆浆温度

豆浆温度对豆腐皮形成的影响也是不容忽视的问题。豆腐皮的得率随豆浆温度的升高先升高再降低，温度过高，豆腐皮的颜色加深且变暗，同时豆腐皮的机械性能也有所降低，当温度达到 95℃以上时，豆浆微沸，形成的豆腐皮还容易起“鱼眼”。豆腐皮得率的降低可能是由于温度过高导致豆浆的浓度变大，形成胶体的速度过快，从而降低了大豆蛋白质和脂类的结合率。由于处于长时间的高温加热过程，豆浆中的一部分碳水化合物受热后分解成的还原糖和豆浆中的氨基酸发生了美拉德反应，豆腐皮发生褐变，从而造成了豆腐皮的色泽变化，此外高温还会造成某些氨基酸的损失，降低了蛋白质的营养质量。而温度较低时，豆浆结皮的速度较慢，得率较低，甚至无法结皮。

9. 添加剂

食品乳化剂作为食品添加剂的一种，具有良好的表面性能，能有效解决豆腐皮品质不稳定、产率较低、豆腐皮褐变及易破碎等问题。研究发现，海藻酸钠、焦磷酸钠、羧甲基纤维素钠的复配添加可显著提高豆腐皮的产率。

在豆腐皮机械性能及感官品质方面，采用亚硫酸盐能有效切断美拉德反应历程，从而有效防止豆腐褐变。甘油和海藻糖有助于增强豆腐皮的韧性；蔗糖酯或单甘酯分别可以促进分子紧密有序排列和增强大豆蛋白质与脂肪的相互作用而改善豆腐皮的延伸性。单甘酯、多聚磷酸钠和 D-抗坏血酸钠的复配添加可明显改善豆腐皮的色泽、韧性等感官品质。豆浆中加入乙酰化双淀粉己二酸酯可以增强豆腐皮的机械性能，原因是乙酰化双淀粉己二酸酯加强了大豆蛋白质分子的氢键作用力、表面疏水性及乳化能力，并以镶嵌的方式填充在蛋白质变性形成的网络结构孔隙中，使豆腐皮网络结构更加致密。

二、豆腐皮保鲜与贮藏

1. 豆腐皮杀菌技术

豆腐皮因高水分活度和高营养成分的特性而易变质腐败，因此杀菌工艺是产品生产工艺的关键。目前常用的杀菌方法是水蒸气杀菌和微波杀菌。

水蒸气杀菌的原理：水蒸气加热杀菌是根据高温能使组成生物有机体的蛋白质、核酸等物质的结构与功能遭到不可逆转的破坏，从而使细胞的功能急剧下降以致死亡。此法可采用高温引起其细胞蛋白质凝固，使微生物致死的方法，达到消毒灭菌的目的。另外，蒸汽有很强的穿透力，当蒸汽与被灭菌物体接触凝结成水时，又可以放出热量，使温度迅速升高，能迅速杀灭菌株。而微波杀菌主要是使食品中的微生物在微波热效应和非热效应的作用下，使食品内部的蛋白质和生理活性物质发生变异或破坏，从而导致生物体生长发育异常直至死亡。

豆腐皮水浴加热杀菌中，随着食品温度的升高感官评分逐渐升高，当杀菌温度高于90℃时，感官品质出现下降趋势，产品会出现组织软糜、口感变差的现象。当杀菌温度低于80℃时，随着杀菌时间的延长，感官评分略有提高；随着温度的升高，杀菌时间超过40min时，感官评分呈下降趋势。然而，单独沸水杀菌不能满足豆腐皮即食产品货架期要求，而高温高压杀菌方式（温度121℃保温20min），豆腐皮即食休闲食品有蒸煮异味，且产品颜色加深，弹性和嚼劲降低，产品感官品质恶化，不能满足消费者需求。有研究表明，豆腐皮在经过维生素C浸泡、微波杀菌或者蒸汽杀菌处理可以延长豆腐皮保质期。蒸汽灭菌50s后直接包装，或用维生素C浸泡2h后再用微波3度火力灭菌2s后包装。3天后观察豆腐皮的各种物理特性无明显变化，且在经过9天、16天、23天和37天的观察后上述两种包装的各种物理特性均无明显变化。

有机酸的添加除了能增加食品的风味外，还具有降低食品的pH值，防止食品腐败的效果。柠檬酸是功能最多、用途最广的酸味剂。由于柠檬酸具有较高的溶解度，且具有令人愉快的气味及无毒，因此它被广泛用来作为食品的酸味剂、防腐剂、酸度调节剂及抗氧化剂的增效剂。柠檬酸的添加量与产品的初始pH值具有正相关性，随着pH值的下降，产品的菌落总数明显降低。综合感官品质和杀菌效果，柠檬酸添加量应选范围在0.25%～1.25%。有研究确定了软包装即食豆腐皮杀菌过程的最优组合为：二次杀菌的杀菌温度93℃、总杀菌时间42min（在93℃水浴中杀菌21min，取出，立即放入冰水混合物中冷却10min，再在93℃水浴中杀菌21min），柠檬酸添加量为1.0%，山梨酸钾添加量为0.04%，双乙酸钠添加量为0.04%。

2. 豆腐皮贮藏技术

豆腐皮的品质在贮藏过程中样品的色泽、口感、香气、滋味都会发生不同程度的变化。色泽会逐渐加深，口感变差，货架末期会出现不和谐的气味，影响产品的货架期寿命。研究不同温度（25～40℃）贮藏条件对豆腐皮品质的影响，发现随温度的升高，硬度呈增长趋势，褐变反应速率增大。贮藏温度越高，产品硬度变化越明显。且在不同温度贮藏条件下都发现豆腐皮在贮藏过程中水分含量呈下降、耐咀嚼性先增大后减小，成品质地品质降低。贮藏过程中产品水分含量的减少，可能是包装袋不能完全隔离水分导致水分蒸发，从而引起水分含量的降低。

三、豆腐皮常见质量问题和解决办法

1. 颜色问题

如豆腐皮颜色过深，可考虑在豆腐皮制作过程中添加适量亚硫酸盐来控制颜色程度。主要原因是亚硫酸钠能有效切断美拉德反应。

2. 微生物污染

根据卫生防疫部门的检测结果，微生物污染是此类豆制品的主要卫生问题。干豆腐、豆腐皮等都属于豆腐干类制品，水分含量在55%～65%。虽然水分含量远低于豆腐脑、北豆腐等豆腐类制品，但是水分活度仍不足以抑制大多数微生物的生长，常见的质量问题仍然是由于微生物引起的腐败变质。可以考虑通过向豆腐皮中添加山梨醇钾等添加剂有效抑制微生物的生长并增加贮存时间。

3. 加工过程中添加剂违规使用

有些厂家为了延长豆制品的保质期，在食品的制作过程中常加入食品添加剂，而有些食品添加剂具有毒性。吊白块的违法使用成为豆腐皮的重要质量问题。由于吊白块对人体健康危害严重，所以国家明令禁止将吊白块作为食品添加剂使用。目前市售豆制品吊白块检出率较高，主要原因是：吊白块具有增白、保鲜、提高韧性的作用，加入后可使腐竹、豆腐皮等豆制品不易煮烂、色感满意。此外，吊白块具有凝固蛋白质的作用，加入后可提高腐竹、豆腐皮等豆制品10%左右的产量。

四、豆腐皮生产中产生食品危害的因素

① 生物性危害。如原料因发霉变质而带有微生物或真菌毒素以及大豆在贮藏、运输过程中微生物污染而带入致病性微生物。

② 物理性危害。如混入大豆中的灰尘、沙石、铁屑、玻璃、草棒、尼龙等。

③ 化学性危害。如农药残留、重金属污染等。水是豆腐皮生产的另一个重要因素，加工用水和清洁用水都必须符合饮用水标准，才能保证产品的质量安全。此外，为了改善产品的色泽，提高出品率，还经常使用食品添加剂（如亚硫酸盐等），添加剂使用不可过量，要有严格的使用标准。

④ 加工过程中影响豆腐皮产品危害的因素还包括加工设备、管道、加工的工艺条件等。如果加工设备、管道清洗不当，就会造成有毒微生物残留，从而滋生有毒微生物；如果加工的温度、时间掌握不当，不仅会影响产品的出品率，也会滋生微生物。

⑤ 原料、成品的包装物。包装过程中的二次污染是构成成品微生物超标的主要来源，包装的材料要符合国家卫生安全要求，包装的完整性可影响产品的保质期。

⑥ 豆腐皮生产中原料与选料危害分析（见表6-1）。

表 6-1　豆腐皮生产中原料与选料危害分析

项目	确定潜在危害			判断依据	预防措施
	生物性	化学性	物理性		
原料	细菌、病原体、虫卵或真菌毒素污染等	农药残留、重金属污染等	灰尘、沙石、铁屑、玻璃、草棒、尼龙等	发霉产生，贮藏、运输过程中微生物污染并繁殖，种植过程中农药残留以及种植区域环境污染大豆，采收、晒干、贮存、包装处理不当混入	1. 选择合格供应商，建立供应商名录； 2. 供应商提供"三证"； 3. 供应商提供每批产品合格检验验收报告； 4. 后工序选料和清洗除去杂质； 5. 后工序如煮浆、揭皮等加热工序杀灭病原菌
选料	细菌	清洗剂等	灰尘、沙石、铁屑等	不适当的清洗造成筛选设备中细菌残留，不适当的清洗造成筛选设备中清洗剂的残留，不适当的工艺造成机械杂质的残留	1. 通过既定的 CIP 程序清洗、消毒； 2. 选择食品工业用洗涤消毒剂； 3. 后工序如煮浆、揭皮等加热工序杀灭病原菌

HACCP（hazard analysis critical control point）体系表示危害分析的关键控制点，HACCP 体系是国际上共同认可和接受的食品安全保证体系，主要是对食品中微生物、化学和物理危害进行安全控制。HACCP 通过对生产过程的分析，使企业抓住卫生安全管理的关键点，工作更深入、更有效。我国豆腐皮生产加工以中小型企业为主，基础条件较为薄弱，对产品卫生安全的控制与监督侧重于针对成品的监控与检测，检测结果滞后，生产过程中危害因素往往不能及时纠正，不合格产品也无法得到及时纠正，造成企业较大的损失，也限制了豆腐皮传统产业的发展壮大。因而将 HACCP 体系引入豆腐皮生产管理及质量控制，有利于企业对产品生产各个环节规避食品危害的因素，有助于企业提高卫生意识与管理水平，促进卫生管理分工细化，各岗位人员职责明确，对提高产品的安全性具有重要意义。

第三节　特色豆腐皮加工工艺

一、百叶

百叶，豆制品的一种，色黄白，可凉拌、清炒、煮食。百叶的叫法多见于苏北地区；北方地区称为豆腐皮，赣、苏（南）、皖地区称为千张。

1. 原料与配方

大豆 100kg，盐卤片适量。

2. 生产工艺流程

大豆→豆浆石膏→点浆→浇制→压榨→剥百叶→成品

3. 操作要点

（1）点浆　在熟浆里加 1/4 的清水，以降低豆浆浓度和温度，点浆方法与制作豆腐相同。

（2）浇制　将百叶箱屉置于百叶底板上，同时将百叶布摊于箱屉内，四角要摊平整，不折不皱，用大铜勺舀起缸内豆腐花，再用小铜勺在大勺内将豆腐花搅碎，均匀浇在箱屉内的百叶布上，然后把百叶布的四角折起来，盖在豆腐花上，一张百叶即浇制完成，依次浇下去即可。

（3）压榨　把浇制好的薄百叶移到榨位上压榨。先将撬棍压在百叶上，逐步收撬眼加压。约 10min 后，再把百叶箱屉全部脱去，将底部的 30 张百叶翻上再压，全过程约 20min。

（4）剥百叶　将盖布四角揭开，然后将布的两对角处拉两下，使薄百叶与布松开，然后翻过来，一手揪住百叶角，另一手将百叶布拉起即可。厚百叶与薄百叶制作方法基本相同，所不同的是熟浆里加水量少一半，即加 1/8。浇制时，豆腐花量要多一些，撬压不要太干。薄百叶经加盐、各种香料、糖、鲜汁等（配料可根据各自特色）煨制 0.5 小时后，在竹匾上摊开晾干，切成丝（一头留 6cm 左右不切），卷成圆筒，用绳将不切部分捆扎成把。

4. 质量标准

（1）感官指标　成品百叶色泽淡黄，双面光洁，厚薄均匀，四边整齐，不破、不夹块，有韧性、有香气，无异味、无杂质。薄百叶全张完整，每千克 40～44 张；厚百叶每千克 10～12 张。

（2）理化指标　水分≤50%，蛋白质≤37%，砷≤0.5mg/kg，铅≤1mg/kg，添加剂符合国家规定。

（3）微生物指标　致病菌出厂或销售均不得检出。

二、厚百叶（手工）

1. 原料与配方

大豆 100kg，石膏 4kg 左右，水约 1000kg。

2. 生产工艺流程

点浆→浇制→压榨→脱布→成品

3. 操作要点

（1）点浆　制厚百叶的豆浆浓度应淡些，一般掌握在每千克大豆出豆浆10kg左右。这样在点浆时不要加冷水。采用石膏作凝固剂，也可用冲浆的方法，点浆的温度控制在60～70℃为宜。

（2）浇制　要把豆腐花不停地搅动，豆腐花要多一些，不可打得太碎，要浇得均匀。如果有大块的豆腐花，会使厚百叶有夹块，不理想。把豆腐花浇在底布上，然后盖上面布，准备压榨。

（3）压榨　用土榨床加压脱水。压榨厚百叶的特点是压力不要太猛，但压榨的时间要长，这样既能压榨出一部分水分，又使厚百叶柔软有韧性。如果施压太猛烈，会把豆腐花挤入布眼，使百叶很难剥下，从而影响质量。一般压榨时间约30min。

（4）脱布　即剥百叶，由于厚百叶含水量高、韧性差、易破碎，所以要顺势剥下，不宜强拉硬剥，否则会影响质量。大豆50kg可制得厚百叶55kg。

4. 质量标准

（1）感官指标　色泽洁白，质地既有韧性而又软糯，两面光洁，不破，拎角不断。每张重425～500g。

（2）理化指标　水分≤68%，蛋白质含量≥22%，砷≤0.5mg/kg，铅≤1mg/kg，添加剂含量按标准执行。

（3）微生物指标　细菌总数出厂时不超过5万CFU/g，大肠菌群近似值出厂时不超过70CFU/100g，致病菌出厂或销售均不得检出。

三、机械制薄百叶

1. 原料与配方

大豆100kg，25°Bé盐卤10kg，水1000kg。

2. 生产工艺流程

点浆→破脑→浇制→压榨→脱布→成品

3. 操作要点

（1）点浆　每千克大豆产豆浆在9kg左右。点浆是用25°Bé盐卤用水冲淡到12°Bé，作凝固剂。点浆时，卤条像赤豆那样粗，随意搅动。当豆浆中呈大豆般豆腐花翻上来、缸里见不到豆腐浆时，可停止点卤和铜勺的翻动。同时，也应在浆面洒些盐卤。

（2）破脑　为适应机械浇制薄百叶，必须用工具把豆腐花全部均匀地搅碎，使呈木屑状。

（3）浇制　在浇制时要把缸内的豆腐花不停地旋转搅动，不使豆腐花沉淀阻塞管道口以及造成豆腐花厚薄不均的现象。随着百叶机的转动，把浇百叶的底布和面布同时输入百叶机的铅丝网履带上，豆腐花也随即通过管道浇在百叶的底布上，然后盖上面布。经过 6～8m 的铅丝网布输送，让豆腐花内的水自然流失，使含水量有所减少。此时可以按规格要求把豆腐花连同百叶布折成百叶，每条布可折叠成百叶 80 张左右。

（4）压榨　折叠后的薄百叶，依靠百叶叠百叶的自重压力沥水 1min，再摊入压榨机内压 1～2min。待水分稍许泄出后加大压力，压榨 6min 左右，其含水量达到质量要求，即可放压脱榨。

（5）脱布　即剥百叶，可通过脱布机滚筒毛刷的摩擦作用，使百叶盖布和底布脱下来，百叶随滚筒毛刷剥下来。剔除次品后即为成品百叶。

4. 质量标准

色泽黄亮，张薄如纸，入口软糯，油香味足。全张只准有花洞 2 个，半张只准有花洞 1 个，花洞直径不超过 15mm，裂缝不超过 2 条，裂缝长度不超过 50mm。每张百叶面积为 320mm×600mm，长与宽可各有 5mm 伸缩，10 张重 500～600g。

四、芜湖千张

1. 原料与配方

黄豆 100kg，盐卤 4～5kg。

2. 操作要点

选料、磨浆、上锅与制豆腐相同，不同的工艺如下：

（1）点卤　将豆浆入锅猛火蒸煮后，起锅倒入浆桶或缸内进行焖浆。当豆浆温度在 80℃时点卤。采用 25°Bé 的盐卤水作凝固剂，每 100g 黄豆用量 4～5kg。点卤后成豆腐花。

（2）浇制　将特制的百叶箱套在底板上，用白布套上，四角摊平，不折、不皱，然后把豆腐花取出，搅碎均匀浇在布上，把布的四角折起，盖在豆腐花上，一张百叶即浇成，依次浇制。

（3）压榨　把浇制好的薄百叶，移到榨位上压榨。先轻轻逐步加压，约 10min 后，再把百叶箱套全部脱出，将底部 30 张百叶翻上再压，全过程 20min。

（4）剥百叶　将盖皮四角揭开，使薄百叶与布松开，再翻布，一手抓住四角，一手将百叶布拉起即可。每 100kg 黄豆，可加工成品 200～220 张。

3. 质量标准

体薄而匀，柔而有咬劲，呈鲜黄色，味道纯正，每 100g 含蛋白质 36.8g，含水量较低。

五、家制干张

1. 原料与配方

去杂大豆 100kg，石膏 250g。

2. 生产工艺流程

大豆→选料→浸泡→磨制→滤浆→煮浆→加凝固剂→浇片→压制→成品

3. 操作要点

（1）浸泡　取去杂大豆加清水浸泡，浸泡时间为冬季 16h 左右，夏季约 3h，春、秋季 5h 左右。

（2）磨制　按干豆每千克加水 5kg 磨成豆糊，经过滤去渣留浆。豆浆用蒸汽（或煮）加热至沸，断热 5min 左右，再通蒸汽加热至沸。

（3）滤浆　取石膏 250g，加入相当于石膏质量 20 倍的水化开搅匀，同时将缸内热豆浆移出一桶。一边把石膏水徐徐加入缸内，一边把移出的豆浆倒入，使缸内浆液混匀。

（4）浇片　待缸内浆液静置片刻形成豆腐脑后，用竹垂直刺豆腐脑，使形成米粒状颗粒的豆腐脑水。

（5）压制　用漏勺将豆腐脑水均匀地漏在长条形布上（布长数米、宽 20～30cm），每 35cm（或 40cm）与豆腐脑水叠成一层。待叠起数层后压去水分即成千张。

4. 质量标准

色泽淡黄，质地细软，富有豆香气；水分≤68%，蛋白质含量≥22%。

六、豆片

1. 原料与配方

大豆 100kg，盐卤适量。

2. 生产工艺流程

大豆→浸泡→磨浆→滤浆→煮浆→点浆→蹲脑→打花→泼制→压制→揭片→切制→半成品

3. 操作要点

(1) 点浆　以盐卤为凝固剂，盐卤水浓度为12°Bé，豆浆浓度控制在7.5～8°Bé。加适量冷水，将煮沸后的豆浆温度降到85℃时点浆。

(2) 蹲脑　点浆后蹲脑10～12min，然后开缸，再搅动1～2次，静置3～5min后，吸出适量黄浆水，即可打花。

(3) 打花　把打花机头插入缸内转动，将豆腐脑打成米粒大小时就可以泼制。手工泼制时不用打花。

(4) 泼制　泼片时要把缸内的豆腐脑不停地转动和搅动，不使豆腐脑沉淀阻塞管道口。随着泼片机的转动，把泼豆片的底布和上面的盖布同时输入泼片机的铅丝网带上。豆腐脑通过管道和刮板均匀地泼在底布上，随后上布自动盖上。泼制豆腐脑的厚度为5～6min。泼好的豆腐脑经过自然脱水，再放入压盖或重物进行预压。

(5) 压制　先在特制箱套内预压，预压的目的是使豆片基本定形，加压时不会跑脑、变形。预压时间5～8min，压力为10kg。预压后取走箱套，放在油压榨内加压，加压时间约15min，压力在10～15t。

(6) 揭片、切制　压好的豆片都粘在布上，需要用专用揭片机把片揭下，并把上、下面布卷在小轴上，以便再用。豆片经揭片机揭下后要进行人工整理，去掉软边，切成5cm×40cm的整齐豆片。根据产品的需要再切成各种丝、条。

4. 质量标准

产品有特定色泽、薄如卷帕，质地柔韧，细嫩清香。

七、白豆腐片

1. 原料与配方

大豆100kg，卤水适量。

2. 生产工艺流程

泡豆→磨糊→滤浆→煮浆→点脑→泼片→压榨→揭片→冷却→成品

3. 操作要点

加工过程中泡豆至煮浆工序与制豆腐基本相同。但在滤浆时应多加温开水，100kg大豆其温开水添加量总计300kg。凝固剂为卤水，一般点脑温度应控制在浆温90℃。点脑要嫩些，尽量保持不撇浆。在泼片、压榨和揭片工序中，先将模型放在架子上，铺布泼片，每泼一次折好，再铺一层布，继续泼片，依次进行。泼片要求均匀，这样压榨后成片厚薄均匀一致。压榨时要使豆浆清水沥出，成片后进行揭片，冷却后即为成品。

4. 质量标准

外形为白色薄片，味淡，含水量少，呈半脱水状，凝胶的网络结构比较紧密，网络内存在的水分较少。每张约 $30cm^2$。

八、油皮

1. 原料与配方

大豆 100kg，水 1250kg。

2. 生产工艺流程

制浆→挑皮→烘干→包装→成品

3. 操作要点

（1）制浆　提取油皮一般是在豆制品生产的煮浆后、点浆前进行。

（2）挑皮　煮沸后的豆浆，放入专用的挑皮浆槽内，静置 8～9min 后，表面结一层软皮，将软皮展开挂在竹竿上，准备风干或烘干。油皮与腐竹的形状不同，要求湿皮不能折叠，展开得越平越好。

（3）烘干　油皮干燥有两种方法，一个是自然风干，另一个是烘房烘干。油皮干燥后，用水适当喷雾回软，静置 10～15min 后摊平，装入包装箱内。包装箱内要放防潮纸，防止油皮吸水变质。

4. 质量标准

黄色透明，黄泽油润；水分≤20%，蛋白质≥40%，脂肪≥18%。

九、新兴豆腐皮

1. 原料与配方

分离大豆蛋白粉 10kg，大豆油 8kg，马铃薯淀粉 1kg，豆乳 40kg，聚磷酸盐 1.5kg。

2. 操作要点

将分离大豆蛋白粉、马铃薯淀粉、大豆油、豆乳混合，搅拌 15min，得到糊状物。豆乳的加工方法是将大豆放在水中浸泡一夜，磨碎、过滤，使其固体成分含量保持在7%左右。然后在糊状物中添加2%～3%的聚磷酸盐，使糊状物成形，用电炉加热，使之膨化成海绵状，取出后干燥。对于长70mm、宽50mm、厚10mm的糊状物，通常需干燥3～4min。这样加工所得到的成品，其水分含量为15.7%左右，膨化度为3.9倍。

3. 质量标准

新兴豆腐皮复水性好，在40℃的温水中浸泡3min便可充分吸水，形成海绵状组织。复水后的制品具有传统手工豆腐皮的口感、风味、香味和色泽。类似冻豆腐，多孔而富有弹性，口感松软。

第七章

腐乳加工技术

腐乳又称乳腐、霉豆腐等，是以大豆为原料，经加工磨浆、制坯、培菌、发酵而制成的发酵豆制品，也是我国独有的传统民族特色佐餐食品，产地遍及全国各地。腐乳品种多样、风味独特、滋味鲜美，是百姓餐桌上的常见调味品。

腐乳在我国已经有一千多年的历史。据史料记载，早在公元5世纪魏代古书中，就有腐乳生产工艺的记载："干豆腐加盐成熟后为腐乳。"全国地方特色的腐乳有王致和腐乳、桂林腐乳、江苏"新中"糟方腐乳、上海"鼎丰"精制玫瑰腐乳、"咸亨"腐乳、重庆忠州腐乳等。

腐乳中富含蛋白质及其分解产物如多肽、二肽等多种营养成分，不含胆固醇，在欧美等地区被称为"中国干酪"。传统中医认为腐乳味甘、性温，具有活血化瘀、健脾消食等作用。现代营养学证明，豆腐在经过发酵后会得到更多利于消化吸收的必需氨基酸、烟酸、钙等矿物质，尤其还能得到一般植物性食品中没有的维生素 B_{12}。根据制作方法和配料不同，腐乳的颜色、风味、营养也有所差别。白腐乳不加任何辅料，呈本色。红腐乳是由腌坯加入红曲、白酒、面曲等发酵而成的，红曲中含有的洛伐他汀对降低血压和血脂具有重要意义，有一定的保健作用。青腐乳，其实就是臭豆腐乳，腌制中加入了苦浆水、盐水而呈豆青色，比其他品种发酵更彻底，而含有更多的氨基酸和酯类。花腐乳，一般会添加辣椒、芝麻、火腿、白菜、香菇等，其营养物质最全。此外，有些腐乳上面会有白白的小点，那是酪氨酸结晶，可放心食用。除直接吃外，腐乳在烹饪中可起到赋咸、增香、提鲜等作用，如腐乳爆肉、腐乳空心菜、腐乳花卷等。需要注意的是，高血压、心血管病、痛风、肾病患者以及胃肠道溃疡患者要少吃，以免加重病情。

第一节 腐乳加工工艺

一、原料要求

正确选择原料是提高腐乳质量的保证。大豆是产品质量的基础，应采用高蛋白大豆，储藏时要防止大豆“走油”现象。面曲中蛋白酶和淀粉酶活力直接影响产品质量和发酵周期。食盐应采用水洗盐或精盐，避免食盐杂质造成腐乳风味欠佳。软水和中性水能提高蛋白质的利用率。生产中应使用质量稳定、风味好的酒类。香辛料是细菌型腐乳必加的添加剂，加入时要严格遵守国家规定，只能加入保健食品中规定的既是食品又是药品的添加剂。

1. 主料

用于生产腐乳的主要原料是大豆，以东北地区种植的大豆质量最佳。大豆中蛋白质含量一般为30%～40%，粗脂肪15%～20%，无氮浸出物25%～35%，灰分5%左右。大豆中的主要成分如蛋白质、脂肪、碳水化合物等都是腐乳的主要营养成分，蛋白质的分解产物又是构成产品鲜味的主要来源。大豆蛋白质的氨基酸组成合理，氨基酸中谷氨酸、亮氨酸较多，与谷物比较赖氨酸多，蛋氨酸和半胱氨酸稍少。大豆中亚油酸是人体必需脂肪酸，并有防止胆固醇在血管中沉积的功效。大豆有特有的气味成分，在微生物分泌的各种酶作用下，也会产生腐乳的香气物质。腐乳质量好坏首先取决于大豆的品质，选取优质的大豆是生产腐乳的最基本条件，所以要求大豆蛋白质含量高，密度大，干燥，无霉烂变质，颗粒均匀无皱皮，无僵豆（石豆）、青豆，皮薄，富有光泽，无泥沙，杂质少。

2. 辅料

配料中所用的原料因生产的品种不同而异，统称为辅助原料（辅料）。腐乳品种繁多，与所用豆制品发酵工艺学的辅料在后熟中产生独特的色、香、味有密切关系。腐乳中主要辅料有食盐、酒类、面曲、红曲、凝固剂、香辛料等。

（1）食盐　食盐是腐乳生产中的重要辅料。食盐是腐乳咸味的主要来源，食盐和氨基酸结合构成腐乳的鲜味。食盐有较强的防腐功能，还能析出豆腐坯的水分。腐乳腌坯所用盐要符合食用盐标准，尽量使用氯化钠含量高、颜色洁白、水分及杂质少的水洗盐或精盐。食盐中钙和镁含量高时产品会有苦味，杂质多会导致产品质地粗硬、不够滑腻，使成品质量下降。

（2）酒类　南方生产的腐乳品种所用酒类以黄酒和酒酿为主，北方以白酒为主。酒类能增加腐乳的酒香成分，如白酒中乙醇和腐乳发酵时产生的有机酸反应生成各种酯类。酒类还可以提高红曲色素的溶解度，抑制蛋氨酸分解生成甲硫醇和二甲基二硫醚，防止腐败性细菌和产膜酵母菌的繁殖，增加成品的安全性等。

① 黄酒。黄酒以谷物为主要原料，利用酒药、麦曲或米曲中含有的多种微生物共同作用酿制而成。酒精含量12%～18%，酸度低于0.45%，糖分在7%左右。黄酒营养价值高，含有多种淀粉质分解的产物（如多糖、麦芽糖、葡萄糖）、必需氨基酸、维生素、微量元素等。腐乳生产中使用的黄酒以采用纯种酵母和纯种麸曲结合的发酵期短、产酒率高的新工艺酒为主。

② 酒酿。酒酿是以糯米为主要原料，经过根霉、酵母菌、细菌等共同作用，将淀粉质分解为糊精、二糖、葡萄糖、酒精等成分酿制而成。酒酿指标：酒精含量11%～12%（体积比），总酸≤0.6%，固形物≥25%。

③ 白酒。腐乳使用的白酒，一般是以高粱为主要原料，经麸曲和酵母菌发酵酿制成的，含酒精度为50%～60%（体积比）无混浊、无异味、风味好的白酒。

（3）面曲　面曲是面粉加水后经发酵（或不发酵）、添加米曲霉培养制成的辅助原料。要求面曲颜色均匀，酶活力高，杂菌少。

① 前期不发酵面曲。用38%冷水将面粉搅拌均匀，制成面穗，蒸熟透后，趁热将面块打碎，摊凉至40℃加入0.3%米曲霉种曲，32～35℃培养3～4天，晒干后备用。此方法简单，由于米曲霉菌丝不易在面穗内部繁殖，面曲长势不均，酿制的成品风味欠佳，食用后有时会引起胃部不适，有胃酸过多的感觉。

② 前期发酵面曲。面粉加水经发酵后制成馒头，把馒头分割成小块，温度到40℃时加入0.3%米曲霉种曲，32～35℃培养3～4天，晒干后备用。馒头中水分均匀，营养丰富，米曲霉容易生长繁殖。用发酵面曲制成的腐乳风味好，虽然制作工艺复杂，但成品质量稳定。

（4）红曲　红曲即红曲米，是将红曲霉菌接种于蒸熟的籼米中，经培养而得到的含有红曲色素的食品添加剂。红曲为不规则的碎米，外表呈棕红色或紫红色，质轻脆，断面为粉红色，易溶于热水及酸、碱溶液。在腐乳中，红曲既能提供红色素，又是淀粉酶、酒化酶、蛋白酶的来源之一。小型腐乳厂由于条件限制，可以采用外购解决红曲原料问题。外购红曲酶活力（特别是酒化酶）、色素均有所下降，用量上要适当增加。大型厂家一般自己生产红曲，避免了红曲在高温干燥时酶活力下降对产品质量的影响。用籼米生产的红曲出品率较高，但色素不如粳米生产的红曲。在培养红曲时，原料配比氮源比例大，产生的色素偏向紫色；原料配比碳源比例大，产生的色素偏向黄色，因此在生产红曲时，应增加蛋白质的含量，提高红曲色素。

红曲应有其特有的香气，手感柔软。淀粉50%～60%，水分7%～10%，总氮2.4%～2.6%，粗蛋白质15%～16%，色度1.6～2.0，糖化酶活力900～1200U/g。

（5）水　水是腐乳的主要成分之一，又是大豆蛋白质的溶解剂。水中的微量无机盐类是豆腐坯微生物发育繁殖所必需的营养成分和不可缺少的物质。

酿造腐乳用水，一般饮用水均可使用。不得检出产酸菌群、大肠杆菌群和致病菌群。腐乳酿造用水一般以软水为宜，硬度大的水会影响大豆蛋白质的提取率。水质最好采用中性水，酸性大的水会降低蛋白质的水溶性，影响蛋白质利用率；酸性水还会使产品酸度增加，影响腐乳的口味。

（6）香辛料　香辛料是能够提高腐乳香气和特殊口味的物质，在腐乳中加入的香辛料必须符合国家对食品添加剂的规定。在腐乳中允许加入的香辛料有甘草、肉桂、白芷、陈皮、丁香、砂仁、高良姜等。

（7）凝固剂　凝固剂是大豆蛋白质由溶胶变成蛋白质凝胶的物质。腐乳豆腐坯制作以盐卤为主，盐卤是海水制盐后的副产品。主要成分是氯化镁含量约为30%，盐卤的用量为大豆量的5%～7%。盐卤用量过多，蛋白质收缩过度，保水性差，豆腐坯粗糙、无弹性；盐卤用量少，大豆蛋白质凝聚不完全，形成的凝胶不稳定。

3. 菌种

在腐乳生产中，人工接入的菌种有毛霉、根霉、细菌、米曲霉、红曲霉和酵母菌等，腐乳的前期培养是在开放式的自然条件下进行的，外界微生物极容易侵入，而且配料过程中会带入很多微生物，所以腐乳发酵的微生物十分复杂。虽然在腐乳行业称腐乳发酵为纯种发酵，实际上在扩大培养各种菌类的同时已非常自然地混入许多种非人工培养的菌类。腐乳发酵实际上是多种菌类的混合发酵。从腐乳中分离出的微生物有霉菌、细菌、酵母菌等20余种。

（1）腐乳生产菌种选择原则

① 不产生毒素（特别是黄曲霉毒素B等），符合食品的安全和卫生要求。

② 培养条件粗放，繁殖速度快。

③ 菌种性能稳定，不易退化，抗杂菌能力强。

④ 培养温度范围大，受季节限制小。

⑤ 能够分泌蛋白酶、脂肪酶、肽酶及有益于腐乳产品质量的酶系。

⑥ 能使产品质地细腻柔糯，气味鲜香。

（2）腐乳生产中常用菌株　在发酵腐乳中，毛霉占主要地位，因为毛霉生长的菌丝又细又高，能够将腐乳坯完好地包住，从而保持腐乳成品整齐的外部形态。当前，全国各地生产腐乳应用的菌种多数是毛霉菌，还有根霉、藤黄微球菌等其他菌类。

①五通桥毛霉。五通桥毛霉是从四川乐山五通桥竹根滩德昌源酱园生产腐乳

坯中分离得到的，是我国腐乳生产应用最多的菌种。该菌种的形态如下：菌丛高10～35mm，菌丝呈白色，老后稍黄；孢子梗不分支，很少成串或有假分支，宽20～30μm；孢子囊呈圆形，直径为60～130μm，色淡；囊膜成熟后，多溶于水，有小须；中轴呈圆形或卵形（6～9.5）μm×（7～13）μm；厚垣孢子很多，梗口有孢子囊。五通桥毛霉最适生长温度为10～25℃，低于4℃勉强能生长，高于37℃不能生长。

② 腐乳毛霉。腐乳毛霉是从浙江绍兴、江苏镇江和苏州等地生产的腐乳上分离得到的。菌丝初期为白色，后期为灰黄色；孢子囊为球形，呈灰黄色，直径1.46～28.4μm；孢子轴为圆形，直径8.12～12.08μm；孢子呈椭圆形，表面平滑。它的最适生长温度为30℃。

③ 腐总状毛霉。菌丝初期为白色，后期为黄褐色，高10～35mm；孢子梗初期不分支，后期为单轴或不规则分支，长短不一；孢子囊为球形，呈褐色，直径20～100μm；孢子较短，呈卵形；厚垣孢子的形成数量很多，大小均匀，表面光滑，为无色或黄色。该菌种的最适生长温度为23℃，在低于4℃或高于37℃的环境下都不能生长。

④ 雅致放射毛霉。雅致放射毛霉是从北京腐乳和台湾腐乳中分离得到的，也是当前我国推广应用的优良菌种之一。该菌种的菌丝呈棉絮状，高约为10mm，白色或浅橙黄色，有匍匐菌丝和不发达的假根，孢子梗直立，分支多集中于顶端；主支顶端有一较大的孢子囊，孢子囊呈球形，直径为30～120μm，老后为深黄色，囊壁粗糙，有草酸钙结晶；成熟后孢子囊壁溶解或裂开，留有囊领，孢子轴在较大的孢子囊内呈球形或扁球形；孢子为圆形，光滑或粗糙，壁厚；厚垣孢子产生于气生菌丝，为圆形，壁厚，呈黄色，内含油脂。最适生长温度为30℃。

⑤ 根霉。由于根霉的生长温度比毛霉高，在夏季高温情况下也能生长，而且生长速度又较快，前期培养只需要2天，且菌丝生长健壮、均匀紧密，在高温季节能减轻杂菌的污染，打破了季节对生产的限制。虽然根霉的菌丝不如毛霉柔软细致，但它耐高温，可以保证腐乳常年生产。有的厂家用毛霉和根霉混合效果也较好。根霉最适生长温度为32℃。

⑥ 藤黄微球菌。该菌株的特点：在豆粉营养盐培养基上生长速度快，易培养，不易退化。在豆腐坯表面形成的菌膜厚，成品成形性好；蛋白酶活力高，成熟期短，成品具有细菌型腐乳的特有香味，无异味，在嗅觉上、感官上都有较好的特性，风味较好。菌株呈球形，直径0.95～1.10μm，成对、四联或成簇排列；革兰氏阳性；不运动；不生芽孢；严格好氧；菌落为浅金黄色，培养时间长呈粉红色；不能利用葡萄糖产酸；耐盐，可以在含盐量5%培养基上生长。该菌株产蛋白酶的最适pH值为6.6，最适生长温度为33℃。

二、生产工艺流程

腐乳生产工艺流程如下：

```
           种子          食盐   辅料
            ↓             ↓      ↓
豆腐坯→接种→培养→腌制→装坛→封口→后期发酵→清洗整理→成品
```

三、操作要点

1. 豆腐坯的制作

豆腐坯制作工艺流程如下：

```
        水        水    水           凝固剂
        ↓         ↓     ↓              ↓
大豆→精选浸泡→磨浆→滤浆→煮浆→点浆→养脑→压榨→划坯冷却→豆腐坯
                        ↓
                      豆腐渣
```

(1) 大豆精选、浸泡　大豆的精选是浸泡的准备工作，其作用是为了除去杂草、石块、铁物和附着的其他杂质，还要除去霉豆和虫蛀豆。大豆的精选方法有湿选法（如淌槽湿选、振动式洗料机湿选和旋水分离器湿选）和干选法（如人工筛选和机械化筛选）。

大豆组织以胶体的大豆蛋白质为主。浸泡时使大豆组织软化，大豆蛋白质吸水膨胀，体积增长1.8～2.0倍，提高了大豆胶体分散程度，有利于蛋白质的萃取，增加水溶性蛋白质的浸出。浸泡大豆的水应符合饮用水标准，以软水和中性水为佳。酸性水会使大豆吸水慢、膨胀不佳而影响蛋白质浸出效果。浸泡时间以夏天4～5h，冬季8～10h为佳。浸泡时间短，大豆颗粒不能充分吸水膨胀，大豆中的蛋白质不能转变为溶胶性蛋白质，影响蛋白质的浸出率；浸泡时间长，增加了微生物繁殖的机会，容易使泡豆水pH值下降，磨浆后豆浆泡沫多。夏季浸泡时应经常换水，因为浸泡水温度高，易引起微生物的繁殖，产生异味。浸泡大豆用水量一般以1∶3.5左右为宜。为了提高大豆中可溶性蛋白质溶解度及中和泡豆中产生的酸，在大豆浸泡时可以加入0.2%～0.3%的碳酸钠。

(2) 磨浆　磨浆就是使大豆蛋白质受到摩擦、剪切等机械力的破坏，使大豆蛋白质形成溶胶状豆乳的过程。磨浆的设备有钢磨和砂轮磨等。磨浆的粒度要适宜，一般为1.5μm。粒度小易使一些豆腐渣透过筛网混入豆浆中，制成的豆腐坯无弹性、粗糙易碎，腐乳成品有豆腥味；粒度大，阻碍了大豆蛋白质的释放，大豆蛋白质溶出率低，影响产品得率。

磨浆的加水量一般为1∶6左右。加水量少，豆糊浓度大，分离困难；加水量大，豆浆浓度低，影响蛋白质的凝固和成形，黄浆水增多。

（3）滤浆　滤浆是使大豆蛋白质等可溶物和滤渣分离的过程。采用的方式有人工扯浆、电动扯浆与刮浆、六角滚筛和离心机滤浆。在常用的离心分离时一般采用4次洗涤。洗涤的淡浆水可降低豆腐渣中蛋白质含量，提高豆浆的浓度和原料利用率。常用的是锥形离心机，滤布的孔径为100目左右。一般100kg大豆可产出豆浆1000kg左右。

（4）煮浆（也称烧浆）　煮浆就是把豆浆加热使大豆蛋白质适度变性的过程。采用的设备有散口式常压煮浆锅、封闭式高压煮浆锅、阶梯式密闭溢流煮浆罐。

煮浆目的是使豆浆中的蛋白质发生适度变性，为蛋白质由溶胶变成凝胶打好基础，提高大豆蛋白质的消化率，点脑后形成洁白、柔软有劲、富有光泽和保水性好的豆腐脑。另一个目的是去除大豆中的有害成分、降低豆腥味，还可以杀灭豆浆本身存在的以蛋白酶为首的各种酶系，保护大豆蛋白质，达到灭菌的效果。

煮浆的工艺条件一般为100℃、5min为宜。煮浆温度低，豆浆煮浆不透，有生浆会使豆腐坯内部变质、黄浆水发黏，成品风味不好，有异味；温度高，大豆蛋白质过度变性，豆浆发红，豆腐坯粗糙、发脆。煮浆过程中，豆浆表面会产生起泡现象，造成溢锅。煮浆会产生大量的泡沫，形成“假沸”现象，点浆会影响凝固剂的分散。生产中要采用消泡剂来灭泡，通常消泡剂是硅有机树脂，用量为十万分之五；脂肪酸甘油酯用量为豆浆的1%。

（5）点浆　在豆浆中加入适量的凝固剂，将发生热变性蛋白质表面的电荷和水合膜破坏，使蛋白质分子链状结构相互交连，形成网络结构，大豆蛋白质由溶胶变为凝胶，制成豆腐脑。点浆操作直接决定着豆腐坯的细腻度和弹性。

点浆操作的关键是保证凝固剂与豆浆的混合接触。豆浆灌满装浆容器后，待品温达到80℃时，先搅拌，使豆浆在缸内上、下翻动起来后再加卤水，卤水量要先大后小，搅拌也要先快后慢，边搅拌边下卤水，缸内出现50%脑花时，搅拌的速度要减慢，水流量也应该相应减少。脑花达80%时，结束下卤，脑花游动缓慢并且开始下沉时停止搅拌。值得注意的是，在搅拌过程中动作一定要缓慢，以免使已经成形的凝胶被破坏掉。

点浆应注意的问题：豆浆的浓度必须控制在4～5°Bé，浓度大小对豆腐坯的出品率及质量均有很大影响；盐卤浓度取决于豆浆的浓度，一般豆浆浓度在4～5°Bé时，盐卤浓度应掌握在14～18°Bé；点浆的温度高，凝固过快，脱水强烈，豆腐坯松脆，颜色发红；温度过低，蛋白质凝固缓慢，但凝固不完全，豆腐坯易碎，蛋白质流失过多，影响出品率和蛋白质利用率。点浆温度一般控制在75～85℃比较适合；pH值的控制，点浆时，酸性蛋白质和碱性蛋白质的凝固受pH值影响很大，一般pH值要控制在6.6～6.8。

（6）养脑　点浆后，蛋白质凝胶网状结构尚不牢固，必须经过一段时间的静置，使大豆球蛋白疏水性基团充分暴露在分子表面，疏水性基团倾向于建立稳定的网状结构。

点浆后必须静置15～20min，保证热变性后的大豆蛋白质与凝固剂的作用能够继续进行，形成稳定的空间网络。如果时间过短凝固物聚合力差，外形不整，蛋白质组织容易破裂，制成的豆腐坯质地粗糙、保水性差；时间过长，温度过低，豆腐坯成形困难。只有凝固时间适当，制出的豆腐坯结构才会细腻，保水性好。

（7）压榨　压榨是使豆腐脑内部分散的蛋白质凝胶更好地接近及黏合，使制品内部组织紧密，同时排出豆腐脑内部水分的过程。豆腐压榨成形设备目前有两种：一种是间歇式压榨设备，如杠杆式木制压榨床、电动和液压制坯机；另一种是自动成形设备，如连续式压榨机。压榨时豆腐脑温度应在65℃以上，压力在15～20kPa，时间为15～20min为宜。压榨出的豆腐坯感官要求为：薄厚均匀、四角方正、软硬合适、无水泡和烂心现象、有弹性、能折弯。豆腐坯春秋季节含水量为70%～72%，冬季含水量为71%～73%。豆腐坯蛋白质含量在14%以上。

（8）划坯、冷却　划坯是将已压榨成形的豆腐坯翻到另外一块豆腐板上，经冷却，再送到划块操作台，用豆腐坯切块机进行划块，成为制作腐乳所需要大小的豆腐坯，将缺角、发泡、水分高、厚度不符合标准的次品剔出。划坯的设备有多刀式豆腐坯切块机、把手式切块刀和木棍式划块刀等。

压榨成形的豆腐坯刚刚卸榨时，温度还在60℃以上，必须经过冷却之后，再进行切块。因为在较高的温度下，大豆蛋白质凝胶的可塑性很强，形状不稳定。经过冷却之后切块才能保持住豆腐坯的块形，否则会失去原有正规的形状。

2. 腐乳发酵

（1）毛霉腐乳发酵　毛腐腐乳发酵分为前期培菌和后期发酵两个阶段。

① 前期培菌。前期培菌是指在豆腐坯上接入毛霉，使其经过充分繁殖，在豆腐坯上长满菌丝，形成柔软、细密而坚韧的白色菌膜，同时利用微生物的生长，积累大量的酶类，如蛋白酶、淀粉酶、脂肪酶等的过程。现在大部分企业都采用自己培养的毛霉为种子。培养和育种条件不具备的企业可以购买专业厂家生产的毛霉菌粉作为种子。前期培菌工艺流程如下：

毛霉种子
↓
豆腐坯→接种→摆坯→培养→搓毛→毛坯

首先是接种环节，在接种前豆腐坯品温必须降至30℃，达到毛霉生长的最适温度，如果温度高接种，生产的腐乳食用后会造成胃酸过多的现象。豆腐坯的降温方法有两种：一是自然冷凉，豆腐坯品温均匀，但时间长，会增加污染杂菌的机会；二是强制通风降温，强制通风降温会吹干豆腐坯表面水分并使豆腐坯收缩变形，有时还可能出现豆腐坯品温和水分不一致等对前期培菌十分不利的现象，所以要根据气温调节风压和风量。

腐乳生产中，制备菌种和使用菌种的方法分为：一是固体培养、液体使用；二是固体培养、固体使用；三是液体培养、液体使用。固体培养、液体使用是将固体培养的菌种粉碎，用无菌水稀释后采用喷雾器喷洒在豆腐坯上，接种均匀，但在夏季种子容易感染杂菌，影响前期培菌的质量；固体培养、固体使用是将菌种破碎成粉，按比例混合到载体（大米粉），然后将扩大的菌粉均匀地撒到豆腐坯上，进行前期培菌，存在的问题是接种不均匀；液体培养、液体使用是目前国内最先进的方法。培养过程中必须保证在种子罐中进行，必须使用无菌空气，技术要求高，设备投入大，效果好。液体种子要采用喷雾法接种，喷洒时菌液浓度要适当。如菌液量过大，就会增加豆腐坯表面的含水量，使豆腐坯水分活性升高，就会增加污染杂菌的机会，影响毛霉的正常生长；菌液量少，易造成接种不均现象。菌液不能放置时间过长，要防止杂菌污染，如果有异常，则不能使用。接种 50kg 大豆用一个 800mL 培养瓶（配成菌悬液 1000mL），若使用固体菌粉，必须均匀地洒在豆腐坯上，要求六面都要沾上菌粉。

其次是摆坯环节，摆坯就是将接菌后的豆腐坯码放到培养器内，常用的有培养屉和多层培养床。将接完种的豆腐坯侧面竖立码放在培养屉中的空格里，培养屉每行间距为 3cm，以保证豆腐坯之间通风顺畅。培养屉堆码的层数要根据季节与室温变化而定，一般上面的培养屉要倒扣一个培养屉，然后用无毒塑料布或苫布盖严，调节培养室的温、湿度，以便保温、保湿，防止豆腐坯风干，影响豆腐坯发霉效果。多层培养床是把接菌后的豆腐坯摆放在多层培养床上，用食品级塑料盖严。

然后是培养环节，摆好豆腐坯培养屉，要立即送到培养室进行培养。培养室温度要控制在 20～25℃，最高不能超过 28℃，培养室内相对湿度 95%。夏季气温高，必须利用通风降温设备进行降温。为了调节各培养屉中豆腐坯的品温，培养过程中要进行倒屉。一般在 25℃室温下，2h 左右时菌丝生长旺盛，产生大量呼吸热，此时进行第一次上下倒屉，以散发热量，调节品温，补给新鲜空气。到 28h 进入生长旺盛期，品温上升很快，这时需要第二次倒屉。4h 左右，菌丝大部分已近成熟，此时要打开培养室门窗（俗称凉花），通风降温，一般 48h 菌丝开始发黄，生长成熟的菌如棉絮状，长度为 6～10mm。

最后是搓毛环节，搓毛是将长在豆腐坯表面的菌丝用手搓倒，将块与块之间粘连的菌丝搓断，把豆腐坯一块块分开，促使棉絮状的菌丝将豆腐坯紧紧包住，为豆腐坯穿上“外衣”，这一操作与成品腐乳的外形关系十分密切，搓毛后豆腐坯称为毛坯。搓毛过早，影响腐乳的鲜度及光泽，毛霉凉透后，才可以搓毛。搓毛后的毛坯整齐地码入特制的腌制盒内进行腌制。要求毛坯六个面都长好菌丝并包住豆腐坯，保证毛坯不黏、不臭。

在前期培菌阶段，应特别注意：一是采用毛霉菌，品温不要超过30℃；如果使用根霉菌，品温不可超过35℃。因为品温过高，会影响霉菌的生长及蛋白酶的分泌，最终会影响腐乳的质量。二是注意控制好湿度，因为毛霉菌的气生菌丝是十分娇嫩的，只有湿度达到95%以上，毛霉菌丝才能正常生长。三是在培菌期间，注意检查菌丝生长情况，如出现起黏、有异味等现象，必须立即采取通风降温措施。

② 后期发酵。后期发酵是指毛坯经过腌制后，在微生物以及各种辅料的作用下进行后期成熟过程。由于地区的差异、腐乳品种不同，后期发酵的成熟期也有所不同。

后期发酵工艺流程：

食盐　辅料
↓　　↓
毛坯→腌制→装坛→封口→后期发酵→成品

毛坯接毛后，即可加盐进行腌制，制成盐坯，称为腌坯。腌坯的目的：一是降低豆腐坯中的水分，盐分的渗透作用使豆腐坯内的水分排出毛坯，使霉菌菌丝及豆腐坯发生收缩，毛坯变得硬挺，菌丝在豆腐坯外面形成了一层皮膜，保证后期发酵不会松散。腌制后的盐坯含水量从豆腐坯的75%左右下降到56%左右。二是利用食盐的防腐功能，防止后发酵期间杂菌感染，提高生产的安全性。三是高浓度的食盐对蛋白酶活力有抑制作用，可通过缓解蛋白酶的作用来控制各种水解作用进行的速度，保持成品的外形。四是提供咸味，和氨基酸作用产生鲜味物，起到调味的作用。

腌坯时，用盐量及腌制时间必须严格控制。食盐用量过多，腌制时间过长，会使成品过咸和蛋白酶的活性受到抑制，导致后期发酵延长，盐坯硬度加大，成品组织不细腻。食盐用量过少，腌制时间过长，会造成豆腐坯腐败的发生和由于各种酶活动旺盛导致腌制过程中发生糜烂，成形性差。已经被杂菌感染较严重的毛坯，在夏季腌制时盐要多些，而腌制时间要短些，才能保住坯的块形。我国各个地区的腌坯时间差异很大，腌坯时间要结合当地气温等因素综合考虑，一般为5～12d。

腌坯工具有大缸、水泥池、竹筐和塑料盒。大缸、水泥池和竹筐投资少，但占地面积大、劳动强度大、卫生条件差。塑料盒虽然造价高，但盒子小、质量轻、使用方便，具有劳动强度低、工作环境好的优点。腌制用盐量：毛坯100kg，用盐18～20kg；腌制后的豆腐坯含盐量：腐乳14%～17%，臭豆腐11%～14%。加盐的方法：先在容器底部撒食盐，再采取分层与逐层增加的方法，码一层撒一层盐，最后缸面撒盐应稍厚。因为腌制过程中食盐被溶化后会流向下层，致使下层盐量增大，因而会导致下层坯含盐高，而上层含盐低。当上层豆腐坯下面的食盐全部溶化时，可以再延长 1 天然后打开缸的下放水口，放出咸汤；或把盒内盐汤倒去，即成盐坯。

腌坯后，转入装坛（瓶）与配料环节。为了形成腐乳特有的风味，使不同品种的腐乳具有特有的颜色、香气和味道，盐坯进入装坛阶段时，要将配好的含有各种风味物质的汤料灌入坛中与豆腐坯进行后期发酵。汤料中添加酒类会使成品具有格外的芳香醇厚感，酒类不仅是腐乳风味的主要来源，而且也是发酵过程的调节剂，更是发酵成熟后的保鲜剂。红曲米是生产红腐乳不可缺少的一种天然红色着色剂，它加入腐乳后，腐乳色彩鲜艳亮丽，可增加消费者的食欲。面曲能为成品腐乳增加甜度，使口味浓厚而绵长，并能使汤料浓度增稠，以保证腐乳在长期的后期发酵中不碎块。

盐坯放入汤料盒内，用手转动盐坯，使每块坯子的六面都沾上汤料，再装入坛中。而在瓶子里进行后期发酵的盐坯，则可以直接装入瓶中，不必六面沾上汤料，但必须保证盐坯分开，不得粘连，从而保证向瓶内灌汤时六面都能接触汤料，否则成品会有异味，影响产品风味。

灌汤时一定要高过盐坯表面 3～5cm，以抑制各种杂菌污染，防止腐乳在发酵时由于水分挥发使豆腐坯暴露在液面上发生氧化反应。如果是坛装，灌汤后，有时要撒一层封口盐，或加入少量 50%封坛白酒，或加少许防腐剂。

（2）毛霉和根霉混合生产腐乳　根霉耐高温可以在高温天气下培养，但根霉蛋白酶活力比毛霉低，根霉具有一定的酒化力，能将毛坯和辅料中的淀粉转变成糖，再转化为酒精，以提高腐乳的风味。毛霉不耐高温但蛋白酶活力较高，利用这两种菌各自的优点来弥补相互的弱点，有利于腐乳中蛋白质分解，减少酒的用量，变季节性生产为常年生产。

生产工艺流程如下：

```
          种子悬浮液                     食盐   辅料
              ↓                          ↓      ↓
豆腐坯→接种→前期培养→毛坯→腌制→装瓶→封口→后期发酵→成品
```

① 种子悬浮液制备。选择生长良好的毛霉和根霉混合菌种 50g（湿基），加冷开水 200mL，充分摇匀后，用竹棒将菌丝弄碎，充分混匀，用三层纱布滤去培养基，滤渣可再用 200mL 冷开水洗涤并过滤，将两次滤液混合，即得种子悬浮液。随配随用，要求新鲜，不能久置。

② 接种。将豆腐坯码放到多层培养床内，培养床每行间距为 3cm，以保证豆腐坯之间通风顺畅，然后接入 0.3%的种子悬浮液。

③ 前期培养。在 36℃下培养 48h，得到毛坯。

④ 腌制。前期培养结束后腌坯，加盐量为每 300 块用盐约 1.25kg，腌坯时间为 2～3 天。毛坯中盐含量达 12%左右，成坯含水量在 57%～60%。

⑤ 装瓶。将腌制好的毛坯装瓶。混合菌种培养的毛坯中分别加入酒精含量

为 7%的白酒和 5°Bé 的盐水，同时每瓶放入花椒 1.58g、生姜 10g。

⑥ 后期发酵。在 32℃条件下，嫌气发酵 60d 后成熟。

⑦ 成品。达到规定发酵时间后，当产品感官指标和理化检验指标都符合标准时，即为合格产品。

（3）细菌型腐乳发酵　细菌型腐乳是以大豆为主要原料，经过磨浆、成坯、蒸坯、腌坯、培养、干燥，通过藤黄微球菌发酵，添加香辛料等特殊工艺，制得的特殊风味佐餐食品。细菌型腐乳生产工艺与其他类型腐乳制作方法差异较大，采取了“一蒸、二腌、三培养、四干燥、五香料”的特殊工艺。在黑龙江省生产的厂家较多，以克东腐乳最为著名。

细菌型腐乳生产工艺流程（以藤黄微球菌工艺为例）：

```
                  食盐   藤黄微球菌                 辅料
                   ↓      ↓                          ↓
豆腐坯→蒸坯→腌坯→接种→摆坯→培养→干燥→装坛→后期发酵→成品
```

① 蒸坯。豆腐坯入锅蒸，压力 0.1MPa 蒸 20min 或常压蒸 30min，出锅后晾坯至 20～30℃。蒸坯时间长，蛋白质过度变性，豆腐坯呈蜂窝状，影响藤黄微球菌的生长和繁殖；蒸坯时间短，豆腐坯上附着的微生物灭菌不彻底，豆腐坯黄浆水排除少，豆腐坯的水分活性高，杂菌污染的机会加大，影响前期培菌的效果。

② 腌坯。将晾好的蒸坯放入槽内腌制，腌坯时间为 20h 左右。腌制时间短，豆腐坯盐度不均匀，豆腐坯脱水少，藤黄微球菌长势不均，豆腐坯容易发生腐败现象，产生异味和变色；腌制时间长，豆腐坯盐度大，硬度增加，脱水过度，藤黄微球菌生长速度慢。用盐水腌制浓度为 20°Bé 左右。直接用盐腌制用盐量：毛坯 100kg，用盐 18～20kg。腌制 24h 后用清水冲洗，装入培养盘。

③ 接种。液体种子要采用喷雾法接种，喷洒时菌液浓度要适当。如菌液量过大，就会增加豆腐坯表面的含水量，使豆腐坯水分活性升高，增加污染杂菌的机会，影响藤黄微球菌的正常生长；菌液量少，易造成接种不均现象。菌液不能放置时间过长，防止杂菌污染，如果有异常，则不能使用。

④ 摆坯。将接完种的豆腐坯侧面竖立码放在培养屉中的空格里，培养屉中每行间距为 2cm，以保证豆腐坯之间通风顺畅。培养屉堆码的层数，要根据季节与室温变化而定，上面的培养屉要倒扣一个空的培养屉。调节培养室的温、湿度，以便保温、保湿，防止豆腐坯风干，影响豆腐坯前期培养效果。

⑤ 培养。培养室温度为 32～35℃，培养时间 5～6 天。培养时每天要倒盘一次，使豆腐坯品温趋向一致，待腌坯上长满细菌并分泌大量的粉黄色分泌物时即为成熟坯。

⑥ 干燥。干燥是细菌型腐乳的特殊工艺。干燥可降低豆腐坯水分，提高成品的成形性，促进蛋白酶分解速度，提高成品品质，是前期发酵过程。成熟坯干

燥室温 50～60℃，时间 8～10h。

干燥室温高，蛋白酶等酶系容易失活，影响后期发酵效果；干燥室温低，干燥时间长，蛋白酶等对豆腐坯进行过度分解，产品成形性差。干燥时要定时开启天窗，排除水蒸气。干燥坯应软硬合适，富有弹性。干燥时要倒盘 2～3 次。在豆腐坯干燥时由于美拉德反应和酶褐变反应，颜色由粉黄色变成黑灰色。

⑦ 装坛。汤液配制：白酒 210kg、高良姜 880g、白芷 880g、砂仁 490g、白叩 390g、公丁香 880g、紫叩 390g、肉叩 390g、母丁香 88g、贡桂 120g、管木 120g、三奈 780g、陈皮 120g、甘草 390g、食盐 320kg、面曲 130kg、红曲 28kg。

操作要点：将面曲、红曲加盐水浸泡，然后加入白酒、香辛料，磨成粥状，即成汤汁。汤液用钢磨磨细后再用胶体磨加工一次，保证腐乳汤的细腻度。

干燥坯入坛，装一层坯，淋一层汤液，坯与坯之间要留有空隙，摆成扇形。汤液要高过干燥坯 2.0cm，每坛上面要加入 50mL 50%封坛酒，封坛口。

⑧ 后期发酵。后期发酵指成熟坯经过干燥后，在微生物以及各种辅料的作用下进行后期成熟过程。发酵室温 35℃，时间 20d，再加入第二遍汤液。封口发酵 50d 即为成品红方。

⑨ 成品。当腐乳达到规定发酵时间，鉴定产品感官指标和理化检验指标都符合标准时，即为合格产品。

第二节　腐乳质量控制

一、影响腐乳得率和质构的因素

1. 主料

大豆是腐乳营养成分的主要来源，要采用蛋白质含量高的优质大豆。“破油”大豆、烂豆、陈豆和高温干燥豆对腐乳质量影响较大。“破油”大豆破坏了大豆蛋白质与脂肪共有的乳化结构，使蛋白质凝固，脂肪游离析出，影响了豆腐坯质量和利用率；烂豆中水溶性蛋白质含量较低，磨浆后大部分直接进入豆腐渣中；陈豆容易造成水溶性蛋白质降低，影响豆腐坯的光泽性；高温干燥豆生产的豆腐坯光泽性较差。

2. 辅助材料

腐乳中主要辅助材料有食盐、酒类、面曲、红曲、水、凝固剂、香辛料等。

食盐：食盐在腐乳制作过程中具有较多的功能性，一方面食盐是腐乳咸味的主要来源，同时食盐和氨基酸结合构成产品的鲜味；另一方面，食盐有较强的防腐功能。此外腌坯时食盐可使豆腐坯析出水分，从而促进藤黄微球菌的安全生长。若食盐中存在杂质会严重影响腐乳的品质，当食盐中钙和镁含量高时产品有苦味，杂质多会导致产品质地粗硬、不够滑腻，使成品质量下降。

酒类：细菌型腐乳以白酒为主，一般是以高粱为主要原料，经麸曲和酵母菌发酵酿制而成。白酒可以增加腐乳的酒香成分；白酒中乙醇和腐乳发酵时产生的有机酸反应生成各种酯类，可为成品提供香气成分；白酒还可提高红曲色素的溶解性；抑制蛋氨酸分解生成甲硫醇和二甲基二硫醚；防止产膜酵母菌的繁殖，增加成品的安全性。

面曲：面曲是面粉加水后经发酵（或不发酵）、添加米曲霉制成的辅助原料。要求面曲颜色均匀，酶活力高，杂菌少，无杂色。

红曲：在腐乳中红曲既可提供红色素，又是淀粉酶、酒化酶、蛋白酶的来源之一。红曲应有其特有的香气，手感柔软，不达标则不能提供所需要求。

水：水是腐乳的主要成分之一，又是大豆蛋白质的溶解剂；水中的微量无机盐类是豆腐坯微生物发育繁殖所必需的营养成分和不可缺少的物质。腐乳生产用水一般为饮用水，水质的好坏会影响腐乳的品质。硬度大的水会影响大豆蛋白质的提取率，应采用水质较好的中性水，酸度大的水会降低蛋白质的水溶性，影响蛋白质利用率，使产品酸度增加，影响腐乳的口味。

凝固剂：制作腐乳豆腐坯以海水制盐后的副产品盐卤为主。若盐卤用量过多，蛋白质收缩过度，形成的蛋白质凝胶保水性差，豆腐坯粗糙、无弹性；若盐卤用量过少，大豆蛋白质凝聚不完全，形成的凝胶不稳定。

香辛料：在腐乳中加入的香辛料有甘草、肉桂、白芷、陈皮、丁香、砂仁、高良姜等。香辛料一般都以粉末的形式使用，但在生产白腐乳时会有香辛料粉末吸附在腐乳的表面，影响成品的感官品质，为提高白腐乳的生产品质应使用香辛料的提取液。

二、常见质量问题和解决方法

1. 发硬与粗糙

由于操作不当在腐乳酿造过程中会造成白坯过硬和粗糙，其原因主要有以下几个方面：

① 豆浆干净度不佳，在制浆过滤时，没有按工艺操作要求控制，筛豆浆的豆浆分离筛网过粗（应选筛网为 95～100 目），造成豆浆中混有较多的粗纤维物

质，这些粗纤维物质与蛋白质凝固一起混于腐乳白坯中，使白坯中豆腐渣纤维过高，这样既破坏了弹性，又使白坯发硬与粗糙，同时也影响了出品率。

② 在磨豆及浆渣分离时，若豆浆浓度不够、加水量过大等不良操作，造成豆浆浓度小，蛋白质含量少。在点浆时大剂量凝固剂与少量蛋白质接触，导致蛋白质过度脱水，使白坯内部组织形成了粗粒的鱼籽状，从而造成白坯发硬与粗糙。

③ 点浆温度控制不佳也会影响品质。白坯的硬度与豆浆加温、豆浆的冷却温度及时间有一定关系。若点浆温度过高，产生热运动，加快凝固的速度，使蛋白质固相包不住液相的水分，制出的白坯结实、粗糙，为此点浆温度一般控制在75～85℃。

④ 凝固剂浓度过大是造成腐乳品质不佳的原因之一。白坯的硬度与凝固剂浓度有直接关系，凝固剂浓度过大会促使蛋白质凝固收缩，造成保水性差，导致白坯结构粗糙、质地坚硬。

⑤ 用盐量过大，造成白坯发硬。在腌坯时主要使坯渗透盐分，析出水分，把坯中的水分从68%降为54%，这样有助于后期发酵。由于用盐量较多，腌制时间偏长，使蛋白质凝胶脱水过度，造成白坯过硬，抑制酶的水解。一般坯氯化钠添加量应控制在12%～14%。

2. 发霉与发酸

腐乳发霉（生白及浮膜）基本上是偏酸性的腐乳发霉，而发酸的腐乳不一定发霉。产生原因主要是工艺操作不当。在生产过程中，从制坯、毛霉接种、前期发酵（培菌）、腌坯、配料、装坛（瓶），基本处在敞开式的生产状态，如在某个环节操作失误，则易造成腐乳发霉与发酸。

人们常说“豆腐是水做的”，其中白坯水分高达75%左右，由此看出水在腐乳中有很大的影响。大豆浸泡、磨豆、浆渣分离、煮浆、点浆及成形，均与水有着密切关系，在煮浆前均用生水，但在煮浆后的工序操作中，要严禁与生水接触，因生水中含有多种微生物，在适宜条件下，这些微生物就会生长，导致后期发酵发霉与发酸。

食盐和酒精度用量不当，也可导致腐乳发霉和发酸。在腌坯时食盐有渗透作用，同时析出毛坯中水分，使毛坯达到一定咸度，一般毛坯的咸度应控制在12%～14%。由于用盐不当，用盐量没有达到腐乳后期发酵要求，起不到抑制微生物和酶系作用，容易发霉与发酸。酒的浓度不足也是如此，酒精度既能使蛋白酶缓慢分解和抑制微生物生长，又能使腐乳生成香气并延长保藏期。如酒的浓度不够，会导致酶系加快蛋白质水解过程，也会造成腐乳发霉与发酸。一般酒精度为14°～20°。

前期发酵（培菌）、接种、培养等均是暴露在自然空气室温中，而这种空气中含有大量的微生物，在培菌过程中，若空气不干净，就会有多种微生物污染在豆腐坯表面，特别是酵母菌和芽孢杆菌。在后期发酵过程中，在适宜条件下，酵母和芽孢杆菌生长繁殖，就可导致腐乳发霉与发酸。为此不仅要做好发酵室清洁卫生，还要做好室内及用具等消毒灭菌工作。若出现容器消毒不严，未达到消毒灭菌效果，罐装腐乳容器质量差、瓶口不平，坛子有裂纹等现象，造成密封程度不好，导致酒精度挥发和微生物繁殖，也会使腐乳发霉和发酸。

3. 发黑与发臭

（1）白腐乳的发黑　白腐乳置于容器中发酵，有时会出现瓶子内的腐乳面层发黑，或者是离开卤汁后逐渐变黑，这均是一种褐变现象。褐变大体上分为酶促褐变和非酶促褐变。发生酶促褐变必须具备3个条件，即多酚类、多酚氧化酶和氧，缺一不可。非酶促褐变主要是美拉德反应，这种反应只要具有氨基酸、蛋白质与糖、醛、酮等物质，在一定条件下，就能产生黑色褐变。在腐乳中发生此反应，不仅影响产品外观，同时也会影响腐乳蛋白质营养价值。

（2）白腐乳的发臭　造成白腐乳发臭的原因主要有以下几个方面：

① 在酿造中，煮浆未能使蛋白质变性，点浆（凝固）不够，黄浆水呈乳白色，使坯中含有大量黄浆水这是造成发臭原因之一。因此，煮浆要求达到100℃，点浆凝固时缸中要有分层的黄浆水出现，白坯水分应在71%～75%。

② “一高二低”。所谓“一高二低”就是在后期发酵中出现白坯含水分高、盐分低、酒精度低的现象，这会导致蛋白质加快分解，促使生化作用加速，生成硫化氢的臭气，这是蛋白质过度分解的缘故。

③ 贮藏的时间过久。由于腐乳中盐分含量低、酒精度含量低、水分含量高，加快了成熟进程，为此存放时间不能太长，否则也会造成发臭。

4. 腐乳易碎与酥烂

松散易碎和酥烂的腐乳，主要是操作人员缺乏生产知识所造成的，除此之外，操作不当也是一大原因。造成腐乳易碎的原因主要有以下几个方面：

① 豆浆浓度控制不当。在磨豆、浆渣分离时，操作不当，用水量过多，使豆浆中蛋白质浓度降低。在点浆时大量凝固剂与少量蛋白质接触，使蛋白质过度脱水收缩，形成细小颗粒状，腐乳成熟后就会出现松散易碎现象。

② 消泡剂使用量过大。在制浆与煮浆操作中，由于物理作用缘故，豆浆中生成大量蛋白质泡沫，这些泡沫坚厚、表面张力大、内外气压均衡，泡沫不能自消，必须采用消泡剂进行消泡，因消泡剂在自身破解过程中可产生巨大的爆破力，使液面波动，促使消泡剂渗透，达到消泡的目的。但由于使用不当，操之过急，加大使用量，使蛋白质凝固联结困难，影响蛋白质联结，造成腐乳易碎。

③ 热结合差。造成坯子热结合差的原因是点浆温度太低，蹲脑时间过长，

品温下降。另外，在入模具成形时，操作速度太慢，温度降低，导致豆腐脑与豆腐脑之间联结的热结合差，使腐乳成熟后松散易碎。

④ 杂菌污染。在培养毛霉时，由于菌种纯度不佳，抵抗力差，发酵房、工具与用具不卫生，没有及时消毒和清洗，从而遭到杂菌污染，一般14h后产生“黄衣”和“红斑点”等杂菌，导致培养毛坯无菌丝，表面发黏、发滑，室内充满游离氨味，这种腐乳坯因无菌丝，不能形成菌膜皮而易碎。

造成腐乳酥烂的因素有：凝固温度过低（一般控制在75～85℃），使蛋白质联结缓慢，部分蛋白质不能结合随废水流失。由于保水性的关系，坯子难以压干，坯子肥嫩，成熟后容易酥烂。操作不当，造成腐乳“一高二低”现象，导致蛋白质过度分解，使腐乳酥烂。

5. 白点

腐乳成熟过程中，其表面生成一种无色的结晶体及白色小颗粒，白腐乳更为明显，其大部分附在表面菌丝体上，严重影响了腐乳外观质量，其中毛霉起主导作用。从多年生产实践来看，毛霉菌丝生长旺盛，菌丝体呈浅黄色，其白点物质积累过多，反之则少。因此，白腐乳的前期发酵时间最佳为36～40h。其他的耐酸菌、嗜盐菌等也可能起着一定作用，因腐乳发酵实质上是一个多菌体混合发酵，为此要防止杂菌污染。有研究表明，随着摆坯间距的增大，氨基酸态氮的含量逐渐降低，最佳摆坯间距为2cm；随着接种量的减少，腐乳氨基酸态氮的含量逐渐减少，最佳毛霉接种量（400倍光学显微镜单视野下孢子数）为5个；随着发花温度的降低，氨基酸态氮含量逐渐降低，最佳发花温度为25℃；随着发花湿度的增加，氨基酸态氮的含量逐渐减少，最佳发花相对湿度为90%；随着发花时间的延长，氨基酸态氮含量逐渐增加，最佳发花时间为38h。

对腐乳“白点”的控制措施：

① 前期培菌时间应控制在42～48h。毛霉菌培养时间越长，蛋白质水解酶系中酪氨酸酶积聚越多，分解出的酪氨酸也越多，“白点”形成得也越多。因此，筛选前期生长快的菌株，能加速腐乳前期培养过程，降低酪氨酸酶的积累。

② 调节培养条件。室温宜在26～28℃，品温控制在28～30℃，室内相对湿度宜在90%以上，毛霉快速生长，抑制“白点”的生成。

③ 偏酸腐乳汤汁可以降低“白点”的形成。

④ 汤汁中游离酪氨酸的浓度低于2mg/g。

6. 腐乳“产气”

腐乳是以大豆蛋白质及其他辅料为原料，经过微生物发酵而制成的一种营养丰富的食品，容易造成微生物的感染，产生CO_2，导致产品“产气”和变质。因为腐乳在生产过程中的制浆、制坯、培菌、腌制及装坛都处于开放式操作，环境和生产环节均有杂菌感染的可能。“产气”主要是由于酵母菌，还有大肠杆菌、中温芽孢杆菌、中温梭状芽孢杆菌、不产芽孢杆菌、丁酸菌、乳酸菌、葡萄球菌及荚膜菌等，这些杂菌均能排出 CO_2，使产品“产气”。

对腐乳“产气”的控制措施主要是在生产环境和生产工艺中减少杂菌污染的机会。首先是提高辅料的质量，红曲杂菌要少，最好使用干燥后的红曲；要使用经过前期发酵的面曲，杂菌数目要少。其次是汤汁中酒精度不宜低，这样才能抑制产气菌的代谢，不会“产气”。

三、 HACCP 在腐乳生产中的应用

1. 腐乳质量标准

腐乳的理论基础、技术、设备等经过不断地研究与讨论均已取得了重大的突破，但腐乳发酵时间长以及二次发酵的特性给腐乳的生产和保存带来了很大的困扰，如腐乳瓶口长毛的问题，尤其是在温暖潮湿季节，长毛的现象更为明显，给腐乳的卫生、安全和产品质量带来了很大的影响，这也成为阻碍腐乳生产发展和提高产品质量的重大问题。

腐乳在后期发酵过程中，由于发酵室温度控制条件同样也适合其他微生物的生长，尤其是湿度较大的季节，腐乳瓶口非常容易发生霉变长出绿毛。较早的生产工艺只是用清水冲刷腐乳包装瓶的表面，但在瓶盖和瓶口接触的内表面还是无法刷洗。随着消费者对品质要求的不断提高，瓶口长毛现象对产品形象和质量均产生了极大的负面影响。为解决瓶口长毛问题，目前大部分企业都采取控制发酵室温度来抑制瓶口长毛或改进清洗工艺流程和增加清洗设备等措施解决问题。

原有的腐乳工艺中，在腐乳后期发酵成熟后，可在使用设备刷洗瓶子的表面后就贴商标等出售；而新工艺的设计思路是在腐乳后期发酵成熟后，先使用设备预刷洗瓶子的外表面，接着打开腐乳瓶的盖子，再次清洗腐乳瓶外表，包括瓶身、瓶口与盖子接触的表面，清洗后换用新的盖子，然后完成贴标等操作手段。新加工思路中，清洗腐乳瓶更加彻底，今后需要做的是如何根据工艺的改变来继续改进清洗设备，达到工艺的要求。

腐乳加工中所用的专用设备较少，大多是自行研制、改造和开发的，或者和专业设备制造企业联合探讨共同研制完成，而且腐乳行业所用的生产工艺设备基本上是非标准型的，这也成为设备设计制造的一大难点。

2. 腐乳生产的 HACCP 管理体系举例

（1）腐乳加工过程中的危害评估　对腐乳加工过程中的 HACCP 评估重点：所有原料和包装的详细情况，包括所需的贮藏条件，有关的微生物、化学和物理

参数等进行评估；所有操作工序，包括任何可能发生延误工序的详细情况；所有工序阶段的温度和时间说明；设备类型和设计特点，设备中任何滞留产品难以清除的死角；产品重新加工和回收再循环的详细情况；贮藏条件，包括时间、地点和温度等。

腐乳生产企业的危害分析与预防措施：确定危害并评价其严重性和危害性，包括对原料、加工过程及消费过程的分析。

（2）关键控制点的确定　在认真分析腐乳生产中存在的各种质量问题因素后，对工厂加工过程中各环节的卫生状况进行检测、调查，根据关键控制点判断，确定关键控制点。

腐乳生产企业微生物指标调查是按照微生物检测的有关方法，研究腐乳加工过程中的总细菌数、乳酸菌、肠道菌和真菌的菌落数变化。HACCP 体系验证程序包括以下内容：HACCP 小组必须对 HACCP 计划进行确认，以验证按计划执行时，显著危害能否得到有效控制。HACCP 计划每年至少重新评估和确认一次。当发生原料或原料来源改变，加工工艺或加工设施改变，偏差重复出现，验证数据出现相反结果，产品加工配方和消费者发生变化时，也应重新评估和确认。由 HACCP 小组对其进行日常验证，确保所应用的控制程序标准在适当的范围内操作，正确发挥作用以控制食品安全。

第三节　特色腐乳加工工艺

一、红腐乳

红腐乳又名红方，是以大豆为主要原料，主要添加红曲等辅助材料酿制而成的，因此得名。红腐乳表面为红色或枣红色，断面为淡黄色，味咸而鲜，质地柔韧细腻。其生产工艺流程如下：

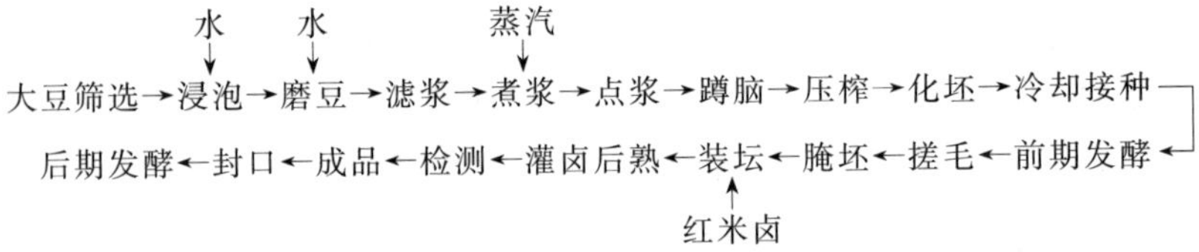

水（→浸泡）　水（→磨豆）　蒸汽（→煮浆）

大豆筛选→浸泡→磨豆→滤浆→煮浆→点浆→蹲脑→压榨→化坯→冷却接种→前期发酵→搓毛→腌坯→装坛→灌卤后熟→检测→成品→封口→后期发酵

红米卤（→装坛）

1. 原料及配方

主料为大豆（或冷榨豆片），辅助材料（以万块小红方计）为黄酒（酒精度为 15°～16°）100kg、面曲 7.2kg、红方 4kg、糖精 0.01kg、白酒 5kg、食盐适量。

2. 操作要点

浸泡：用清水浸泡大豆，浸泡标准以豆片柔软为度。把浸泡适度的大豆（或冷榨豆片）与适量水（或 3 倍浆水）均匀送入钢磨，磨成细腻的乳白色连渣豆浆，使大豆组织破坏，蛋白质充分溶出。

滤浆：把连渣豆浆及时送入滤浆机（或离心机）中，使豆浆与豆腐渣分离，并反复用温水套淋 3 次以上。将滤出的豆浆迅速加热至沸并维持 3～10min。若有泡沫产生，加入消泡剂进行消泡处理。把煮熟的豆浆冷却至 80℃，控制豆浆 pH 值至 6～7，加入盐卤（或石膏等凝固剂）点浆，100kg 大豆制成的豆浆（约 1200kg）约需 28°Bé 的盐卤 10kg，将豆浆与盐卤尽量混合均匀。在点浆后人工保温静置 5～10min，使蛋白质完全凝结，可以和黄浆水进行分离。

成形：压榨豆浆经点浆和蹲脑后，凝固态的豆腐脑与黄浆水分离而沉入底层，分离出黄浆水（约为总量的 60%），把豆腐花装在木框内。木框高度与所生产的豆腐坯厚度相同，一般木框为 2 层，框下面放一块榨板，框内铺有粗布，木框装满后，用粗布包裹豆腐脑，取下一层木框，在豆腐脑上另加一块榨板，如此操作制出多层装有豆腐脑的木框，稍后用压榨机进行压榨。压成的豆腐坯要厚薄均匀，色泽正常，软而有弹性，无水泡现象，水分含量达到要求。豆腐坯水分因季节而异，春秋季节为 72%，冬季为 73%，夏季为 70%。

冷却接种：把划成块的腐乳坯竖立摆放在蒸笼或木框竹底盘内，腐乳坯之间均匀留有空隙（约 2cm）。把根霉或毛霉克氏瓶培养的种曲低温干燥，然后磨成细粉，或者把克氏瓶培养的种曲每瓶加入 0.7～1L 冷开水，充分摇匀后用纱布滤出菌悬液。把种曲粉或种曲菌悬液均匀地洒在摆放于蒸笼或木框竹底盘内的腐乳坯上，每 100g 大豆需 1～2kg 种曲粉或 2～4 瓶克氏瓶种曲菌悬液。注意接种温度不宜过高。

前期发酵：培养接种后，待腐乳坯表面水分基本挥发掉，把装腐乳坯的蒸笼或盘移入培养室并堆叠（约 10 层）进行培养（前期发酵）。待蒸笼或盘内温度升至 30～33℃，进行第一次翻笼，把上下层的蒸笼或盘位置互换，然后继续培养。在此后的培养过程中，每当蒸笼或盘内温度升至 30℃左右，即进行翻笼，并根据升温情况把蒸笼或盘堆成“品”字形，如此翻笼 3～5 次。入室培养约 70h，腐乳坯上菌丝生长丰满，无黏、无臭、无发红，即可把腐乳坯移出培养室。

腌坯：把经前期发酵的腐乳坯进行短时间凉笼，然后进行腌坯。腌坯可采用缸、池或箩。把腌坯从腌缸（或池、箩）中取出，逐块搓开，在染坯红曲卤中染红，要求腐乳坯的六面皆染红，不能有白心。将染好的腐乳坯装入坛中，加入装坛红曲卤，装坛红曲卤液面应高出腐乳坯面 1cm，然后在每个坛子的腐乳坯面顺序分层加入 0.15kg 面曲、0.15kg 封面盐、0.15kg 白酒。一般每个坛子装 280 块腐乳坯。装坛后，揩净坛口，封盖。

后期发酵（后熟）：在自然温度下，腐乳坯在坛中贮藏 6 个月即可成熟。

二、白腐乳

白腐乳是以大豆为主要原料酿制而成的，呈乳黄色，味道鲜嫩，咸淡适口，质地柔韧细腻。原料及配方主料为大豆（或冷榨豆片），辅助材料为若干新鲜毛花卤和食盐、适量黄酒。制作方法与红腐乳的制作方法基本相同，一般在秋冬季生产。需要注意的是豆腐坯含水量为 82%，整板豆腐坯应按小白方规格划块（3.1cm×3.1cm×1.8cm）。腐乳坯直接在坛内腌坯 4 天，每坛装 350 块小白块，腌坯用盐量为每坛 0.6kg。腌坯后，把坛中盐水抽出，加入卤液达到满坛，在每坛的卤液上加黄酒 25kg 封面。在坛中贮藏一个月左右即成熟，不宜久藏。其他工艺操作均参照红腐乳制作。

三、青腐乳

青腐乳是以大豆为主要原料酿制而成的，表面为豆青色，有特别清香浓烈的气味，后味绵长，咸淡适口，质地柔韧细腻。

原料及配方主料为大豆（或冷榨豆片），辅助材料为黄浆水和食盐、适量毛花卤（腌坯汁）和白酒。它的制作一般在春季和夏季，制作方法与红腐乳制作方法基本相同。需要注意的是，豆腐坯含水量为 75%，在整板豆腐坯划块时，应根据青方的规定大小划块。腌坯用少许盐，腌坯后氯化物含量约为 15%，立即装坛贮藏，在卤液上加 0.15kg 白酒封面。卤液装入坛（按每万块计），由 450kg 凉开水、75kg 黄浆水、毛花卤和食盐水调配而成。在坛中贮藏 1～2 个月即成熟，不宜久藏。

四、酱腐乳

酱腐乳是腐乳中的一大类产品。这类腐乳是在后期发酵中以酱曲（大豆酱曲、蚕豆酱曲、面酱曲）为主要辅助材料制作而成的。此类产品表面与内部颜色基本相同，具有自然生成的红褐色或棕褐色，酱味浓香，质地细腻。它与红腐乳的区别是不用添加着色剂，与白腐乳的区别是酱香味浓而酒香味略逊色。有的产品使用成品酱为辅助材料来增加酱香味和色度。但是酱曲在制酱过程中会把蛋白酶消耗掉，如果再将成品酱放入坛中与腐乳同时发酵，并不利于蛋白质的分解作用，因此目前大多利用酱曲作辅助材料配汤，这样可以充分利用曲霉中的蛋白酶和淀粉酶。

酱腐乳经过水浸泡、磨浆、滤浆、煮浆、点脑、压榨、切块成豆腐坯，再经接菌、前期培菌、搓毛、盐腌进而成为盐坯，把酱曲、黄酒及香辛料配成的汤料和盐坯一起装入坛中，密封后自然发酵或人工保温发酵，即得成品。

1. 生产工艺流程

豆腐坯→前期培菌→毛坯→腌制（食盐）→洗坯→入缸发酵（酱曲）→陈酿→分装（配料）→成品

2. 后期发酵

（1）腌制　毛坯搓毛后，送入腌制间，按一层毛坯一层盐的顺序腌制。在腌坯时，在缸中间留一个15cm左右的圆形洞，便于测卤盐度。腌至7d，待坯氯化钠含量达到16%～18%时，腌坯结束。

（2）洗坯　腌制坯，符合咸度标准后，取出用干净腌卤水逐块洗去坯表面黏性物质，坯子洗干净后沥干。

（3）陈酿（酱坯）　将沥干的坯送至发酵室，进行陈酿后熟。方法是：在发酵缸内先放酱一批，再放坯一批，按次进行。缸的面层用酱封住，酱上面再用食盐轻轻压紧，缸口用塑料膜包扎好，以不漏气为止。陈酿4～6个月即可成熟。

（4）分装　经检验后，质量符合标准即可分装。分装方法有两种：一种是干腐乳分装，将陈酿腐乳表面酱刮掉，把各种混合配料洒于表面进行盒装；另一种方法是把配料加入黄酒中作为腐乳卤汤，将陈酿腐乳装入瓶内，加入配制好的腐乳卤汤即可。

五、花色腐乳

花色腐乳又称别味腐乳，是腐乳的一大类产品，该类产品因添加了各种不同风味的辅助材料而制作成各具特色的腐乳。其产品的品种繁多，有辣味型、甜味型、香辛型、鲜嫩型等多种口味。这些品种是随着消费水平的不断提高、顾客需求转变和地区生活习惯的改变而制造的新型风味腐乳，今后还将会不断有新型的花色腐乳品种推出。

花色腐乳的制作方法有两种，一种是同步发酵法，另一种是再制法。前者是把各种辅助材料配成汤料和盐坯一起装坛密封发酵；后者则是先制成一种基础腐乳，或使用成熟的红腐乳、白腐乳，把要赋予某种风味的辅助材料拌到腐乳的表面，再装入坛中经短期的成熟，即制成该种风味的花色腐乳。

花色腐乳所使用的原料也是大豆或脱脂大豆，辅助材料可按各品种要求而不同添加。主要辅助材料有食盐、酱曲、红曲、食糖、桂花酱、辣椒末、五香末、黄酒、火腿、虾籽、香菇等。还可使用一部分食品添加剂，如糖精、香精以增强产品的风味。花色腐乳的制作方法跟其他腐乳制作方法相同，也是将大豆加水浸泡、磨浆、滤浆、煮浆、点脑、压榨、切块制成豆腐白坯，再经接种、前期培菌、搓毛、盐腌而成盐坯，将风味辅助材料和黄酒、酱曲、红曲等按比例配成汤料，与盐坯一起装入坛中，封存后，人工保温发酵制成。在长期发酵过程中，这种同步发酵法的缺点是会损失具有挥发性香气的辅助材料。为了保持风味特色，可采用再制法来生产，将风味辅助材料拌入已成熟的红、白普通腐乳中，在短期的成熟后制得风味独特的花色腐乳。花色腐乳的营养成分与红、白腐乳基本相同，蛋白质含量在14%以上，脂肪在5%以上。

六、北京王致和腐乳

“王致和”与“同仁堂”同龄，始创于清康熙八年（公元1669年），至今已有300多年历史。时至今日，“王致和”作为地道的“中华老字号”，以其产品的细、腻、松、软、香等特点备受广大消费者的钟爱。

1. 生产工艺及操作方法

（1）生产工艺流程

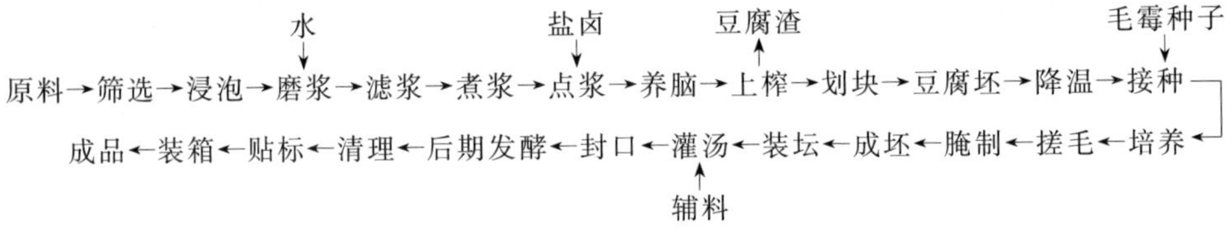

原料→筛选→浸泡→磨浆（水↓）→滤浆→煮浆→点浆（盐卤↓）→养脑→上榨（↑豆腐渣）→划块→豆腐坯→降温→接种（毛霉种子↓）→培养→搓毛→腌制→成坯→装坛→灌汤（辅料↑）→封口→后期发酵→清理→贴标→装箱→成品

（2）操作方法

① 原料。选用优质大豆为原料，并要求其原料新鲜、颗粒饱满、无虫蛀、无霉变。

② 筛选。筛选工序是为了去掉原料中的沙石、杂质。筛选有去石、磁选、风选、水选等几道工序。

③ 浸泡。将经过筛选后的原料送入泡料槽内浸泡。浸泡后的大豆皮不易脱落，子叶饱满，无凹心。浸泡时间依季节而定，一般冬季14～16h；春、秋季10～14h；夏季气温、水温较高，浸泡6～8h。另外，还要根据原料存放时间、产地等因素而定。经浸泡后，大豆的体积是原来体积的2.0～2.2倍。

④ 磨浆。浸泡好的大豆即可上磨磨制成糊状，其目的是破坏大豆组织，使大豆蛋白质随水溶出。目前，磨浆设备多用砂轮磨，它转速高、产量大，可缩小

大豆粉碎工序所占用的面积和磨碎时间，避免因磨片之间摩擦时间长，产生热量，而使蛋白质过度变性。磨豆的粗细度以手捻成片状为宜。制出的豆腐要求不粗、不糙，均匀洁白，质地细嫩，柔软有劲。

⑤ 滤浆。利用离心机将豆浆与豆腐渣分离。为提高原料蛋白质的利用率，一般滤出的豆腐渣要反复加水洗涤3次。要求滤出的豆腐渣标准如下：蛋白质为1.5%左右，脂肪为0.4%左右，粗纤维为5%左右，碳水化合物为6%左右，含水量为90%左右。豆腐渣的质量为大豆的110%左右。

⑥ 煮浆。煮浆的目的是通过加热使蛋白质达到适度变性，并可消除生豆浆中对人体有害的物质。煮浆的设备很多，无论采取哪种设备都必须将豆浆加热到95～100℃。王致和腐乳厂采用阶梯式煮浆溢流罐。

⑦ 点浆。点浆是豆腐加工中重要的环节。点浆所用的凝固剂以盐卤为主，盐卤的用量依品种而定。盐卤的浓度一般掌握在16～18°Bé。点浆的方法如下：下卤流量要均匀一致，并注意观察凝聚状态。在即将成脑时，划动速度要适当减慢，至全部形成凝胶状态时，方可停止划动，而后撒些盐卤在豆腐脑表面，以便更好地凝固。从点浆到全部成形，时间为5min左右。

⑧ 养脑。养脑，即豆浆凝固后必须有一段充足的静置时间。养脑时间与豆腐的品质和出品率有一定的关系。当点浆工序结束后，蛋白质的联结仍在进行，所以需要一段静置时间凝固才能完成。如果养脑时间短，蛋白质的组织结构不牢固，未凝固的蛋白质随水流失，从而影响出品率。

⑨ 上榨、划块。上榨是将凝固好的豆腐脑上厢压榨，并根据其品种、规格和水分的要求成形。上榨前应做好设备和用具的卫生工作，避免因用具不洁而造成产品污染。压榨后的豆腐按规格切成小块，以便于后期加工制作。

⑩ 降温。刚榨出的豆腐坯品温较高，均在40℃以上，若此时接种，则不利于菌种生长，也易污染杂菌，接种之前将品温降至40℃以下方可接种。

⑪ 接种。过去做腐乳是自然培养，没有接种工序。现在是纯菌种培养（即长毛），先将菌种扩大培养后，制成固体菌粉或液体菌液，然后将菌种均匀地撒在或喷在豆腐坯上。

⑫ 培养（长毛）。接种后的豆腐坯上附有毛霉菌的孢子，此时要在一个特定的环境下培养。在长毛阶段除了需要一定的温度、湿度外，还需有一定的空间。豆腐坯入室后，将其摆放在笼屉内，一般为方形屉，块与块之间相距4～5cm，便于毛霉生长。培养的室温为28～30℃，时间为36～48h，视季节而定。可长年生产。

⑬ 腌制。长满毛的豆腐坯，经人工搓开，将毛抹倒后入池腌制。腌制方法是：码一层毛坯，撒一层盐，用盐量根据品种不同而异。当码满一池后，上面撒上封口盐，用石块压住，防止豆腐中的水分析出后使豆腐漂起，易出现碎块，从

而影响产品质量。一般用盐量为100块豆腐加400g盐，腌制时间为5～7d。腌制后的盐坯含盐量为13%～17%。腌制完成后，放毛花卤，将豆腐捞起、淋干、装瓶。

⑭ 灌汤。“王致和”腐乳风味独特，与所加的各种辅料有一定的关系。按品种不同，汤料的配制方法各异。其主要的配料有面曲、红曲和酒类，辅之各种香辛料。汤料配制完毕后灌入已装好盐坯的瓶内。封口，放入后期发酵室。

⑮ 后期发酵（陈酿）。豆腐完成上述工序后，进入发酵室，直至产品成熟，后期发酵需1～2个月的时间。在此期间，各种微生物及其酶进行着一系列复杂的生化变化，也就是色、香、味、体的形成阶段。此时，室内需要保持一定的温度。如果温度低，微生物活动减弱，酶活力低，发酵期长；如果温度高，易出现焦化现象，也不利于后期的酵解。春、夏、秋三个季节，室内一般为自然温度；在冬季，为了缩短生产周期，加速腐乳成熟，则以通入暖气来提高室温。室内温度一般控制在25℃左右。

⑯ 清理。产品在陈酿期间，灰尘和部分霉菌依附在瓶体表面，这既影响卫生，又易污染产品，故需用清水清理瓶体表面的污物，然后再经紫外线灭菌，以达到食品卫生标准。

⑰ 成品。经过清洗、灭菌，经检验合格后，瓶体进入下道工序贴标、装箱、入库。

2. 产品品种、规格和包装

（1）品种　王致和腐乳厂以大块腐乳和臭腐乳为主导产品，同时也生产腐乳系列产品，如玫瑰腐乳、红辣腐乳、甜辣腐乳、桂花腐乳、五香腐乳、霉香腐乳、白菜辣腐乳、火腿腐乳、虾籽腐乳、香菇腐乳、银耳腐乳等。

（2）规格　“王致和”酱豆腐和臭豆腐的规格以3.2cm×3.2cm×1.6cm为主。

（3）包装　随着经济发展，对产品包装的要求越来越高。过去“傻、大、粗”的包装已不适合现代化的需要。为此，王致和腐乳厂的产品包装几度更改，现以2#瓶为主，3#瓶和内装150块的小坛为辅。

七、桂林腐乳

桂林腐乳制作工艺相当复杂。第一，桂林腐乳选料考究，非优质大豆、辣椒、天然香料不能做出纯正的桂林腐乳；第二，制坯方法及去除坯中水分均有绝传；第三，前期发酵的毛霉生长最佳时段非亲自操作过不能掌握；第四，用于浸泡腐乳的米酒度数及制取方式对腐乳的风味影响甚大；第五，制作所用水质及香料的配比更是起到画龙点睛的作用。

桂林腐乳色泽奶黄、表里一致、醇香绵滑、去腻爽口、鲜辣提神、开胃醒脾、入口即化、咸淡适宜，乃佐餐、烹饪及调味之上品。

桂林腐乳生产分为三个阶段：

第一阶段为制坯阶段。将大豆筛选，除去泥尘杂质，用水清洗浸泡，磨豆过滤，浆渣分离，提取浆汁煮开，加凝固剂点浆，使豆浆变成豆腐脑，再压榨成豆腐，切成豆腐坯。

第二阶段为前期培菌（发酵）阶段。豆腐坯接上菌种，送培菌房摆放盒内，将盒垛放或者架放，控制好房内温度和湿度，使腐乳坯表面毛霉生长，然后拣出霉坯，加食盐、酒腌制，停止毛霉生长。

第三阶段为后期发酵清理阶段。将腌制腐乳坯装入容器内，加放辅料，密封，存放于发酵库，控温发酵，腐乳成熟后出库清理、检测，合格品出厂。

腐乳制作依次经过三个阶段，整个生产周期需 40～60d。生产工艺及操作方法如下：

1. 生产豆腐坯

（1）大豆浸泡　桂林腐乳厂使用优质漓江水浸泡大豆，水中含各种有益微量矿物质，适合腐乳生产，利于提高腐乳品质。浸泡时间一般春、秋季为 6～10h，夏季为 4～6h，冬季为 10～20h。泡豆的具体时间应根据大豆质量和当时气温灵活确定。大豆浸泡膨胀要均匀，一般膨胀率为 120%左右，豆瓣中稍有槽，水面无泡沫，水质要清，水面高出膨胀后大豆表面 5cm 以上。

（2）磨豆　大豆浸泡后虽蛋白质组织松软，但还需经过碾磨，蛋白质才易溶出。碾磨过细，在分离时容易糊住过滤布网眼，少量豆腐渣混合在浆汁中；碾磨过粗，影响蛋白质提取率。一般磨出浆汁要清稠合适，颜色淡黄，豆糊细匀，手感无颗粒。磨出豆糊要过滤，使浆液分离。豆浆纯洁度好，制成的腐乳坯有弹性。过滤分离 4 次，头浆与二浆合并为豆浆，浓度为 5.5～7°Bé，三浆（尾浆）与 4 次过滤液倒入豆糊，以减少清水使用量。豆糊经过 4 次分离后，豆腐渣内蛋白质含量低于 2.5%，豆浆内含渣量低于 5%。

（3）煮浆　一般以浆汁煮开（浆温 100℃）为宜。加热温度不够，蛋白质达不到适度变性程度，在凝固时随黄浆水流失，出品率低，还会影响腐乳坯质量。反之，导致蛋白质过度变性，蛋白质会聚合成更大分子，在凝固时较难形成细腻的、均匀的网状组织，也影响成品质量和出品率。

（4）点浆　采用老水（酸水）点浆。老水是用压榨豆腐时抽出的黄浆水，经酸化发酵 24～48h 制成。待黄浆水酸化后，冲到豆浆中，使豆浆中的蛋白质凝固，形成豆腐花。点浆首先要将煮好的豆浆放入固定桶内，每班按照厂质检部门测定老水酸度后确定的使用量，将老水连续平缓地加入豆浆中，用工具轻轻搅动，使豆浆上下翻动，老水与豆浆均匀混合，使蛋白质凝固，静置澄清 3～5min 后，方可撇水。

撇水时先将竹箩筐放入浆棚内，使豆腐花与黄浆水分开，避免撇水时豆腐花流失。然后用胶管抽出黄浆水回收留用。撇水以豆腐脑干湿合适为宜，将竹箩筐取出，打碎豆腐脑，即可包豆腐上榨。

（5）制坯　包好豆腐上压榨机压榨时，必须逐步加压，不得过急，一般分 4～5 次压成，豆腐框架不再连续溢水，可开榨取出豆腐，再用刀切成要求规格的腐乳坯。对坯子要检测，不合格品不予接种，将其打碎回榨。一般要求腐乳坯颜色淡黄，用手轻压不开裂，有弹性，无蜂眼，结构细密，水分在 68%～71%，可根据季节和气候适当调整腐乳坯的水分含量。

2. 腐乳发酵

（1）前期培菌　采用优良毛霉菌种，接种后腐乳坯斜角立放霉盒内，腐乳坯摆放盒要整齐成行，每块间距 2cm，夏季可稍宽，霉盒垛放或架放，顶部留一空盒。豆腐坯进入房间后，应关上门窗，地面洒水，采取加热或降温等措施，控制房内最佳温度和湿度，为毛霉菌生长创造条件。一般房内最佳温度为 18～25℃，相对湿度为 85%以上，夏季培菌需 36～48h，冬季需 72～96h，要求腐乳坯表面六面有霉，呈白色或棉絮状白色，毛茂密雄厚。

（2）后期发酵　腐乳坯经腌制后，装在容器内，加辅料密封，存放，进行后期发酵。后期发酵过程中，多种微生物分泌的蛋白酶、淀粉酶、脂肪酶等引起了极其复杂的生物化学作用，逐步将原料中的蛋白质水解为氨基酸，淀粉糖化，糖分发酵成酒精及合成芳香酯类物质，形成腐乳特有的色、香、味。

桂林腐乳在添加辅料时，一般除加食盐、酒、花椒外，还用当地特产八角、公丁香、桂枝等天然香料，使腐乳更具有清香馥郁、回味悠长的特色风味。

3. 质量标准

（1）感官指标　颜色淡黄，表里一致，质地细腻，气香味鲜，咸淡适宜，无杂质异味，块形整齐均匀。

（2）理化指标　符合国家标准。

八、江苏“新中”糟方腐乳

“新中”腐乳具有工艺独特、香味浓郁、质地细腻、口感酥糯、乳汁醇厚清亮、营养丰富、健脾开胃的特点，是调味品中的佳品。

“新中”腐乳是以优质大豆、大米、面粉为主要原料，经过原料处理、制坯、发酵等工艺酿制而成的。生产工艺及操作方法如下：

1. 生产工艺流程

水　三浆水　　　　　　卤水　黄浆水　　　　毛霉种子　食盐

大豆→浸泡→磨浆→滤浆→煮浆→点浆→制坯→划块→前期培菌→腌坯

成品←装箱←贴标←清理←后期发酵←封口←装灌←装坛←咸坯

糟醅、麦糕、米酒、白酒

2. 操作方法

（1）大豆处理　大豆浸泡前必须经过筛豆机筛选处理，除去泥沙、草屑等杂质。

（2）浸泡　大豆经洗涤后加水浸泡。浸泡时间冬季一般为20～24h，春、秋季一般为12～14h，夏季为6～7h。浸豆水为大豆量的3.5～4倍，同时加入大豆量0.2%～0.3%的纯碱（先溶解，后倒入），开耙拌匀。要按大豆质量分批分池进行浸泡，以免浸豆时间过长或过短，影响品质和出品率。浸豆标准是豆胀后不露水面，两瓣劈开成平板；水面不起泡沫或有少量气泡；pH值在7.0左右。

（3）磨浆　滤去浸泡水，将浸泡后的大豆用清水冲洗干净即可磨浆。磨浆时同时加入三浆水，并掌握流速，保持稳定。要求豆浆细腻、均匀，用手指捻摸无颗粒感，呈乳白色。

（4）滤浆　利用离心机将豆浆与豆腐渣分离，用清水洗涤3次，以降低豆腐渣中残留蛋白质含量，提高原料利用率。

（5）煮浆　将符合工艺要求的生豆浆送至煮浆桶内，煮浆要随时观察温度变化，到94℃左右发生起泡沫现象时调小进气量，防止豆浆溢出。当煮浆蒸汽压力在0.5MPa左右时，使豆浆快速煮沸至100℃，然后放入振动平筛，通过80目尼龙绢纱，除去熟豆腐渣，放入点浆桶内。

煮浆必须一次性全部煮熟，禁止反复煮浆（指浆水加温到100℃，再加入生浆），这样会使蛋白质过度变性，影响坯块质量。

（6）点浆　将市售浓盐卤配成16～20°Bé的卤水稀液，待浆煮熟送入点浆桶，温度下降到80～85℃时，用稀盐卤以细流缓缓滴入热豆浆中，同时用勺在豆浆中轻轻左右划动，使桶内豆浆全部上下翻转，即浆水上翻，再连同卤水下降，如此循环，直至蛋白质渐渐凝固而与水分离，再把少量盐卤浇在面上。静置蹲脑3～5min，使蛋白质进一步凝固。

（7）制坯

① 点浆后，待豆腐花下沉、黄浆水澄清后，将黄浆水取出3/5以上，即可上厢。

② 取榨板两块，上置5cm高的木框，框内铺包布一块，把呈凝固状态的豆腐花倒满框，梳平（四角及中间略高一点），掌握“花嫩多上，花老少上，桶面

多上，底面少上”的操作原则。然后将框外余布，向内折叠，覆盖其上，取下木框，再另上榨板一块，直至桶内豆腐花包完，慢慢进行压榨。压榨时要求平衡、缓慢，严禁“一步到位”。

③ 压榨去水的程度，视坯块所需水分而定。豆腐坯水分一般控制在73%以下，10块豆腐坯的质量为190～210g。

④ 压成豆腐坯，要厚薄均匀（17～19mm），水分符合要求，软而有弹性，有光泽，无水泡现象。

(8) 划块　将压成的整板坯取下，去布，平铺于板上，按规格划成正方形小块（35mm×35mm），放在铁架上，使其自然冷却后接入毛霉菌种悬浮液，冷却后，坯板叠放不宜超过3块，防止水分被压出。划块下来的边角料用胶体磨粉碎成糊状后加入点浆桶中，重新点浆。

(9) 前期培菌

① 接种悬浮液的制备。接种是前期发酵的重要一环。首先选择优良克氏瓶（盒）的扩大菌种，用75%酒精溶液擦瓶口和勾针，将瓶（盒）内培养基全部勾出，放入清洁的容器内，每瓶（盒）加无菌冷开水750～1000mL，夏季加水量适当减少。每100kg大豆使用2.6瓶种子。待充分拌匀后用无菌布滤去培养基，防止麸皮落入接种液内影响喷菌。滤过的悬浮液（要求新鲜）作接种用。

② 接种。将冷却好的豆腐坯摆入不锈钢笼车内，侧面竖立放置，均匀排列，每块四周留有空隙。用喷枪把悬浮液喷雾接种在豆腐坯上。要求喷射均匀，使毛霉生长一致。接种后，待坯块表面水分吹干方可入室、盖布。

③ 培养。霉坯培养所需的时间与室温、品温、含水量、接种量以及装笼、堆笼的条件有关。温度高、接种量大，生长较快，反之较慢。一般室温要求控制在20～24℃，冬季略高一些。豆腐坯自接种后10～12h开始发芽，14h左右开始生长，至24h左右已全面生长，需翻笼一次。翻笼的作用：一是调节上下温差；二是散温，防止部分笼格内品温过高而影响质量；三是补充氧气。到32h左右菌丝大部分成熟，需第2次翻笼。40h左右，可扯开凉花，使其老化，增强酶的作用，经迅速冷却后将发酵中的代谢气体散发。

毛霉培养期间，要加强技术管理，认真掌握温度，及时翻笼、养花、凉花。凉花应在掌握菌种全面生长情况下进行，过早会影响菌的生长、繁殖，过晚会因温度升高而影响质量，如发黄、发黏、起泡等。

(10) 后期发酵

① 搓毛。毛坯凉透后即可搓毛。搓毛前先进行感官检查，发现生长不良、有异味的坯块及时清除，另行处理。搓毛时把每块相互连接的菌丝分开搓断，再行合拢，整齐排列在笼格内，准备腌制。

② 腌制。将完成搓毛的毛坯运至腌坯地点，准确计量后腌制。腌坯前，先

将容器洗净晾干，在底部薄薄地撒上一层食盐，取出笼格内的毛坯腌制，每摆满一层后撒一层食盐，直至摆满为止。要求坯块之间互相轧紧，用盐量做到底少面多。腌制两天后，卤汁要全部淹没毛坯，如发现坯块未被卤水浸没，应及时添加20°Bé的盐水或好的毛花卤，以便增加上层的咸度。腌制时间为5～6d，每100kg豆腐坯块的用盐量视季节、品种可在19～20kg范围内变化。在装瓶前一天将腌坯容器内的卤水取出，放置12h，使每块腌坯干燥收缩后备用。

③ 装灌。主要辅料：糟醅、麦糕、米酒、白酒等必须符合质量指标。

选用统一规格的玻璃瓶，经洗净和蒸汽消毒后方可使用。

操作台、操作用具必须清洁卫生。

装瓶前先把容器内腌坯取出、搓开，再点块计数装入广口瓶内。根据腐乳的不同品种，添加不同配料。不同规格的容器装入不同的块数，并分层加入麦糕、糟醅。装瓶要求：计数准确，摆放整齐，松紧适当，不合格品及时剔除，用料均匀，装瓶结束后加入米酒至浸没坯块，再加封头白酒。灌浆结束后，将瓶口加盖密封，并将瓶外壁清理干净，然后逐瓶检查装箱，送至仓库堆置、发酵。

腐乳后期发酵是在储藏过程中进行的，这是利用腐乳坯上生长的微生物与配料中的各种微生物所分泌的酶，在自然常温条件下所引起的生物化学作用，促进腐乳在瓶中发酵成熟，形成了特有的色、香、味。

（11）成品　腐乳发酵成熟后，在出厂前取样并经厂质检部门检验合格后方可进行整理。首先将瓶外壁洗净擦干，拧开瓶盖，去除盖膜，瓶口抹净，用清洁纱布蘸75%的酒精消毒，扎上新的无菌薄膜，再次去除瓶外污物，贴上合格商标。

九、上海“鼎丰”精制玫瑰腐乳

上海“鼎丰”酿造食品有限公司，是创始于1864年的中华老字号企业。1983年“鼎丰”精制玫瑰腐乳荣获国家银质奖。上海“鼎丰”精制玫瑰腐乳的生产工艺及操作方法如下：

1. 生产工艺流程

毛霉种子（↓接种）　食盐（↓腌坯）　黄酒、红曲、辅料（↓装坛）

豆腐坯→接种→培养→凉花→搓毛→腌坯→装坛→封口→后期发酵→成熟腐乳

2. 豆腐坯制作工艺流程

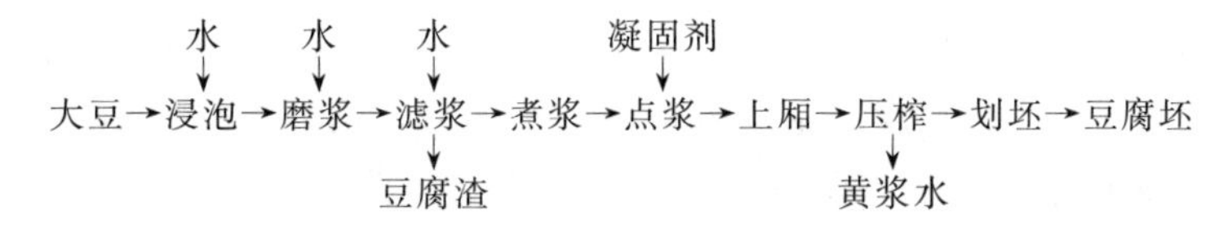

3. 操作方法

（1）豆腐坯制作步骤

① 大豆处理。大豆经振动筛筛选，除去大豆中的泥块、石块、铁屑等杂物，使制出的豆腐坯有光泽且富有弹性，从而保证腐乳质量。

② 浸泡。大豆浸泡时，加水量控制在 1∶3.5 左右，浸泡时间冬季为 12～16h，春秋季为 8～12h。要根据大豆品种、新豆和陈豆确定具体的浸泡时间。

③ 磨浆。磨浆操作必须掌握磨碎的粗细度，要求不粗不黏，颗粒大小在 15μm 左右。加水量一般控制在 1∶6 左右，并以适量加水和调节磨头松紧来控制浆温。

④ 滤浆。滤浆是将大豆的水溶性物质与残渣分开，采用卧式锥形离心甩浆机，滤布选用 96～102 目的尼龙绢丝布。在离心分离过程中，豆腐渣分 4 次洗涤，洗涤的淡浆水套用。豆浆浓度一般掌握在 6～8 度（以乳汁表测定）或 5°Bé 左右，每 100kg 大豆出浆 1000g 左右。

⑤ 煮浆。煮浆用蒸汽为热源，快速煮沸至 95℃，熟浆经振荡式筛浆机振筛，除去熟豆腐渣，以提高豆浆的纯度。

⑥ 点浆。点浆时，要注意控制盐卤浓度、点浆温度及豆浆的 pH 值。生产上一般使用的盐卤浓度为 16～24°Bé，小白方腐乳用 14°Bé 左右的盐卤。点浆温度应控制在 80～85℃为宜。

⑦ 压榨。上榨动作要轻，压榨时加压先轻后重，防止豆腐包布被压破，导致豆腐脑漏出。使用电动压榨床，榨出豆腐脑中的部分水分。白坯水分应控制在 71%～73%，小白方水分掌握在 76%～78%。成形的豆腐坯厚度要均匀，四角方正，无烂心，无水泡，富有弹性，具有光泽。

⑧ 划坯。采用多刀式豆腐坯切块机，按产品的大小规格事先调节好刀距，进行划坯。划后豆腐坯不得有连块现象，剔掉不合标准的豆腐坯。

（2）前期培菌（发酵）

① 菌种检查。要求培养瓶内的毛霉菌种纯正，菌丝浓密，无杂菌感染，培养瓶底板不得有花纹、斑点及异味。

② 制备菌种悬浮液。每只 800mL 克氏瓶菌种配制成 1000mL 左右的菌液。配制好的菌液存放时间不宜过长，特别是夏天，要防止发酵变质。使用时要摇匀，使孢子呈悬浮混合状态。

③ 接种（喷菌）。把划好的豆腐坯按规定块数整齐摆放入发酵格内，将装在喷雾接种器内的毛霉菌悬浮液喷洒在豆腐坯上，菌液要五面喷洒均匀。

④ 培养（发花）。毛霉菌生长繁殖需要以蛋白质和淀粉等为营养物质，并要求一定的水分、空气和温度。室温控制在 20～24℃，培养时间为 48～60h。

⑤ 凉花。待毛霉长足、菌体趋向老化、毛头呈浅黄色时，方可将培养室的

门窗打开，通风降温，凉花老熟，散发水分。

⑥ 搓毛。毛头凉透即可搓毛。搓毛是将每块连接在一起的菌丝搓断，整齐地排列在格内待腌制。

（3）后期发酵

① 腌坯。要求定量坯用定量盐，一层坯上撒一层盐，每缸 13600 块，用盐 75kg。腌坯时间一般为 7～8 天，坯氯化物含量为 17%～18%。

② 配料、染色。用黄酒和上海产特级红曲调配成染色液，将坯染成红色，染色要六面均匀。

③ 装坛。装坛既不能装得过紧，又不能装得松散歪斜，坛子必须先经洗涤和蒸汽灭菌，晾干后方可使用，否则腐乳易变质。咸坯装坛后（每坛 20 块）加入配好的汤和其他辅料，每坛加封面盐 100g。

④ 封口。将装完坯及卤料的坛子盖上坛盖，用厚尼龙膜盖密扎紧坛口，送仓库储存 6 个月后即可成熟。

十、“咸亨”腐乳

早在清乾隆元年，咸亨酱园（今咸亨食品厂前身）就开始制作腐乳。“咸亨”腐乳的豆腐坯是由上等大豆制成，口感细密馨香，在毛霉菌的发酵下长出茂密的菌丝，绍兴老酒则是催化豆腐由鲜嫩转为鲜美的动力。瓶内发酵、密闭式煮浆桶、恒温发酵室、自动摆坯和喷菌的先进工艺特点，开发了腐乳花色品种 30 多个。红腐乳和白腐乳获得 1991 年轻工业部优质产品，年出口 1000 多吨。其生产工艺如下：

1. 生产工艺流程

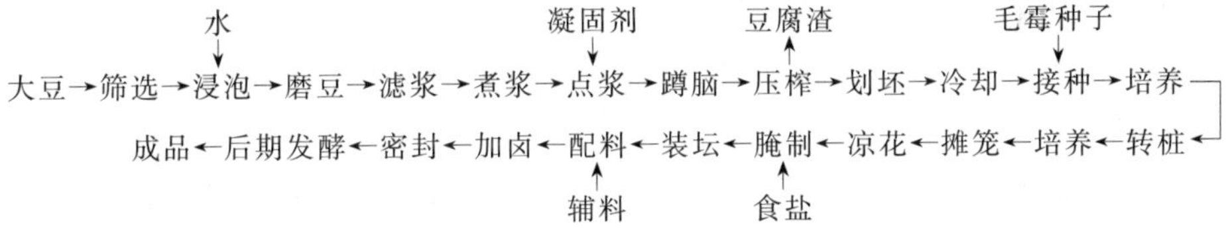

水（↓浸泡）、凝固剂（↓点浆）、豆腐渣（↑压榨）、毛霉种子（↓接种）

大豆→筛选→浸泡→磨豆→滤浆→煮浆→点浆→蹲脑→压榨→划坯→冷却→接种→培养→转桩→培养→摊笼→凉花→腌制→装坛→配料→加卤→密封→后期发酵→成品

食盐（↑腌制）、辅料（↑配料）

2. 操作方法

（1）筛选　豆腐坯的质量优劣，首先取决于大豆的品质，“咸亨”腐乳一般选择粒大、皮薄、蛋白质含量高的大豆。在浸泡前务必除尽泥土及杂质。

（2）浸泡　大豆经过淘洗后用清水浸泡，并不时地上下翻动，捞去杂质。浸泡用水以豆粒膨胀后不露出水面为宜。浸泡时间春秋季为 24～36h，要求浸泡好的大豆在夏季以两片豆瓣有细菊花纹，冬季豆瓣为平纹，大豆皮不易脱落，豆瓣掐之易断，断面无硬心为度。同时在浸泡过程中适时“醒豆”，以利浸泡均匀。

（3）磨豆　将上述大豆冲洗干净后放入磨中，磨出的浆水要求粗细均匀、浆色洁白。加水量约为大豆量的2.8倍，并加入适量消泡剂，以利过滤。

（4）滤浆　滤浆采用三级过滤工艺，筛网分别为70目、80目、120目，100kg大豆出浆为1100kg左右，浓度为6～7°Bé。

（5）煮浆　采用密闭式煮浆。将生豆浆注入煮浆桶后，20min内使豆浆品温达到100～105℃时放浆。

（6）点浆　熟浆放入缸内，根据品种要求冷却至85～90℃时点浆。点浆前，先用木划轻轻划动浆水，使其上下翻动，然后将18°Bé盐卤缓缓加入豆浆中，边加边划动，使豆浆连同盐卤翻动。根据不同品种观察凝聚状态，如白腐乳脑嫩些，红腐乳脑老些。点浆时间一般控制在5min左右，然后静置蹲脑。豆腐脑较嫩，蹲脑时间长些，以利于蛋白质凝固；反之，则短些。

（7）压榨　点浆后豆腐脑下沉，黄浆水已澄清，铺上袱布，再把竹滤器摆在袱布上，压以重物，竹滤器面口下沉低于全液面时，将竹滤器内的黄浆水吸去。如坯子水分要求在68%～70%，应多吸些；坯子水分要求在72%～75%，则少吸些。黄浆水吸去后需上榨成形，要求袱布铺入箱后与四壁附实，然后按品种快速舀入豆腐脑，充实四角，中间稍凸，包上袱布加压脱水。

豆腐坯的水分含量，视季节、品种不同而定。一般来讲，春、秋季红腐乳为68%～72%；冬季为73%～75%；夏季为70%。

划坯根据规格而定，划坯后的坯子要方正，不歪不斜，并应迅速冷却，以防杂菌污染。

（8）前期培菌（发酵）　将已培养好的菌种，搓碎后放入冷却至30℃以下的无菌洁净水中，充分混匀，过滤两次后得到毛霉菌孢子悬浮液。用已消毒好的喷雾器将菌种均匀地喷射到间隔2cm的豆腐坯表面。培菌室的温度为25℃，相对湿度80%左右，16h后毛霉菌即开始生长，至48h左右已生长完全。由于此期间发酵热的大量产生，需转柱翻笼一次，72h后豆腐坯表面已布满菌丝，可摊笼凉花，搓毛腌制。

（9）腌制与装坛　腌制工艺分为缸腌和箩腌两种，一般红腐乳为缸（池）腌，白腐乳为箩腌。腌制采用分层加盐加卤法，直至腌完，最后上面封上约3cm厚的食盐。经过5～7天的腌制，将盐卤沥尽，将腌坯块与块分离后，装入干净的陶坛内，再加入准备好的混合卤汤，密封陈酿8个月左右，即为成熟腐乳。

十一、重庆石宝寨牌忠州腐乳

忠州腐乳始于唐代，盛于清朝，历来以质纯细腻、清香味美而著称，千余年来长盛不衰。1924年曾在全国手工艺产品展览会上获奖，1979年被评为四川省优质产品。如今畅销全国各地，产品已进入我国港澳地区及国际市场。忠州腐乳所用菌种系以清雍正十二年启用至今的霉房分离而得，其酶系多样性和分解力为全国独有。香料配方一直沿用祖传秘方。生产过程采用传统与现代工艺相结合，已形成流水线规模化生产。

1. 原料与配方

原料：大豆、老水（酸水）、高大毛霉菌种、食盐。

辅料配方：广木香3.5%，丁香3%，茴香12%，排草6%，灵草6%，甘松25%，陈皮14%，八角19%，山柰14%，花椒12%，桂皮3%。

2. 生产工艺流程

大豆→精选→浸泡→磨豆→滤浆→煮浆→点浆→压榨→豆腐坯→冷却→接种→培菌（高大毛霉菌种）→腌坯（食盐）→装坛（配制老汤）→后期发酵→成品

3. 操作要点

（1）制坯

① 浸泡。浸泡时间长短要根据气温高低的具体情况决定，一般冬季气温低于15℃时泡8～16h，春秋季气温在15～25℃时泡3～8h，夏季气温高于30℃时仅需2～5h。泡豆程度的感官检查标准是掰开豆粒，两片子叶内侧呈平板状，但泡豆水表面不出现泡沫。泡豆水用量为大豆质量的4倍左右，一般膨胀率为120%左右。

② 磨豆。将浸泡适度的大豆，连同适量的三浆水均匀送入磨孔，磨成细腻的、呈乳白色的连渣豆浆。在此过程中大豆的细胞组织被破坏，使大豆蛋白质得以充分溶出。掌握流速，保持稳定。要求豆浆细腻、均匀，用手指摸无粒感，呈乳白色。

③ 滤浆。将磨出的连渣豆浆及时送入滤浆机（或离心机）中，将豆浆与豆腐渣分离，并反复用温水套淋三次以上。一般100kg大豆可滤出5～6°Bé的豆浆1000～1200kg(测定浓度时要先静置20min以上，使浆中豆腐渣沉淀)。

④ 煮浆。滤出的豆浆要迅速升温至沸（100℃），如在煮沸时有大量泡沫上涌，可使用消泡油或食用消泡剂消泡。生浆煮沸时要注意上下均匀。消泡油不宜用量过大，以能消泡为度。

⑤ 点浆。采用老水点浆。待黄浆水酸化后，冲对豆浆，使豆浆中的蛋白质凝固，形成豆腐花。点浆是关系到豆腐乳出品率高低的关键工序之一，点浆时要注意正确控制4个环节：点浆温度（80±2)℃；pH值5.5～6.5；凝固剂浓度(如用盐卤，一般要12～15°Bé)；点浆时不宜太快，凝固剂要缓缓加入，做到细水长流，通常每桶熟浆点浆时间需3～5min，黄浆水应澄清不浑浊。

⑥ 养花。豆浆中蛋白质凝固有一定的时间要求，并保持一定的反应温度，因此养花时最好加盖保温，并在点浆后静置5～10min。点浆较嫩时，养花时间应相对延长一些。

⑦ 压榨。豆腐花上厢动作要快，并根据豆腐花的老嫩程度，均匀操作。上完后徐徐加压，一般分4～5次压成，豆腐框架不再连续溢水，可开榨取出坯进行冷却，划块最好待坯冷后再划，以免块形收缩，划口应当致密细腻、无气孔。

注意事项：制坯过程中要注意工具清洁，防止积垢产酸，造成“逃浆”。出现“逃浆”现象时，可试以低浓度的纯碱溶液调节pH至6.0，再加热按要求重新点浆。如发现豆浆pH高于7.0时，可以用酸黄浆水中和，调节pH值，到达蛋白质的等电点。

（2）前期发酵

① 菌种制备。试管培菌用豆芽培养基，二级种子用麸皮培养基。将已充分生长的毛霉麸曲用已经消毒的刀子切成2.0cm×2.0cm×2.0cm的小块，低温干燥磨细备用。

② 接种。在腐乳坯移入“木框竹底盘”的笼格前后，分次均匀洒播麸曲菌种，用量约为原料大豆质量的1%～2%。接种温度不宜过高，一般温度控制在40～45℃，然后将坯均匀侧立于笼格竹块上。霉菌也可培养成液体菌种进行喷雾接种。

③ 培菌。腐乳坯接种后，将笼格移入培菌室，呈立柱状堆叠，保持室温25℃左右。约20h后，菌丝繁殖，笼温升至30～33℃，要进行翻笼，并上下互换。以后再根据升温情况将笼格翻堆成“品”字形，先后3～4次，以调节温度。入室72～96h后，菌丝生长丰满，不黏、不臭、不发红，即可移出（培养时间长短与不同菌种、温度以及其他环境条件有关，应根据实际情况掌握）。

（3）后期发酵

① 腌坯。腌坯有缸腌、箩腌两种。缸腌是将毛坯整齐排列于缸（或池）中，缸的下部有中间留圆孔的木板假底。将坯列于假底上，顺缸排成圆形，并将毛坯未长菌丝的一面（贴于竹块上的一面）靠边以免腌时变形。要分层加盐，逐层增加。腌坯时间约5～10天。腌坯后盐水逐渐自缸内圆孔中浸出，腌渍期间还要在坯面淋加盐水使上层毛坯含盐均匀。腌渍期满后，自圆孔中抽去盐水，静置一夜，起坯备用。箩腌是将毛坯平放于竹箩中，分层加盐，腌坯盐随化随淋，腌两天后即可供装坛用。

② 装坛。将腌制好的腐乳坯装入容器内，加入浸提好的香料酒、辅料，密封存放于发酵库，控温发酵。

③ 包装与储藏。腐乳按品种配料装入坛内，加盖，用纸花扎紧盖边，放一层纸，用石灰拌煤渣呈糊状封坛口，待封口稍干后，再抹一次封口。将腐乳坛放

在阴凉仓库中，一般六个月成熟。

4. 质量标准

(1) 感官指标　外观为乳黄色，鲜艳而有光泽，块形整齐，质纯细腻，清香味美，入口化渣，余味绵长。

(2) 理化指标　水分 74%以下，食盐（以氯化钠计）6.5%以上，蛋白质含量 13%以上，氨基酸态氮 0.35%以上，总酸 1.3%以下。

十二、海会寺腐乳

海会寺腐乳厂始建于道光九年，历经数载精心酿造，具有浓郁的四川腐乳独特的风味而闻名全国，被誉为“东方植物奶酪”。近年来，成都市大王酿造食品有限公司集中科研力量，不断适应市场需求，以海会寺白菜、鲜酥腐乳为代表，开发出一系列新产品，囊括酱方、汤汁两大类腐乳，而且具有独特的麻辣滋味，鲜辣融为一体，兼有腐乳和腌菜的特征，酱酯香味浓郁、色泽红润、细腻化渣、麻辣鲜香、五味调和。

1. 原料与配方

原料：大豆、16～18°Bé 盐卤、总状毛霉菌种、食盐。

辅料配方：辣椒 1%～4%，花椒 0.1%～0.3%，植物油 1%～4%，白酒 3%～6%，混合香料 0.1%～0.6%。

2. 生产工艺流程

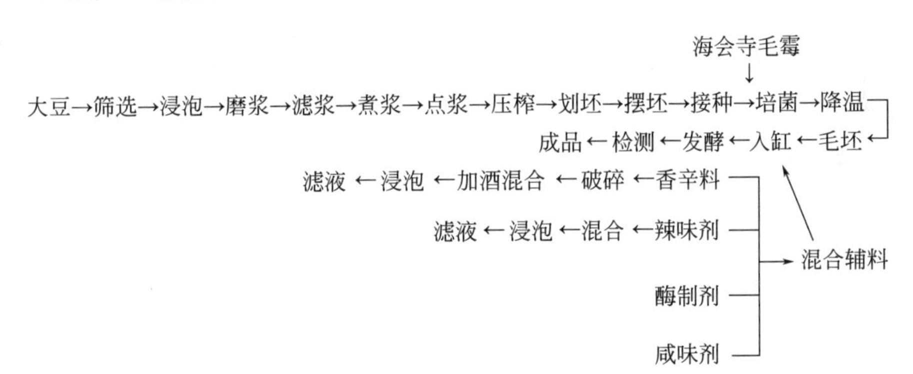

3. 操作要点

(1) 制坯

① 浸泡。把筛选好的大豆装入罐内，加入大豆体积 2.5 倍的水，浸泡时上层豆粒不允许露出水面。浸泡时间根据季节与气温不同而定。

② 磨浆。将浸泡大豆适量落入砂轮磨磨制，加水量控制在大豆质量 5 倍左

右。注意豆糊的稀稠程度、粗细度。

③ 滤浆。将豆糊放入第一层甩浆机，浆渣分离后得头浆，豆渣进入搅拌器内添加三浆水或自来水，搅拌，将搅拌均匀的豆糊适量推入第二层甩浆机，浆渣分离后得二浆，将分离出的豆腐渣流入底层甩浆机进行浆渣分离，得到三浆水。头浆、二浆混合为生浆，三浆水回收。

④ 煮浆。煮浆时当温度加热至第五区温度显示为96～100℃时，开启放浆阀门，并调节进气阀门供气量，以维持温度。

⑤ 点浆。温度控制在82～85℃，缓慢加入盐卤，同时轻轻划动豆浆，使盐卤与豆浆彻底混匀。静置10～15min，待豆腐脑向下沉、黄浆水澄清后，抽去面层的黄浆水。

⑥ 压榨。入压榨机压榨排水，需缓慢压榨，使含水量保持在70%左右，切忌一压到底，每次压榨10～15min。

⑦ 摆坯接种。把白坯对角垂直竖立放在两塑料片空隙处，每块之间间隔1cm。待白坯品温降至30℃时，按白坯质量5%接入生产用菌种。

（2）前期发酵　室温控制在26～28℃，品温控制在25～30℃，入室保温培菌20～24h后在豆腐坯表面出现毛霉针状发芽时翻笼一次，前期发酵周期为36～48h。

（3）后期发酵

① 腌坯。豆腐坯长满毛霉时可进行腌坯。将发酵笼内毛坯相互依连的菌体扯开，码放于其中，层层加盐，下层盐比上层盐稍少，剩下的盐全部撒在上层作为封面盐，最上一层用防蝇纱罩好，腌制4～6天。

② 装坛。在达到规定的腌期后，将盐卤沥净，将腐乳一层层垂直放置坛中。将配方按一定比例混合，充分搅匀，依次灌入坛内，旋好盖子，进行后期发酵。

发酵期间定期进行养护，发现有裂口及时抹平密封，以确保厌氧状态，避免杂菌污染。发酵周期10～12个月。

4. 质量标准

（1）感官指标　质地细腻，咸淡适口，酥软可口，滋味鲜美，风味独特，麻、辣、鲜、香、醇五味俱全。

（2）理化指标　水分48%，氨基酸态氮1.11%，水溶性蛋白质1.98%，总酸1.88%，食盐12.07%。

十三、唐场腐乳

四川省大邑县唐场镇素以生产被誉为“四川一绝”的唐场腐乳而闻名国内外。唐场腐乳已有100多年的历史。唐场腐乳色泽红褐而有光泽，陈香细嫩，入口化渣，味鲜可口，清香回甜，辣味较浓，咸淡适度。

1. 原料与配方

原料：大豆 1000kg，水，食盐 350kg。

辅料：豆腐坯 1600kg（由 1t 大豆制成），加食盐 350kg、豆瓣曲 80kg、辣椒粉 110kg、菜油 60kg、酒酿 160kg、花椒 3.5kg、小茴香 2kg、大茴香 400kg、山柰 400g、陈皮 350g、桂皮 350g、胡椒 400g、公丁香 400g、母丁香 200g、沙豆 300g、排草 400g、灵草 200g、安桂 300g、肉桂 300g、八角 1kg、芝麻 5kg。

2. 生产工艺流程

添加辅料 ↓（至装坛）

白坯→盐腌→装坛→后期发酵→成品

3. 操作要点

唐场腐乳制作不经前期发酵，豆腐坯制成后，直接加盐腌制 8h 左右，而后即配料装坛进入后期发酵。后期发酵是利用辅料所带入微生物的自然发酵作用。发酵周期较长，为 10～12 个月。添加辅料后，发酵时间为一年。生产时，豆腐坯直接加盐排水 8h，再加辅料混合均匀后置于发酵池。

4. 质量标准

（1）感官指标　红褐色，表面有光泽，有辣香和腐乳香气，味鲜且清香，回味甜美，块形整齐，外有豆瓣。

（2）理化指标　蛋白质 11％以上，氨基酸态氮 0.8％以上，总酸 1.0％以下，食盐 13％，还原糖 2.0％以上。

十四、青岛腐乳

青岛调味食品厂生产的“青福牌”醉方系列腐乳属南乳派系，是我国驰名的民族传统调味产品。醉方系列腐乳曾多次被评为市省优质产品，1988 年曾荣获首届中国食品博览会铜奖。1995 年被列为市质量监督检验所“推荐产品”。

1. 原料与配方

大豆、糯米、毛霉、食盐。

2. 生产工艺流程

糯米→浸泡→蒸煮→发酵→压榨→汤料 ↓（至装坛）

大豆筛选→浸泡→磨豆→分离→点浆→压榨→切块→培菌→腌坯→装坛→后期发酵→包装→成品

分离 ↓ 豆腐渣

3. 操作要点

① 培菌。选用优良的毛霉菌株进行前期培菌，减少杂菌的污染。

② 腌坯。采用“先干后泡再冲”的方式。豆腐坯成熟后先用精盐腌 24h，再加入 18°Bé 的盐水腌 48～72h，从而保证坯子的含盐量均匀。

③ 装坛。一次性入坛（瓶）进行后期发酵，减少破损及污染，从而保证后期正常发酵。一般经 2～3 个月自然发酵，即可食用。

4. 质量标准

（1）感官指标　醉方色泽乳黄色，块形整齐，汤汁微黄，澄清略稠，质地细腻，咸淡适宜；红方色泽鲜红，汤汁黏稠，咸甜适口，具有红方特有的香气；青方色泽豆青色，块形整齐，质地细腻，具有青方特有的香气。

（2）理化指标　水分≤75%，氨基酸态氮（以氮计）≥0.35%，水溶性蛋白质≥3.20%，总酸（以乳酸计）≤1.3%，食盐（以氯化钠计）≥6.5%。

十五、广东美味鲜白腐乳

广东美味鲜调味食品有限公司是我国调味品的主要生产和出口基地之一。拥有厨邦、美家、美味鲜岐江桥三大品牌。生产经营的产品有：腐乳、酱油、鸡粉、鸡汁、蚝油、食醋、调味酱、调味粉、味精九大系列，共 100 多个品种，300 多个规格。

1. 原料与配方

原料：大豆、酸水、毛霉菌种、食盐。

辅料配方（按 10000 瓶豆腐乳计）：酒精含量为 16%～18%的混合酒 460g、食盐 460g、辣椒 45kg。

2. 生产工艺流程

酸水→发酵→黄浆水

大豆→浸泡→洗豆→磨豆→滤浆→煮浆→点浆→蹲脑→排水→压榨→划块

成品←换汁←后期发酵←沥干←腌制←培养←接种←摆坯

3. 操作要点

（1）制坯

① 大豆挑选。选用优质的东北非转基因大豆，要求原料新鲜、颗粒饱满、无虫蛀、无霉变及杂质。水分≤14%，蛋白质含量≥36%。

② 浸泡。浸泡时间要根据大豆品种、新豆和陈豆来确定具体时间，以质量指标为准。一般加入大豆体积 2.5 倍的水，浸泡时上层豆粒不允许露出水面。

③ 磨豆。利用电动砂轮磨将大豆磨成细度适中的豆糊，加水量以豆糊不发热为准。磨出的浆汁要求清稠适合，颜色淡黄，无发泡发热，豆糊细匀，手感无颗粒。

④ 点浆。采用酸水点浆，一般酸水的 pH≤4.0。待黄浆水酸化后，冲对豆浆，使豆浆中的蛋白质凝固，形成豆腐花。

⑤ 蹲脑。豆浆中蛋白质凝固有一定的时间要求，并保持一定的反应温度，因此蹲脑时最好加盖保温，并在点浆后静置 5～10min。点浆较嫩时，蹲脑时间应相对延长一些。

⑥ 压榨。豆腐花上厢动作要快，并根据豆腐花的老嫩程度，均匀操作。上完后徐徐加压，一般分 4～5 次压成，豆腐框架不再连续溢水，可开榨取出白坯进行冷却，划块最好待坯冷后再划，以免块形收缩，划口应当致密细腻、无气孔。

（2）前期发酵

① 毛霉菌种的制作。

菌种→固体斜面培养→麦麸培养基扩大培养→毛霉悬浮液

② 前期发酵（培菌）。将排入胶格中的白坯降温到 40℃以下，用喷枪将菌种悬浮液均匀喷洒于白坯表面，喷种时喷枪尽可能与乳坯垂直，确保乳坯五面均匀接到种。

前期发酵温度控制在 25～28℃，相对湿度 90%～98%。一般经过 24h 以上发酵后，发酵逐渐进入旺盛期，品温逐渐上升。要注意发酵情况，根据具体情况转格一次，调节上下温差及补充空气。发酵房内有氨味，此时可判断豆腐坯已成熟，应及时开门凉花。

（3）后期发酵

① 腌制。首先在箱底撒上薄薄的一层盐，然后将毛抹倒，一层毛坯一层盐，直至腌满塑料箱。在腌制过程中下层坯可以少放些盐，越往上面要求盐越多一些，最上一层的乳坯要撒一层较多的封面盐，最后盖上压板。时间控制在 48h 左右。

② 沥干。未溶化的盐粒，用盐水漂洗，然后自然沥干 2h 后装瓶。沥干乳坯手感稍湿不粘手，表面无水渍，呈浅黄色，无异味，有毛霉特有香味及咸湿味。

③ 后期发酵。温度控制在 25～35℃，夏季一般 45d 成熟，冬季 100d 左右。

4. 质量标准

（1）感官指标　呈乳黄色，色泽基本一致；滋味鲜美，咸淡适口，具有白腐乳特有香味，无异味；块形整齐，质地细腻，无外来可见杂质。

（2）理化指标　水分 74%以下，食盐（以氯化钠计）6.5%以上，蛋白质含量 13%以上，氨基酸态氮 0.35%以上，总酸 1.3%以下。

十六、四川蒲江腐乳

蒲江县酿造厂生产的“蒲江”腐乳是国内贸易部及四川省成都市的优质产品。始创于20世纪20年代初，是流传盛行于当地民间的一种传统食品。现在，蒲江县酿造厂在继承传统的基础上，已采用现代化的科学大生产，保留了腐乳色、香、味的传统特色。

1. 原料与配方

菜油、豆瓣、辣椒、多种药材及香料。

2. 生产工艺流程

黄豆→精选→浸泡→清洗→磨豆→煮浆→点浆→压榨→划坯→培菌→发酵→搓毛→配料→装坛→后期发酵→成品

3. 操作要点

（1）浸泡　浸泡与豆性、气温、水温关系较密切，也与摆缸方向有关。因此，必须根据气温和水温掌握浸泡时间。严格防止浸泡时间过长或过短现象（一般50kg大豆浸泡后，其质量为105～115kg较理想）。

（2）磨豆　磨豆昔日以石磨为主，现大多采用砂轮磨。磨豆时要注意加水量，一般控制在100kg浸泡好的大豆可制豆浆1100kg，浓度为5.5～6°Bé。磨豆一定要匀、细，边磨边加水。

（3）点浆　点浆温度控制在85～87℃。用苦卤点浆时先加部分黄浆水并掌握苦卤的浓度。加入时细水长流并注意蹲脑3～4min。一般来讲，冬天点浆品温控制在80～90℃，夏天控制在70～80℃。若点浆温度在70℃以下，加入卤水后凝沉速度缓慢，黄浆水容易浑浊，坯成形也较差，白坯进入笼房后，容易产生发黏、发滑等弊病。

（4）压榨　上榨动作要轻，压榨时加压先轻后重，防止豆腐包布压破，导致豆腐脑漏出。使用电动压榨床，榨出豆腐脑中的部分水分。白坯水分应控制在71%～73%，小白方水分掌握在76%～78%。成形的豆腐坯厚度要均匀，四角方正，无烂心，无水泡，富有弹性，具有光泽。

（5）划坯　用多刀式豆腐切块机划坯，按产品的大小规格事先调节好刀距，划后块子不得有连块现象，不合乎标准的块子要剔除掉。

（6）培菌　把白坯对角垂直竖立放在两塑料片空隙处，每块之间间隔1cm。待白坯品温降至30℃时，按白坯质量5%接入生产用菌种。培养36～48h，当菌种长达5cm时即可搓毛腌坯。

（7）后期发酵　在达到规定的腌期后，将盐卤沥净，将腐乳一层层垂直放置坛中。将配方按一定比例混合，充分搅匀，依次灌入坛内，旋好盖子，进行后期发酵。发酵周期 10～12 个月。

4. 质量标准

（1）感官指标　外观红润发亮，具有浓郁的腐乳香气，质地细腻，味道鲜美。

（2）理化指标　水分≤75%，氨基酸态氮（以氮计）≥0.35%，水溶性蛋白质≥3.20%，总酸（以乳酸计）≤1.3%，食盐（以氯化钠计）≥6.5%。

十七、广州白辣腐乳

白辣腐乳是广州地区生产的一种特色产品，色泽金黄鲜嫩，风味独特，具有质地细腻、口味鲜美、咸辣适口的特色。该腐乳生产中，除必要的食盐、白酒、辣椒等配料外，不添加其他香辛料。

1. 原料与配方

主料：黄豆 500kg，食盐 80～90kg。

辅料：白酒（100kg 酒精含量为 50%），辣椒油 18kg。

2. 生产工艺流程

精选黄豆→制备豆腐坯→发酵→成品

3. 操作要点

（1）精选黄豆　去除黄豆中的虫豆、烂豆和杂质。

（2）制备豆腐坯　从黄豆到制备豆腐坯都与前面所述的制备方法一致。

（3）发酵　此腐乳在后期发酵成熟前 1 个月，需将腐乳汁倒出，过滤后再重新灌入，并增加适量辣椒油封面，继续发酵 1 个月方为成品。

4. 质量标准

（1）感官指标　产品颜色表里一致，一般为乳黄色、淡黄色或青白色，醇香浓郁，鲜味突出，质地细腻，口味鲜美，咸辣适口。

（2）理化指标　蛋白质 11%以上，氨基酸态氮 0.43%以上，总酸 1.0%以下，水溶性无盐固形物≥7%。

十八、云南路南腐乳

石林牌路南腐乳起源于清朝嘉庆年间，至今已有 200 多年的生产历史。制作工艺上采用自然发酵，低温点浆，配以当地盛产的大红辣椒、花椒、八角和野生菌等辅料腌制发酵，使产品表面呈鲜红色，内呈杏黄色，质地细腻，菌香气浓郁，具有腐乳和野生菌融为一体、可刺激食欲的鲜、香、辣独特风味。

1. 原料与配方

主料：黄豆、食盐。

辅料：辣椒粉、大料、花椒。

2. 生产工艺流程

(1) 白坯、毛坯的制作工艺流程

黄豆→精选→破瓣→筛除豆皮→去胚芽→浸泡→磨浆→烫浆→煮浆→滤浆→点浆→压榨→切块→白坯→发霉→切块→毛坯

(2) 毛坯腌渍的工艺流程

毛坯→晒坯→浸酒→裹料→装坛→并坛→加酒→后熟→成品

3. 操作要点

(1) 白坯及毛坯的操作方法

① 精选黄豆。去除虫豆、瘪豆。

② 破瓣、脱皮。将黄豆破成两瓣，脱去豆皮，除去豆面（豆胚芽）。

③ 浸泡、磨浆。将豆瓣放入水中浸泡 3～4h，以泡开为宜。用石磨或砂轮磨磨成豆浆，磨出的浆要均匀，水分要适当，磨得细腻。

④ 烫浆、煮浆。将磨得的豆浆装入布口袋内或布帕内，用 40℃左右热水冲挤，将豆浆压出，这一操作实际上是将豆浆与豆腐渣分离，并用热水洗滤豆腐渣两遍，除尽豆腐渣中残余豆浆。过滤好的豆浆，先煮清浆，后煮浓浆，慢慢加热煮沸，边煮边搅。目前煮浆已用蒸汽，操作上已非常容易掌握。

⑤ 点浆。豆浆煮沸后，冷却至 40～45℃，即可用酸浆水点浆。酸浆水的温度因季节、气候变化而灵活掌握，气温过低，酸浆水温度要稍热；气温较高，酸浆水温度要稍冷。点浆用的酸浆水一般是用头天压豆腐挤出来的黄浆水经过 1～2 天发酵的酸水。如果第一次生产没有酸浆水，可用醋酸或腌菜水调配使用。

⑥ 压榨、发霉。点浆后，经过大约 90min，即完全凝固成豆腐，舀入铺有包布的套箱内压去黄浆水，然后脱榨，取出白坯装入发霉箱内发霉。箱底铺的稻草要摘去腐朽叶，并用酸浆水煮热浸烫，晒干，使之成为黄色。若是上次用过的稻草，要洗涤干净，晒干使用。发霉箱一台压一台叠起，最上面一层要用草盖好，在发霉过程中要勤换草，勤翻过。一般 1～2 天换一次稻草，调换一次发霉箱上下的位置，将豆腐块翻一次身，使其发霉均匀，并且不要让稻草黏附于白坯上。冬季经过 7～8d（春季 5d 左右）毛霉就发霉透心，待毛霉布满后取出，切成长宽各 4cm、厚 2cm 的小块毛坯备用。

（2）发酵操作方法

① 晒坯。将发霉坯放置于竹匾上，日晒脱去表层水分，晒至手感有弹性，色呈淡黄色。每100kg大豆约得干毛坯140kg。

② 浸酒、裹料。干毛坯放入50°以上粮食酒浸湿，捞出，放入配料内翻滚，使毛坯均匀地裹上配料。配料按毛坯计，食盐8%、辣椒粉6%、大料1.2%、花椒0.4%。

③ 装坛。将瓦坛洗涤干净，控干，倒入白酒杀菌。装裹料的毛坯入坛，摆放整齐、紧实，并用棉纸扎口，腌1d后毛坯下沉，要进行并坛，装满，不能留有空隙。

④ 加酒。入坛10d后，加入白酒，要没过毛坯，并在表面撒一层盐和辣椒粉。用塑料薄膜扎紧密封，放置冷凉处，半年即成熟。

⑤ 储存管理。半个月或1个月要检查一次瓦坛封口有无破裂，如有损坏应及时更换。

4. 质量标准

（1）感官指标　皮色红黄，内心红黄，有光泽，不发乌，味鲜香回甜，细腻，无异味，块形完整，不发霉生花。

（2）理化指标　水分≤67%，总酸≤1.3%，氨基酸态氮≥0.5%，食盐≥8.00%，还原糖≥2.00%，水溶性无盐固形物≥10.00%，蛋白质≥12.00%。

十九、眉山豆腐乳

眉山豆腐乳是四川眉山特产，品种有白菜腐乳、南味腐乳和香糟腐乳等。白菜腐乳味细腻、块形完整，具有白菜特有的清香和辣椒的辣味，别具一番风味。

1. 原料与配方

原料：豆腐坯、食盐。

辅料：白菜，去蒂碎辣椒100kg，豆瓣42kg，麻油1kg，花椒0.2kg，酒0.5kg，酱油10kg，腌白菜叶280kg，辣椒末7kg，辣豆瓣75kg，陈皮末0.4kg，甘草末0.1kg，带糟甜酒酿7kg，曲酒1kg，硫酸亚铁0.1kg。

2. 生产工艺流程

主料辅料制备→几种腐乳的制法→成品

3. 操作要点

（1）主料辅料制备

① 豆腐坯盐渍。每10kg豆腐坯用1.5kg食盐，盐渍6d。

② 腌制白菜。取白菜洗净，待表面水分晾干，每棵分切成两半入缸中加10%的食盐，再以重石加压，待食盐溶化后，取出用压榨机榨出部分盐水，然后用刀切去菜心及菜头，留叶备用。

③ 辣豆瓣制备。取去蒂碎辣椒 100kg、豆瓣 42kg、食盐 26kg、麻油 1kg、花椒 0.2kg、酒 0.5kg、酱油 10kg，充分拌和后放入缸中，表面撒一层食盐，盖以竹席，竹席上加竹条，再压以重石，储藏 2～3 个月，即可使用。

(2) 几种腐乳的制法

① 白菜腐乳。用料：腐乳坯 2800 块、腌白菜叶 280kg、辣椒末 7kg、辣豆瓣 75kg。

制法：取洗净的豆腐坯，均匀撒上辣椒末，用腌白菜叶包裹，然后装坛。装坛前在坛内铺上一层约 0.3cm 厚的辣豆瓣，后码豆腐坯，码至八成满，上面加辣豆瓣一层，加盖后，以泥封口，储藏发酵。

② 香糟腐乳。用料：豆腐坯 400 块、陈皮末 0.4kg、甘草末 0.1kg、带糟甜酒酿 7kg、曲酒 1kg。

制法：取甜酒酿加陈皮末、甘草末、曲酒充分拌匀，先置一薄层于坛底，再放坯一层，每放一层坯，上面加盖混合物层，如此装八成满，即可加盖并以泥封口，储藏发酵。

③ 南味腐乳。取豆腐坯入坛（每坛加青矾即硫酸亚铁 0.1kg），注入黄浆水没过豆腐坯，不加盖，1 周后出现特殊的臭味时，再加盖，以泥封口。该产品带有特殊臭味，故目前销量不大。

4. 质量标准

(1) 感官指标　具有乳味细腻、块形完整的特点，同时清香中带有辣味。

(2) 理化指标　水分≤75%，氨基酸态氮≥0.5%，总酸 1.88%，食盐 12.07%。

二十、芜湖腐乳

芜湖腐乳产于安徽芜湖市。品种有红方、青方、糟方等，各具风味。红方腐乳加入红曲，色泽红艳，咸辣醇香；糟方腐乳加入黄酒，色泽乳白，有浓厚的酒香和氨基酸的复合香味；青方腐乳色泽青白，臭中有奇香，非常鲜美。新创制的桂花腐乳、芝麻腐乳和多味腐乳都各有其特异风味。

1. 原料与配方

豆腐、食盐、配料、毛霉菌种等。

2. 生产工艺流程

发酵→装坛→密封→储存→成品

3. 操作要点

（1）发酵　将豆腐切成小方块，压去一些水分，置于室内竹笼中，撒上经过人工培植提纯的毛霉菌种，加盖保温，让其发酵。

（2）装坛　当豆腐块发霉，豆腐面上的白绒毛长至 2～3cm 时，装入坛中，配以辅料，倒入配制好的盐水（每 100mL 水加食盐 20g）浸渍，盐水以淹没最上层豆腐块 1～2cm 为适度。

（3）密封　用湿泥密封坛口，继续发酵，促使大豆蛋白质进一步分解为氨基酸，使辅料的鲜香味汁渗透进腐乳坯块中。数月之后，即成熟为腐乳。发酵期越长，质量越好，味道越美。装坛时，加入不同辅料，可制成多种风味的腐乳。

4. 质量标准

（1）感官指标　块形整齐，色泽艳丽，香味浓郁，质地细腻，味道鲜美，回味悠长。

（2）理化指标　水分≤75%，氨基酸态氮（以氮计）≥0.35%，水溶性蛋白质≥3.20%，总酸（以乳酸计）≤1.3%，食盐≥6.5%。

第八章

豆腐加工创新

第一节　大豆豆腐创新

一、番茄黄瓜菜汁豆腐

1. 生产工艺流程

黄瓜、番茄→预处理→打浆、过滤→番茄汁和黄瓜汁→高温瞬时灭菌
↓
大豆→筛选→浸泡→冲洗→磨浆→滤浆→煮浆→调温→点脑→蹲脑→压制成形→成品

2. 操作要点

（1）原料选择

① 黄瓜。品种优良，新鲜，无腐烂，色泽深绿。

② 大豆。大豆豆脐色浅，含油量低，含蛋白质高，以白眉大豆为最好。清除陈豆和坏豆，选用粒大皮薄、粒重饱满、表皮无皱、有光泽的大豆。

③ 番茄。品种优良，成熟适度，新鲜，无腐烂，果皮及果肉富有弹性及韧性，具有鲜红的颜色，pH 值 4.2～4.3 为宜。

（2）菜汁制备　将黄瓜和番茄用清水洗净，然后用刀切块，送入打浆机进行打浆，所得浆液经过过滤后，采用高温瞬时灭菌，即 86～93℃进行 30s 杀菌，得到菜汁。

（3）浸泡　将大豆浸泡于 3 倍的水中，泡豆的水温一般控制在 20℃，可控制大豆浸泡时的呼吸作用，促使大豆中各种酶的活性显著降低，对应的泡豆时间为 12h。浸泡好的大豆应达到如下要求：大豆吸水量约为 1∶1.2，大豆质量增至

1.8～2.5 倍，体积增至 1.7～2.5 倍；大豆表面光滑，无皱皮，豆皮不会轻易脱落豆瓣，手感有劲；豆瓣的内表面稍有塌坑，手指掐之易断，断面已浸透无硬心。

（4）磨浆　用大豆干重 5 倍的水进行磨浆，磨出的豆糊质量应为浸泡好大豆质量的 4.7 倍左右。优质豆糊的要求：豆糊呈洁白色，磨成的豆糊粗细粒度要适当并且均匀，不粗糙，外形呈片状。

（5）滤浆　利用 100 目尼龙绸过滤，再用大豆干重 3 倍 50～60℃的水洗渣。

（6）煮浆　豆浆在 95～100℃条件下煮沸 3～6min。

（7）点脑　先将热豆浆降温至 80～84℃，添加灭菌后的菜汁，豆浆、黄瓜汁比例为 200∶60，豆浆、番茄汁比例为 200∶26。点脑要快慢适宜，点脑时先要用勺将豆浆翻动起来，随后要一边适度晃勺一边均匀添加菜汁，并注意成脑情况。在即将成脑时，要减速减量，当浆全部形成凝胶状后方可停勺，然后再将少量菜汁轻轻地洒在豆腐脑面上，使其表面凝固得更好，并且有一定的保水性，做到制品柔软有劲。

（8）蹲脑　豆浆经点脑成豆腐脑后，还需在 80℃条件下保温 30min，等待凝固完全。

（9）上脑（上厢）　根据豆腐制品的具体要求，将豆腐脑注入模型中造型。

（10）压制成形　使豆腐脑内部分散的蛋白质凝胶更好地接近及黏合，使制品内部组织紧密。同时，迫使豆腐脑内部的水通过包布溢出。

（11）冷却　刚出模型的豆腐制品温度较高，要立即降温及迅速散发制品表面的多余水分，以达到豆腐制品新鲜、控制微生物生长繁殖、防止豆腐制品过早变质发黏的目的。还起到定形和组织冷却稳定的作用。

3. 质量标准

（1）感官指标　呈淡绿色；具有纯正的豆香味和黄瓜的清香味，无异味；块形完整，软硬适宜，质地细嫩，富有弹性，无肉眼可见外来杂质及异物。

（2）理化指标　水分≤90%，蛋白质≥5%，抗坏血酸 5.72mg/100g，胡萝卜素 0.23mg/100g，核黄素 0.05mg/100g，硫胺素 0.09mg/100g，烟酸 0.49mg/100g。

二、果蔬复合豆腐

果蔬复合豆腐是对大豆先进行脱腥，然后制豆浆，并且在豆浆中加入果蔬汁和调味品一并进行高压均质处理制成的口感爽滑，有奶香味和各种天然水果、蔬菜清香味的一种新型豆腐，可作为点心、冷饮或菜肴直接食用。

1. 生产工艺流程

原料选择及处理→豆浆制备→果蔬汁制备→烧浆调味→凝固成形→包装→杀菌→成品

2. 操作要点

（1）原料选择及处理

① 大豆。为市售当年产新鲜大豆，去除杂质，无霉变，籽粒饱满的黄色种皮大豆。

② 蔬菜。为市售新鲜蔬菜，不腐烂，色泽正常。常用的蔬菜有叶菜类青菜、芹菜、香菜等，果菜类南瓜、番茄等，块根、块茎类胡萝卜、马铃薯和鳞茎类洋葱等。叶菜类去除根和黄叶，南瓜去除皮和种子，马铃薯去皮，洋葱去除外部干枯鳞片。

③ 水果。为市售新鲜水果，无腐烂变质，色泽正常。可选用的水果有苹果、梨、柑橘、香蕉、草莓、西瓜等，除草莓去花粤外，其余均去皮及果柄和种子。

④ 食用调味品。为市售普通烹调用的食用调味品，如食盐、蔗糖、味精等。

（2）豆浆制备　将去除杂质和霉变籽粒的大豆用清水进行浸泡，使豆粒充分吸水膨胀，浸泡时间随温度不同而异，在室温20℃条件下浸泡10～12h，夏季高温时缩短些，冬季低温时适当延长一些。磨浆前将吸水膨胀的大豆用95℃以上的热水处理6～8min，然后用高速捣碎机或砂轮磨磨碎，并用80目以上滤网过滤去渣，得到的豆浆利用高压均质机在15～20MPa条件下进行均质处理，豆浆的质量为大豆干重的5.5～6倍。

通过高温处理，大豆中的脂肪酸氧化酶就可失活，磨浆过程中基本上不产生豆腥味，这种方法较简单易行，成本也较低。

（3）果蔬汁制备　水果先清洗干净，去除腐烂、残次果并去皮去核，打浆前先切片，并在沸水中煮一下，以防褐变。蔬菜洗净，去根并剔除枯黄叶，瓜类和块根块茎类蔬菜去皮、切块并在沸水中煮2～3min。叶菜类放到沸水中煮一下，并立即和豆浆一起放到高速捣碎机或打浆机中粉碎成菜汁。其余水果或蔬菜经预处理后适当加水捣碎打浆，然后用粗纱布过滤，去除种子和纤维残渣。最后，将果蔬汁放到高压均质机中在同豆浆相同的条件下进行均质处理。

（4）烧浆调味　将已制备好的豆浆和果蔬汁，根据不同产品的不同要求进行混合，一般是先将豆浆煮沸后再加果蔬汁，以尽可能减少维生素的破坏。果蔬汁的加入量为豆浆总量的1/10～1/5。同时在烧浆过程中加入调味料，以达到所需要的口味。

（5）凝固成形　烧浆调味结束后加入复合凝固剂，搅拌均匀并注入容器，静置数分钟即凝固成可直接食用的果蔬复合营养方便型豆腐。

（6）包装及杀菌　由于本产品是直接食用的，所以卫生要求较高，微生物指标必须达到食品卫生规定的要求。包装可采用旋盖玻璃瓶进行包装，也可采用其他耐热塑料进行包装。包装时将浆体煮沸后注入经沸水蒸煮过的瓶中，并立即旋紧瓶盖，待自然冷却后形成一定的真空度，生产出的产品在20℃条件下保质期10d左右，在冷藏条件下保质期可达2周。

三、水果风味豆腐

1. 原料与配方

豆浆（固形物10%～12%）1kg、果汁14～35mL或果皮汁液适量。

2. 生产工艺流程

果汁或果皮汁液
↓
大豆→豆浆→混合→入容器→杀菌→冷却→成品

3. 操作要点

（1）制果汁　选用成熟度和新鲜度合适的橘子、柚子、金橘、柠檬及葡萄等具有独特风味、酸度适中的水果进行榨汁，得到果汁。

（2）果皮汁液制备　方法有两种，一种是将剥离的水果皮压榨或浸泡在温水中，提取表皮中的成分，浓缩成汁液；另一种是在果皮压榨时，将沉积在榨汁下面的沉积物和浮在果汁表面的浮游物过滤后得到的汁液。

（3）水果风味豆腐的制作

① 混合。制作水果风味豆腐可单独使用果汁与温度低于30℃的豆浆混合，为了使果汁起到凝固剂作用，应将果汁的pH值控制在2.3～2.9，酸度3.5%～6.5%，最佳果汁添加量应为1kg豆浆中加14～35mL。当豆浆浓度越高或温度越低，而且果汁pH值越高、酸度越低时，则需要添加果汁越多。若果汁添加量低于10mL，则豆浆凝固速度较慢，成品易粉碎，不易成形，导致商品价值降低；若果汁添加量超过40mL，则不仅降低豆腐成品率，还会使豆腐产生粗糙感，从而影响商品价值。为了强化本品的风味，可将果汁和从果皮中得到的汁液并用。一般汁液的添加量可控制在果汁5%～30%范围内。制作水果风味豆腐也可以用果汁和葡萄糖酸-δ-内酯相混合作为凝固剂，其混合比例为果汁100份、葡萄糖酸-δ-内酯5份。单独使用葡萄糖酸-δ-内酯作凝固剂时，1kg豆浆可加入0.3～1.5g葡萄糖酸-δ-内酯。

② 入容器。将加入凝固剂并混合好的豆浆按照要求灌入容器内并密封。

③ 杀菌。将果汁风味半成品豆腐置于80～90℃条件下杀菌，当内容物温度超过50℃时便开始凝固成水果风味豆腐。

四、环保型豆腐

1. 生产工艺流程

大豆→精选→脱皮→浸泡→磨浆→胶体磨处理→普通均质→纳米均质→煮浆→加凝固剂→成形→检验→成品

2. 操作要点

（1）大豆精选　豆腐的好坏在很大程度上取决于原料的品质，一般无霉变或未经热变性处理的大豆，均可用于制作豆腐（但刚刚收获的大豆不宜使用，应存放 1～2 个月再用）。采用筛选或风选，清除原料中的石块、土块及其他杂质，除去已变质、不饱满和有虫蛀的大豆。

（2）脱皮　脱皮是环保型豆腐制作过程中关键的工序之一，通过脱皮可以减少土壤中带来的耐热性细菌，缩短脂肪氧化酶钝化所需要的加热时间，同时还可以大大降低豆腐的粗糙口感，增强其凝固性。脱皮工序要求脱皮率高，脱皮损失要小，蛋白质变性率要低。大豆脱皮效果与其含水量有关，水分最好控制在 9%～10%，含水量过高或过低脱皮效果均不理想。如果大豆含水量过高，可采用旋风干燥器脱水。大豆脱皮率应控制在 90%以上。

（3）浸泡　浸泡的目的是使豆粒吸水膨胀，以利于大豆的粉碎以及养分的溶出。大豆的浸泡因季节、室温以及大豆本身的含水量而异，具体方法和普通豆腐生产中的浸泡相同。

（4）磨浆　采用砂轮磨磨浆，磨浆时回收泡豆水，此时要严格计量磨浆时的全部用水。将磨好的豆浆先用胶体磨处理，然后用普通均质机处理，最后采用纳米均质机处理，使豆浆的颗粒达到工艺上的最佳要求。考虑到生产成本和生产难度，选取豆浆颗粒直径 30μm 为豆腐生产的上限，采用纳米均质机以 100MPa 的压力进行处理，均质一次即可达到工艺要求。

（5）凝固成形　大豆蛋白质经热变性，在凝固剂的作用下由溶胶状态变成凝胶状态。环保型豆腐生产工艺要求无废渣、无废水，采用单一的凝固剂很难达到理想的凝固效果，所以采用复合凝固剂，其用量为 0.4%，凝固温度为 80℃。复合凝固剂主要由葡萄糖酸-δ-内酯、石膏、盐卤组成，其最佳比例为 1∶0.2∶0.2，采用此复合凝固剂不但凝固性好，没有水分析出，而且风味与传统豆腐无大的区别。另外，在豆浆中可适当加入一定量的面粉和食盐。面粉在煮浆前加入，其加入量为干豆质量的 0.2%～0.5%；食盐需在煮浆后加入，加入量为干豆质量的 0.5%～1%。

3. 质量标准

（1）感官指标　色泽白色或淡黄色，软硬适宜，富有弹性，质地细嫩，无蜂窝，无杂质，块形完整，有特殊的豆香气。

（2）理化指标　同普通豆腐。

4. 环保型豆腐的优点

第一，采用上述方法生产的无废渣、无废水的环保型豆腐，其纤维素、异黄酮、低聚糖等功能因子含量明显增加，不仅提高了豆腐的保健性，还不会对环境造成污染。

第二，与传统豆腐的生产方法相比，大大提高了原料利用率，且口味、颜色、质地与传统豆腐无差异。该项技术也可以广泛用于豆浆、豆腐脑、盒豆腐以及其他豆制品的生产。

第三，利用此法加工的环保型豆腐不产生豆腐渣，不需要过滤设备，也省去了豆腐渣清理工序。与传统加工方法相比，豆腐得率增加了5%～8%，成本大为降低。

五、蛋香豆腐

用盐卤或石膏点浆法制作的豆腐有一个缺点，即豆腐不耐咀嚼，弹性不足，切成细丝、薄片、小块后易碎、易断。如采用植物凝聚素作凝固剂来代替化学凝固剂，则可克服上述缺点。现介绍一种植物凝聚素作凝固剂的蛋香豆腐加工技术。

1. 生产工艺流程

选料→浸泡→磨浆→过滤去渣→煮浆→点浆→蛋香豆腐的生产→成品

2. 操作要点

（1）植物凝固剂的制备　按小麦粉（大米粉、甘薯粉、小米粉均可）与水以1∶2的比例混合搅拌均匀，在高温下自然发酵，直到用精密pH试纸测得其pH值为4～5时，即为植物凝固剂，备用。

（2）选料　选用不霉烂、蛋白质含量高的大豆为原料，过筛去杂质。

（3）浸泡磨浆　将干净的大豆先粗粉碎再用20℃的水浸泡6～8h，按20kg大豆加入236L水的比例，用打浆机磨成细豆浆。

（4）过滤去渣　用装有100目尼龙滤布的离心筛离心过滤，豆腐渣中加水多遍，搅拌、过滤，得滤浆液即为生豆浆，滤渣可作饲料用。

（5）煮浆　先将豆浆移入锅内，加热煮沸3～5min，得熟豆浆。

（6）点浆　按每千克生大豆制取的熟豆浆添加0.5kg的植物凝固剂（pH 4～5）进行点浆，再将豆腐脑浇注到适当的豆腐模具中，压榨泄水，得软豆腐。用刀把软豆腐切成15cm×10cm×0.7cm的豆腐块，摊在竹片上风干，得硬豆腐。

（7）蛋香豆腐的生产　向油锅中加入适量的花生油，当油温达到120℃时，加入上述制备的硬豆腐，炸至硬豆腐呈金黄色时捞出，去残油，然后再将其加入2%左右的烧碱溶液中，室温下浸泡8～9h，捞出，放入清水中浸泡15h左右，用精密pH试纸或pH计测得溶液的pH值为7时捞出，沥去水分即为蛋香豆腐。

六、高铁血豆腐

高铁血豆腐是用现代工艺将猪血和其他配料加入豆腐，使之成为含铁量高、营养丰富、口感良好的新型豆腐。

1. 生产工艺流程

猪血和调料 ↓（加入混合）

选料→浸泡→磨浆→煮浆→点脑与蹲脑→初压→混合→压榨成形

2. 操作要点

（1）制豆腐料

① 选料。选颗粒饱满、无虫蛀大豆为原料。

② 浸泡。根据季节的不同，春秋季浸泡12～14h，夏季浸泡6～8h，冬季浸泡14～16h。夏季浸泡至九成开，搓开豆瓣中间稍有凹心，中心色泽略暗；冬季浸泡至十成开，搓开豆瓣呈乳白色，中心浅黄色，pH值为6。

③ 磨浆。浸泡好的大豆上磨前进行水选或水洗，随后沥水、下料进行磨浆，接着加入沸水进行搅拌。豆、水比例为1∶8，然后离心过滤，得到豆乳。

④ 煮浆。把豆乳加热至沸2～3min，使蛋白质变性，同时起灭酶、杀菌的作用。

⑤ 点脑与蹲脑。利用卤水进行点脑，卤水量先大后小，豆脑花出现80%时停止下卤。点脑后静置20～25min进行蹲脑。

⑥ 初压。蹲脑后开缸放浆上榨。压榨时间为20min左右。压榨的压力为60kg，制成含水量较低的豆腐料。

（2）猪血处理　把新鲜的猪血通过细纱布过滤，然后加入0.8%食盐，放入冰箱或冷库中贮存备用。

（3）调料制备　先把精瘦肉、生姜、香葱分别捣成浆，然后加入食盐、味精、五香粉等配料，搅拌均匀备用。

（4）混合　将制备好的豆腐料、猪血和各种调料一起加入调料缸内，搅拌使之混合均匀。

（5）压榨成形　将混合均匀的各种原料，上榨进行压榨，并按花格模印，顺缝用刀切成整齐的小块即为成品。

七、钙强化豆腐

1. 钙强化剂的选择

钙是人体不可缺少的矿物质元素之一，而大豆中钙的含量相对较少，不能满足人体对钙的需要，因此人们已开发出了多种钙强化食品，以增加人体对钙的摄入。但单纯使用钙制剂不能起到良好的强化钙作用，而要达到良好的强化效果，还需增加胶原质和糖胺聚糖，因为胶原质能形成骨质部的纤维，使骨骼具有弹性；糖胺聚糖是骨骼中无机成分的黏结剂，能使骨骼坚固。此外，还要考虑钙与胶原质及糖胺聚糖的配比，一般钙与胶原质的比例约为 12∶1；钙与糖胺聚糖的比例约为 2∶1。

基于上述理论，在豆腐加工中，添加适当含胶原的钙，使之分散于豆腐中，从而生产出钙强化豆腐，食用这种豆腐对强化骨骼组织及牙齿具有良好的作用。

此外，在豆腐生产中添加适量含胶原的钙，还可以起到消泡剂和凝固剂的作用。因为所用含胶原的钙多是牛骨粉，而牛骨粉中还含有牛骨髓及造血细胞，所以用牛骨粉作为钙强化剂，可以同时取得多方面的强化效果。

2. 实例

（1）实例 1　将 30g 胶原钙和 90mL 菜籽油混合，并充分搅拌，作为消泡剂添加到可生产 38.4kg 豆腐的煮后熟豆浆（约 60℃）中，煮沸后压榨过滤去渣。

再将 10g 硫酸钙加水混合，作为凝固剂添加到豆浆中，搅拌后静置，使之凝固。然后除去表面浮水，移入带孔的四方形箱内，加压脱水。将脱水后的豆腐切成一定大小的豆腐块浸入冷水中。

用此法加工的豆腐表面光滑，与嫩豆腐相似，而且没有蜂眼口感好，营养价值高。每 100g 豆腐含 0.22g 胶原质和钙。

（2）实例 2　在 90mL 菜籽油中添加 10g 胶原钙、10g 硫酸钙，混合后加入能生产 38.4kg 豆腐的破碎大豆煮沸液中，充分搅拌后添加消泡剂，煮沸后过滤。

再在豆乳中添加 5g 胶原钙和 15g 硫酸钙组成的凝固剂，搅拌后静置，使之凝固，便可制得用于生产油炸豆腐的原料豆腐。

用此法加工的豆腐，每 100g 豆腐中含 0.15g 胶原质和钙。

八、大豆花生豆腐

1. 生产工艺流程

花生→除杂→漂洗→浸泡→磨碎
↓
黄豆（青豆）→除杂→漂洗→浸泡→称量→去腥→磨碎→混合→加防腐剂→
贮藏←成品←冷却←杀菌←包装←调味←煮熟（称量）←

2. 操作要点

（1）选料与除杂　选择颗粒饱满、色泽光亮的大豆、青豆、花生，除去虫蛀、霉变、异色颗粒等杂质，尤其是未熟颗粒，防止浸泡后没有吸水膨胀而无法捣碎影响产品质量。

（2）浸泡　为了防止酸败和浸泡不透，浸泡水温一般以15～20℃为宜，因原料吸水率等不同，要将原料分别浸泡，浸泡后黄豆、青豆的体积为原来体积的2～3倍，吸水量约为原料的1～1.3倍。花生膨胀后体积为原来的1.5～2倍，吸水量约为原料的60%。浸泡用水量一般为原料的2～2.5倍，每3～4h换1次水。浸泡后仍需进行挑选，去除没有吸水膨胀的死粒。

（3）去腥　浸泡后的原料以热烫法去腥。将浸泡后的大豆放在80～85℃的水中煮20～30min，注意控制温度，不断搅拌。

（4）磨碎　浸泡后的原料用捣碎机进行磨碎，要求达到细腻、无渣、均一状态，粒度为100目左右。

（5）混合　将磨好的原料按大豆45%、花生40%、青豆15%的比例混合，并充分搅拌，使色泽均匀。

（6）防腐剂的添加　添加0.2%的天然防腐剂（取茶叶100g用1L水浸泡12h，取其滤液用超滤膜-沉淀法提取其有效成分，作为保鲜剂）。

（7）煮熟　混合好的原料放在锅中文火加热进行炒制，并不断搅拌，炉火不要过热，防止煳底，直至豆腐完全煮熟，散发出原料的香气为止。

（8）调味　按照不同消费者的口味需求，制作4种口味的产品，分别是咸、甜、五香、辣味豆腐。使之能够开罐即食，满足各种需求。

① 咸味豆腐。向煮熟后的豆腐中加入1%食盐，搅拌使其均匀地溶入其中，即得口味佳的咸味豆腐。

② 甜味豆腐。向煮熟后的豆腐中加入4.5%蔗糖，充分搅拌使其均匀地溶入其中。

③ 五香味豆腐。向煮熟后的豆腐中添加0.2%五香粉，搅拌均匀。

④ 辣味豆腐。向煮熟后的豆腐中添加0.1%辣椒粉，搅拌均匀，产品辣味适中。

（9）包装　把经过调味的豆腐产品趁热灌入耐热、无毒聚乙烯塑料杯中，用封口机封口，并检验是否漏气，合格即为半成品。

（10）杀菌　将经过包装后的豆腐产品放于85℃热水中进行杀菌，控制其温度在80～90℃，5～10min后取出。杀菌过程中注意观察产品包装，若发现包装有过度膨胀状态，立即取出，防止因加热使杯内气压过大而导致包装胀破。

（11）冷却贮藏　将杀菌后的产品置于冷水下冲淋，迅速冷却至室温，并将冷却后的豆腐成品放置于0～4℃条件下贮藏。

九、苦荞豆腐

苦荞豆腐是以豆腐为载体，将苦荞麦中功能性成分富集融合，使其成为一种口感佳、无苦味、无异味、营养丰富的保健功能性食品。其中，苦荞粉通过浸泡、洗脱、去淀粉、发酵产酸等工艺制备成酸性豆腐凝固剂，最后经传统豆腐加工工艺生产成苦荞豆腐，其营养丰富、清香爽口，既保持了传统豆腐的风味，又富集了丰富的维生素，是中老年人、糖尿病及高血压等病患者的食疗佳品。

1. 生产工艺流程

苦荞粉→浸泡→洗脱→静置去沉淀→灭菌→发酵→凝固剂
↓
大豆→制浆→点浆→凝固→分装成形→成品

2. 操作要点

（1）苦荞酸性凝固剂的制备　为了确保苦荞成分有效地被利用和避免维生素类营养成分被破坏，采用高效产酸菌来发酵，具体操作如下：先将苦荞粉制浆后充分浸泡，反复洗脱（目的是将营养成分尽可能地利用，同时除去苦荞中的淀粉）高温瞬间杀菌后接种酵母菌，32℃发酵4～6h，最后再接种乳酸菌和醋酸菌，36℃发酵6～8h，当发酵液pH值达到4时，成为生产用酸性凝固剂。

（2）点浆　豆腐生产过程中，点浆是关键。点浆量过大，不但豆腐的酸度高，而且口感、风味、成品产量都受影响；点浆量过小，则豆腐嫩度高，不易成形，也同样影响成品品质。生产苦荞豆腐对点浆要求更高，掌握不好，造成苦荞营养成分在豆腐中分布不均匀；同时，也降低了利用率。采用沥浆法，将豆浆加入苦荞凝固剂中来完成点浆过程，并充分搅拌，效果很好。

3. 质量标准

色泽均一，微黄色或淡青色，触感有弹性；表面光滑平整，切分无碎散，切面细腻光亮；具有传统豆腐风味，无苦味、异味及肉眼可见杂质。

十、南瓜豆腐

本产品是以大豆、南瓜为原料，添加复合凝固剂制成的呈金黄色、质地细腻、弹性好、具有南瓜独特香味的豆腐。

1. 生产工艺流程

南瓜→清洗→打浆→过筛→南瓜汁
↓
大豆→精选→浸泡→磨、煮浆→冷却→点浆→保温定形→冷却→成品

2. 操作要点

（1）精选　选择无虫蛀、无霉变、籽粒饱满的大豆，去除泥沙、石子和杂质。

（2）浸泡　浸泡前用清水清洗大豆；浸泡时，夏、秋季可直接用自来水，春、冬季采用30℃的水，时间8～9h，待大豆膨胀至干豆的2～2.5倍后滤水，另加入干豆重7倍的水磨浆。

（3）南瓜汁的制作　将红瓤南瓜清洗去籽，切成小块，加入2倍的水磨浆，过40目滤网，南瓜进行反复打浆、过滤，直至过滤后残渣低于6%。取汁加入豆浆中，混合均匀，再煮浆。南瓜、大豆按1∶1的比例配制。

（4）复合凝固剂的配制　以熟石膏为基础，先进行熟石膏单一成分的添加，确定最佳用量，然后逐渐降低熟石膏量，增加葡萄糖酸-δ-内酯用量，以豆浆在10～20min内凝固为时间段，豆腐凝固后表面光洁、无黄浆水为标准，可得熟石膏与葡萄糖酸-δ-内酯质量比4∶1为最佳。

（5）煮浆和点浆　将原豆浆或混有南瓜汁的豆浆煮沸，保温7～9min后冷却至80～90℃点浆。凝固剂的添加量为干豆重的2.8%。严格控制点浆温度，点浆温度过高，凝固后豆腐表面有水层；温度过低，凝固时易产生豆腐花现象。

（6）保温定形　在室温下，蹲脑10～20min后，豆腐凝固成表面光洁如镜的固体，表面、周围没有游离黄浆水，凝固温度85℃，凝固时间15min。豆腐凝固成形后冷却至室温即可。

第二节　大豆内酯豆腐创新

一、菜汁内酯豆腐

菜汁内酯豆腐是在传统豆腐制作过程中，以葡萄糖酸-δ-内酯作凝固剂，加入了天然蔬菜汁作辅料，形成天然色彩，并使本来营养成分就较高的豆腐又含有了丰富的蔬菜营养成分，且保留了蔬菜中的纤维素，非常有助于人体消化吸收，堪称地道的色、味、营养俱佳的美食。

1. 生产工艺流程

菜汁　葡萄糖酸-δ-内酯
↓　↓
大豆→清洗→浸泡→磨浆→过滤→煮浆→菜汁添加→混合→灌装→加热→冷却→成品

2. 操作要点

（1）清洗　选用豆脐色浅、含油量低、粒大皮薄、粒重饱满、表皮无皱而有光泽的大豆。通过筛选和洗涤，除去大豆中的杂质及坏粒。

（2）浸泡　将清洗后的大豆装入容器中，然后倒入清水（以纯水、软水最佳）。浸泡过程中换水 3 次，换水时要搅拌大豆，进一步清除杂质，使 pH 值降低，防止蛋白质酸变。浸泡时用水量一般为大豆质量的 3 倍。

浸泡的时间：去皮大豆，室温 15℃以下浸泡 6～8h，20℃左右浸泡 5～6h，夏季气温高浸泡 3h 左右；带皮大豆，夏季浸泡 4～5h，春、秋季浸泡 8～10h，冬季浸泡 24h 左右。陈大豆可以相应延长一些时间。这样浸泡能提高豆腐制品的光泽与出品率。

浸泡好的大豆要求豆瓣饱满，搓开豆粒见豆瓣表面有塌坑，手指掐之易断，断面已浸透无硬心为适度。大豆浸泡时间不能过长，否则会影响出浆率。

（3）磨浆　将浸泡好的大豆进行磨浆。为了使大豆充分释放出蛋白质，要磨 3 遍。第一次粗磨时加水量为总加水量的 30%；第二次细磨，加水量为总加水量的 30%；第三次细磨，加水量为总加水量的 40%。磨完后，将豆浆用容器装好。

磨浆过程中加水量的多少决定成品内酯豆腐的老嫩。一般做老豆腐时水与干豆的比例为（3～4）∶1，做嫩豆腐时水与干豆的比例为（6～10）∶1。

（4）过滤　过滤要选择 80 目的滤布。一般要过滤 2 次，边过滤边搅拌。第二次过滤时，须加入适量的冷水，将豆腐渣进行冲洗，使豆浆充分从豆腐渣中分离出来。

（5）煮浆　将过滤好的豆浆一次倒入加热容器中，盖好盖加热。将豆浆煮至 60～70℃时放入约 0.3%的食用消泡剂，以把加热过程中产生的泡沫完全消掉为止。然后继续加热把浆煮开，豆浆烧开后煮 2～3min 即可。煮浆后，需迅速与菜汁混合搅拌。

煮浆过程中，注意火不要烧得过猛，要一边加热一边用勺子扬浆，防止煳锅。能用蒸汽加热更好。

（6）菜汁添加　添加量以最终豆腐的色泽及生产成本为参考指标，确定菜汁的适宜添加量。豆腐的色泽取决于蔬菜汁的色泽。绿色豆腐可选用绿色菜汁如芹菜汁、菠菜汁、黄瓜汁、萝卜缨汁、芥菜缨汁、辣椒叶汁、甘薯叶汁等；黄色豆腐可选用胡萝卜汁、南瓜汁等；红色豆腐则可以用番茄汁。

菜汁的浓度和加入量要适中，否则会影响豆腐的产量、外观色泽、口感和风味等。一般每 500mL 豆浆以添加 70mL 或 75mL 菜汁为宜。加入后要迅速搅拌均匀，否则会造成豆腐颜色不均有粗糙感。

（7）混合　豆浆蔬菜汁混合液冷却到 30℃左右时，取葡萄糖酸-δ-内酯，溶于适量水中后迅速将其加入豆浆蔬菜汁混合液中，并用勺子搅拌均匀。

葡萄糖酸-δ-内酯的用量：做老豆腐时 1L 豆浆加入 30g，做嫩豆腐 1L 豆浆加入 24～30g。

（8）灌装、加热、冷却　将豆浆灌装到特制的塑料盒或食品袋中，用蒸汽加热 20min 左右，温度控制在 80～90℃，切勿超过 90℃，然后冷却。随着温度的降低，即形成细嫩的彩色菜汁内酯豆腐。

二、芦荟内酯豆腐

1. 生产工艺流程

芦荟→清洗→削皮→切条→打浆→过滤
↓
大豆→挑选→洗涤→浸泡→磨浆→煮浆→过滤→冷却→加芦荟汁→点浆→加热保温
成品←冷却成形←

2. 操作要点

（1）挑选、洗涤、浸泡　挑选无虫蛀、无霉变、粒大皮薄、颗粒饱满的大豆，用水洗净。在 25℃水温下，浸泡 9～11h，大豆吸水后质量为浸泡前的 2～2.5 倍。

（2）磨浆、煮浆、过滤、冷却　用 6 倍的水磨浆，煮沸 5min 后，先用纱布过滤，再用 100 目尼龙筛过滤，冷却至 30℃以下。

（3）加芦荟汁　挑选新鲜、肉质肥厚的芦荟叶，将其洗净、去刺、去皮、切条。然后打浆过滤，得到芦荟汁。豆乳、芦荟汁比例为 6∶2。

（4）点浆、加热保温、冷却成形　加入 0.25％葡萄糖酸-δ-内酯加热至 90℃，保温 30min，立即降温，冷却成形。

3. 质量标准

（1）感官指标　呈淡绿色，具有纯正的豆香味和芦荟香味，无异味；呈块状，质地细嫩，弹性好；无肉眼可见外来杂质。

（2）理化指标　含水量≤90％，蛋白质含量≥4％。

三、仙人掌内酯豆腐

仙人掌内酯豆腐是以仙人掌和大豆为原料生产的一种新型豆腐，它不仅色泽诱人，还具有很高的食疗保健作用，是一种很有发展潜力的豆腐。

1. 生产工艺流程

仙人掌→洗涤→去皮→切条→打浆→过滤→仙人掌汁
↓
大豆→拣选→浸泡→磨浆→煮浆→过滤→冷却→加仙人掌汁→点浆→加热保温
成品←冷却成形←凝固←

2. 操作要点

（1）拣选、浸泡　挑选无虫蛀、无霉变、粒大皮薄、颗粒饱满的大豆，用水清洗干净，在25℃水温下浸泡10h左右。

（2）磨浆、煮浆、过滤、冷却　将大豆加水磨浆，煮沸5min后，用100目滤网过滤，然后冷却到30℃左右。

（3）仙人掌汁制备　挑选新鲜仙人掌，将其洗净、去刺、去皮护色、切条，然后打浆过滤，得到仙人掌汁。仙人掌去皮是在5%氢氧化钠溶液中，于95～100℃的条件下热烫3min。

仙人掌护色是将其放入0.03g/mL抗坏血酸溶液中进行处理。

（4）点浆、加热保温、冷却成形　将制得的仙人掌汁和豆浆混合均匀，然后在调配好的浆液中加入葡萄糖酸-δ-内酯，再加热到80℃，保温30min，待凝固完全后立即降温。可根据豆腐制品的具体要求，将豆腐脑注入模型中造型，再冷却成形。

仙人掌汁的添加量与豆浆之比为（1～2）∶6，葡萄糖酸-δ-内酯的添加量为0.2%～0.25%。

3. 质量标准

（1）感官指标　呈淡绿色，有纯正的豆香味和仙人掌特有的清香味，无异味，呈块状，质地细嫩，弹性好，无杂质。

（2）理化指标　含水量≤90%，蛋白质含量≥4%。

四、高纤维内酯豆腐

本产品是在豆腐中添加经过处理的大豆和蔬菜膳食纤维，制成的内酯豆腐口感仍然细腻，颜色呈淡绿色，与普通的内酯豆腐几乎没有什么区别，但增加了一定的保健功能。它可以有效地预防便秘，调节血糖、血脂，控制肥胖，消除外源性有害物质。

1. 原料与配方

大豆100g，水（含菠菜汁）600mL，湿豆腐渣20g，葡萄糖酸-δ-内酯3g，菠菜50g。

2. 生产工艺流程

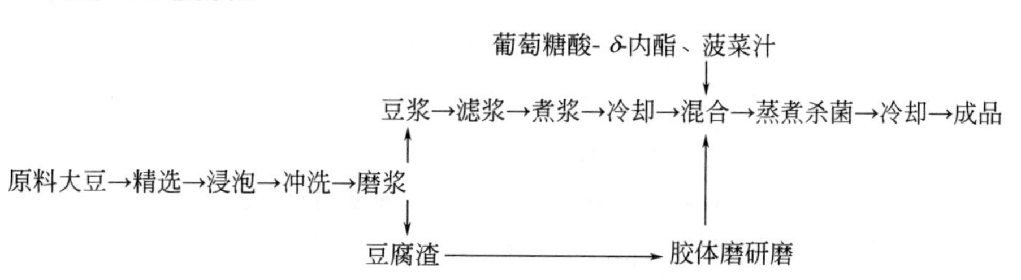

3. 操作要点

（1）原料预处理　挑选籽粒饱满、无虫蛀的优质大豆，用水浸泡 4～8h。用足够的水没过大豆，以免大豆吸水膨胀后暴露在空气中。

挑选新鲜菠菜洗净后放进组织捣碎机中，加入适量的水捣碎，时间为 5min，然后用双层纱布过滤，滤出的菠菜汁液在大豆磨浆过程中代替部分水；而剩下的菠菜渣将作为膳食纤维在制作内酯豆腐的混合工艺中加入。

（2）冲洗　将浸泡后的大豆用清水冲洗 2～3 次，使混在大豆里面的杂质被冲洗出去。

（3）磨浆　将冲洗干净的大豆利用磨浆机进行磨浆，在磨浆过程中要加入适量的 80℃热水并添加适量的菠菜汁，磨浆 3～4 次。

（4）滤浆　利用双层纱布将豆浆中混合的杂质滤出。

（5）煮浆　将过滤后的豆浆倒入容器中，加热至豆浆沸腾，保持 5min，取出。

（6）冷却　将煮后的豆浆放在室温下，将其冷却到 20℃左右。

（7）大豆膳食纤维的制备　称取适量的豆腐渣，再加入豆浆使之呈糊状，利用胶体磨进行研磨，将研磨的豆腐渣去除上层泡沫备用。

（8）混合　将豆浆、通过胶体磨研磨的豆腐渣、菠菜汁和葡萄糖酸-δ-内酯混合，并充分搅拌均匀。

（9）蒸煮　将上述混合均匀的豆浆灌装在容器中，利用蒸汽进行蒸煮，时间为 20min 左右，经过冷却后即可作为成品食用。

五、苦杏仁内酯豆腐

1. 生产工艺流程

苦杏仁→杏仁露　凝固剂
　　　　　　↓　　↓
大豆→浸泡→制豆浆→混匀→加热→保温→成品

2. 操作要点

（1）苦杏仁的选择与处理　挑选干燥、无虫蛀及霉变、颗粒饱满的杏仁，放入沸水中煮 1～2min，捞入冷水中冷却。用手工方法去皮，然后用 60℃左右的水浸泡 7d，并坚持每天换水 2 次。将浸泡苦杏仁的水收集起来进行污水处理。

（2）杏仁露的制备　将经过上述处理的苦杏仁在 80℃的热水中预煮 10～15min，然后在砂轮磨中粗磨。粗磨时添加 3 倍 80℃的热水，磨制成均匀浆状时，送入胶体磨中进行精磨。精磨时加入 1%焦亚磷酸钠和亚硫酸钠的混合液，以防变色。用 150 目的滤布进行过滤，滤液即为杏仁露。

(3) 大豆浸泡　挑选干燥、无虫蛀、颗粒饱满的大豆，洗净后，在20～30℃的水温下浸泡9～11h，使大豆充分吸水，并且每20～30min换水1次，防止大豆发芽。大豆充分吸水后质量为干重的2～2.2倍。

(4) 磨浆　采用胶体磨进行磨浆，调好间隙，弃去浸泡大豆用的陈水，加入大豆干重5倍的水进行磨浆，备用。

(5) 过滤、煮浆、冷却　将豆浆先用纱布过滤，再用100目尼龙筛过滤，加入杏仁露充分混匀，煮沸3～5min，然后冷却到30℃以下。杏仁露的添加量为豆浆的6%。

(6) 加凝固剂、加热保温、冷却成形　在25～30℃的条件下加入凝固剂(葡萄糖酸-δ-内酯)，其加入量为豆浆的0.25%。添加后混合均匀并进行装盒、封口，于水浴中加热至85～90℃保持20～30min，立即降温冷却成形即为成品。

3. 质量标准

(1) 感官指标　乳白色，均一稳定；细腻均匀，无分层及沉淀现象；具有杏仁露及豆乳的混合香气，无苦涩等异味，口感细腻润滑，质地细嫩，硬度适中。

(2) 理化指标　含水量≤90%，蛋白质含量≥4%。

六、山药内酯豆腐

1. 生产工艺流程

鲜山药→挑选→清洗→去皮→切块→护色→打碎
↓
大豆→挑选→洗涤→浸泡→磨浆→过滤→煮浆→冷却→加山药泥、混匀
成品←定形←冷却←保温、凝固←点浆

2. 操作要点

(1) 山药泥的制备　挑选直顺、无霉变的山药，用清水洗去其表面的泥土、灰尘等杂物。利用不锈钢刀轻轻削去山药表皮，切成小块，再向其中添加0.1%抗坏血酸护色，搅拌混匀，以保持山药色泽，防止褐变，然后将山药块放入高速组织捣碎机中打碎成泥。

(2) 大豆挑选、洗涤　挑选无虫蛀、无霉变、粒大皮薄、颗粒饱满的大豆，用水冲洗几次，以去除豆粒上附着的灰尘等杂物。

(3) 浸泡　在20～30℃水温下浸泡10～13h，使大豆膨润松软，充分吸水，并每隔20～30min换水1次，以防止其发芽降低营养成分。浸泡要有足够的水量，大豆吸水后质量为浸泡前的2～2.5倍。

(4) 磨浆、过滤、煮浆、冷却　浸泡好的大豆用水冲洗几次，以除去漂浮的豆皮和杂质等。用干豆5倍质量的水磨浆，即可制得浓度为1∶5的豆浆。使用

自动分离磨浆机，磨浆、过滤同时完成。过滤后的豆浆在98～100℃的条件下煮沸5min，然后冷却到30℃以下。

（5）加山药泥混合　在豆浆中加入山药泥，豆浆和山药泥的具体比例为10∶（2～3）。充分搅拌混合后再经过胶体磨处理，以使其混合均匀一致。

（6）点浆　按豆浆量0.24%～0.27%的比例称取葡萄糖酸-δ-内酯，用蒸馏水溶解后加入豆浆中混合均匀，加热并于90℃保温30min。

（7）冷却、定形　保温凝固的豆腐取出后立即放入冷水中快速降温，冷却成形。

3. 质量标准

（1）感官指标　呈光亮白色；块状，质地细嫩，弹性好；具有纯正的豆香味和山药味；无肉眼可见外来杂质。

（2）理化指标　含水量≤90%，蛋白质含量≥4%。

七、茶汁豆腐

此产品是以新鲜茶汁替代部分水做出的内酯豆腐。

1. 生产工艺流程

茶汁的制备→原料的处理→成形→成品

2. 操作要点

（1）茶汁的制备　选用新鲜的茶叶，利用清水洗净后，80℃进行杀青，时间为9s，再经过沥干、切碎，将茶叶和水按1∶3.5的比例混合打浆，过滤（300目）后得到茶汁。

（2）原料的处理　选取颗粒饱满、无虫蛀、无霉变的大豆，夏季浸泡12～14h，冬季浸泡18～24h，大豆吸水后质量为浸泡前的2～2.5倍，然后用大豆干重4倍的水进行磨浆，将过滤得到的豆浆放入锅中煮沸，要求不断搅拌，以防煳锅。煮沸1min，冷却到30℃时，先用洁净的纱布过滤，再用100目绢布过滤，除掉豆腐渣。

（3）成形　过滤后的豆浆按4∶1的比例加入茶汁，搅拌均匀后，加入0.3%葡萄糖酸-δ-内酯，搅拌均匀，装盒或装瓶，封口，于水浴中加热至80℃，保持20～25min，即凝固成形。加热完毕后应尽快冷却，经冷却后即为成品。

八、海藻内酯豆腐

海藻内酯豆腐，具有清新的海风味，色泽为绿色，具有较高的食疗作用，是一种大众化的绿色功能食品。

1. 生产工艺流程

裙带菜→洗净→浸泡→切碎→打浆→过滤→海藻汁
↓
大豆→挑选→洗涤→磨浆→煮浆→过滤→冷却→混合→均质→点浆→保温→冷却→定形→成品

2. 操作要点

（1）原料处理　裙带菜由于是干品，所以先洗净，然后浸泡，使其完全复水。大豆在25℃水温下浸泡12h，吸水后为浸泡前质量的2倍左右。

（2）打浆　将泡开的裙带菜先切碎，然后用组织捣碎机打浆，加1倍的水。将泡开的大豆加5倍的水磨浆。

（3）过滤、冷却　将裙带菜打浆后，先用纱布过滤，然后利用离心机进行离心过滤，滤液则为海藻汁。

大豆磨浆后，先煮沸5min，然后用纱布过滤，再用100目尼龙筛过滤，然后冷却到30℃以下即为豆浆。

（4）混合　将海藻汁和豆浆按2∶4的比例进行混合。

（5）均质　均质是进一步微粒化处理，使两种物料分散稳定，目的是使产品口感更细腻、质地均一。利用40MPa的压力进行均质。

（6）点浆、保温　点浆就是加0.2%葡萄糖酸-δ-内酯。先将葡萄糖酸-δ-内酯用少量温水溶解，放入容器中，混合浆液用猛火煮沸，去除上层泡沫，冷却到90℃时，迅速并且均匀地沿容器内壁倒入容器中，加盖，保温30min。

（7）冷却、成形　保温之后，快速进行冷却，使其成形。

3. 质量标准

（1）感官指标　成品呈淡绿色，具有纯正的豆香味和清新的藻香味，无其他异味，质地细嫩，弹性好，无杂质。

（2）理化指标　含水量≤90%，蛋白质含量≥4%。

九、玉竹内酯豆腐

玉竹是一种药食两用中药材，具有养阴润燥、生津止渴的功能，对肺胃阴伤、燥热咳嗽、咽干口渴、内热消渴等症状有较好疗效。在豆乳中添加玉竹制成玉竹内酯豆腐，既增加了营养价值，又改善了口味。

1. 生产工艺流程

（1）玉竹液的制备

玉竹→浸泡→清洗→切块→榨汁→熬煮（玉竹、水比例为1∶4.5）→冷却
玉竹液←过滤（400目）←

（2）玉竹内酯豆腐的制备

大豆→清洗→浸泡→磨浆→过滤→煮浆→冷却→加入定量玉竹液搅拌→加入凝固剂→加热保温→冷却成形

2. 操作要点

（1）玉竹液的制备　玉竹浸泡（玉竹、水比例为 1∶4.5）清洗之后，切成小块，然后放入榨汁机中榨汁后高温熬煮，400 目滤布过滤，即得玉竹液，备用。

（2）大豆浸泡　在 20～30℃水温下浸泡 12～15h，使大豆膨润松软，充分吸水，并每隔 20～30min 换水 1 次，防止其发芽。浸泡时保证水量充足，浸泡好的大豆为原料干豆质量的 2～3 倍。

（3）磨浆、过滤、煮浆、冷却　浸泡好的大豆用水冲洗几次，以去除漂浮的豆皮和杂质等。按豆与水之比为 1∶4 的比例，使用自动分离磨浆机，磨浆、过滤同时完成。过滤后豆浆在 80～100℃的条件下煮沸 5min，然后冷却到 30℃以下。

（4）加入玉竹液、混匀　在豆乳中以一定比例加入玉竹液，豆乳与玉竹液比例为 6∶1.5，充分搅拌混匀后再经过胶体磨研磨，以使其混合均匀一致。

（5）点浆、保温、凝固　称取 0.25%～0.3%葡萄糖酸-δ-内酯用蒸馏水溶解后加入豆乳中混匀，加热至 80℃水浴保温 20min。

（6）冷却、定形　凝固的豆腐取出后立即放入冷水中快速降温，冷却成形。

3. 质量标准

（1）感官指标　色泽呈淡黄色；具有纯正豆香和一定玉竹香，味正无异味；组织形态呈块状，质地细嫩，有弹性；无肉眼可见外来杂质。

（2）理化指标　含水量≤91%，蛋白质含量≥4%。

十、枸杞内酯豆腐

本产品是以大豆和枸杞为主要原料制作而成，具有很高的营养和保健价值。

1. 生产工艺流程

枸杞汁＋葡萄糖酸-δ-内酯
↓
原料大豆→清洗→浸泡→磨浆→过滤→煮浆→冷却→点浆→保温凝固→冷却定形→成品

2. 操作要点

（1）枸杞汁的制备　将枸杞洗干净，按料液比为 2∶1（质量比）的比例加水浸泡 1h，然后将其放入打浆机中进行打浆，最后经过 200 目纱布过滤后即得红色的枸杞汁。

（2）原料选择　选择色泽光亮、籽粒饱满、无虫蛀和无霉变的新鲜大豆。

（3）清洗、浸泡　将其表面异物、灰尘、微生物等清洗干净；浸泡在15～20℃的水中10～12h，浸泡好的大豆吸水量为其未浸泡过的3倍；或者把浸泡后的大豆扭成两瓣，以豆瓣内表面基本呈平面、略有塌坑、手指掐之易断、断面无硬心为宜。

（4）磨浆、过滤、煮浆　加入一定量的水磨成浆，要求磨浆后浆汁要均匀、细腻；并用60目纱布过滤，过滤后的豆浆入锅，边煮边搅，防止粘锅焦底；当温度升至60℃时，加入几滴豆油消泡，煮沸5min后关火。

（5）点浆、保温凝固　待温度下降至30℃左右，按20%的比例添加枸杞汁，混合均匀，加入0.25%葡萄糖酸-δ-内酯。葡萄糖酸-δ-内酯与豆浆的混合必须在30℃以下进行，否则凝固剂与热豆浆接触的瞬间就会凝固，导致凝胶不完全、不均匀和白浆的产生。升温至90℃，保持25～30min进行凝固，保温凝固的豆腐取出后立即放入冷水中快速降温，冷却成形，即得枸杞内酯豆腐。

第三节　非大豆豆腐创新

一、魔芋豆腐

每千克魔芋可加工出3.5～4kg魔芋豆腐。长江以南除高温季节魔芋浆液不易凝固成形，不宜进行加工外，每年9月份至翌年6月份均可加工。

1. 生产工艺流程

备料→磨浆→凝固→切块→锅煮

2. 操作要点

（1）备料　主要是魔芋和石灰浆液。魔芋应选0.5～1kg大小、新鲜无霉烂的为好，出土太久的要在水中浸泡1～4d，或用湿沙掩藏预湿。对选好的魔芋要清洗，达到白净、不留外皮、无杂质和泥沙。不易洗刷干净的，要用小刀轻轻地把皮削去。调制石灰浆液，要用新出窖的石灰块化成的石灰粉，每10L水加150～250g，一般磨浆前4～12h调制好。

（2）磨浆　取调制好的石灰浆上层清液，按每千克魔芋用33.5L石灰清液的比例，点滴磨浆。要掌握好石灰清液的用量，不可过少或过多。过少，魔芋浆液不能凝固成形；过多，做成的魔芋豆腐易发黑。

（3）凝固　当魔芋浆液的液面由不见清澈的明水而变成糊状物时，立即倒入豆腐箱内，使之厚薄均匀，并将液面抹平整。豆腐箱的大小，以魔芋豆腐的厚薄大小而定。

（4）切块　在魔芋浆液凝固成有一定硬度的块状时，用刀将其划成小块，每块以0.5kg为宜。

（5）锅煮　在干净的铁锅里放入适量的水，用火加热使水温达到70～80℃，将划成小块的魔芋豆腐坯分块铲进锅里，使其成一定规律排列，锅中的水要高出魔芋豆腐坯5cm，以防煳锅。煮时开始用小火，待半熟有硬皮状物时用大火，并用锅铲铲动，直至煮熟变硬为止。一般每锅需煮2～3h。

注意事项：在加工魔芋豆腐过程中，对接触魔芋豆腐有痒痛感觉的人，可戴医用手套或橡胶手套操作，不要把皮屑、浆液溅到眼内、脸部及皮肤上。

二、玉米豆腐

传统玉米食品有口感粗糙的缺点，若采用新工艺做玉米豆腐，不仅保留了玉米的香气，吃时还口感细腻，容易消化，经常食用可增加食欲，有减肥保健作用。随着生活水平的提高，人们对日常饮食的要求日趋多样化，若将玉米豆腐引进城市，市场潜力巨大。

1. 原料与配方

玉米20kg，杂木灰5kg，槐米20g。

2. 生产工艺流程

备料→破碎→煮汁→浸泡→预煮→磨浆→过滤→熬煮→冷却→成形

3. 操作要点

（1）备料　玉米粒：选干净、新鲜、无杂质、干燥、金黄色玉米粒。

杂木灰：取晒干的杂木燃烧后生成的灰，千万不能用其他草类或叶类烧成的灰，否则做不成豆腐。同时，灰要干净，不能掺有石子或没有燃尽的炭头等杂物。

槐米：是将槐树所开花蕾摘下晒干而成。

（2）破碎　将玉米破碎成细粒状，每颗玉米破碎成4～8粒（不能粉碎成粉），筛去粉末和玉米表皮。

（3）煮汁　将杂木灰放入特制的箩筐中，向筐中缓缓冲入热水，直至滤出的水清澈时停止冲水，然后将滤得的灰汁水倒入锅内熬煮2h左右，待灰汁色深、浓醇时即可出锅。

（4）浸泡　将槐米磨成粉末，放入适量的灰汁水中；将破碎的玉米倒入水缸中，再倒入处理好的灰汁水，浸泡4h左右。

（5）预煮　将浸泡好的玉米碎粒连同灰汁水放入干净、无油污的铁锅中预煮。预煮时要注意以下几点：一是加灰汁水的量以用木棒或饭勺能搅动玉米碎粒为宜。二是煮的时间不宜过久，一般以煮至玉米碎粒稍微膨胀，全部熟透为度。煮得过熟，玉米豆腐是稀的；煮得过生，则做不成豆腐。三是勤搅勤拌，切勿煳锅。

（6）磨浆　将煮好的熟玉米碎粒带灰汁水用磨浆机或石磨磨成玉米浆（同制黄豆豆腐一样），不能太干，一般以能从打浆机或石磨中流下为宜。

（7）过滤　将玉米浆液用滤布粗滤1次，目的是再一次去掉玉米的表皮或其他杂物。滤布的孔不能太细（一般不超过50目），以免减少豆腐的产量。

（8）熬煮　将滤下的玉米浆倒入干净、无油污的铁锅中用文火慢慢熬。熬成糊状，即用饭勺舀满后向下倾倒，以糊能成片状流下即可，不能过稀也不能过干。

（9）冷却成形　将熬熟后的玉米糊，趁热倒入已垫有一层白布的木箱中，料浆厚度3.3cm左右，并将表面整平，让其自然冷却，凝固成形，即为玉米豆腐。按此工艺每千克玉米可生产玉米豆腐4kg以上。

三、大米豆腐

经筛选后的残次碎大米，往往因为蒸煮的米饭不如精大米好吃，因而被人们轻视，甚至当作饲料。如果利用碎大米为原料，将其加工成豆腐，其质量、口感能与黄豆豆腐相媲美，深受消费者所喜爱。

1. 主要原料

碎大米、石灰粉。

2. 生产工艺流程

原料→浸泡→磨浆→煮浆→定形→成品

3. 操作要点

（1）浸泡　先用清水将碎大米淘洗2～3次，除去杂质，再加入一定量清水浸泡，同时按每千克碎大米加新石灰粉50g的比例制成石灰乳，并加入浸泡水中。石灰乳的制法：取石灰粉用清水调成石灰浆并过滤，滤液即为石灰乳。碎大米加入浸泡缸时，应随加随搅拌，以均匀混合，然后静置4～5h。

（2）磨浆　待大米浸泡成黄色时，捞出大米，用清水洗净，再加2倍量的清水，带水用石磨磨成米浆。

（3）煮浆　向干净、无油污的铁锅中，按每千克碎大米加2L清水的比例，加入一定量的清水，再加进全部米浆，拌后用大火烧煮，至半熟时改用小火烧煮，直到煮熟为止。

（4）定形　浆煮熟后，趁热倒入已垫一层白布的模具中，控制料浆厚度

3.3cm左右，自然冷却至凝固定形，此时大米豆腐即成。出售时，按食用者的需求划成小块。此法每千克大米可制取7kg左右的豆腐，利润较高。

四、花生豆腐

花生是一种营养丰富的经济作物，以其为原料可生产出清香可口、柔软细嫩、口感细腻、保质期长的花生豆腐，不仅满足了人们生活的需要，同时为花生深加工开辟了一条致富门路。

1. 生产工艺流程

原料→粉碎→配料→加水调浆→煮浆→成形→成品

2. 操作要点

（1）原料的制备　选大颗粒、新鲜的、无霉变花生仁，用温水浸泡1h，除去表皮，然后将其进行干燥。

（2）粉碎　将干燥后的原料利用粉碎机粉碎，或用钢磨、石磨磨细，越细越好。一般都是粉碎2次，也要2次磨浆，细度才能合乎要求，粉碎好后装入木桶或铝桶中待配料。

（3）配料　按1∶1的比例，加入甘薯淀粉并混合均匀，这样就制成了花生豆腐粉。为了使花生豆腐具有特色风味，可把花椒粉、大蒜粉、生姜粉、八角粉、茴香粉、香草粉、肉桂粉等加入，然后反复搅拌，使之混合均匀备用。

（4）加水调浆　将配好的花生豆腐粉装入容器中，按1∶3的比例加入干净的清水，边加边搅拌，直到使花生豆腐粉完全溶解于水中为止。

（5）煮浆　将加好清水并搅拌好的花生豆腐浆倒入大锅内，用大火烧开，边升温边搅拌。在直接加热锅内煮，特别是防止豆腐浆煳锅，最好是用夹层锅蒸汽加热。当花生豆腐浆煮沸后再煮5min左右，然后压火逐渐降温。当温度在80～90℃时，将石膏粉用温水化开慢慢地加入豆腐浆表面，使其均匀分布。

（6）成形　将点好石膏的豆浆用瓢按成形容器的要求多少分出。成形器内要垫好薄布作包豆腐之用，当浆倒入了成形器后，用布包好，可用适当重的石块压在豆腐上，使水分泄出即可使豆腐成形。

五、芝麻豆腐

芝麻豆腐是以芝麻为原料的豆腐芝麻制品。它质地细腻，营养丰富，具有芝麻独特的芳香和风味。其制作工艺有2种。

1. 工艺一

（1）配方　芝麻100份，淀粉50份，水500份。

（2）原料处理　首先将芝麻用清水洗净，再加上述原料水的一部分由磨浆机磨成浆，然后掺入剩余的水，并用细纱布过滤，除去渣子，得到滤液——芝麻汁。

（3）加热成形　取上述芝麻汁的60%，添加淀粉，充分混合均匀，然后加热。要求边加热边搅拌，直至呈半透明的糊状物，停止加热。随后边搅拌边加入剩余的40%芝麻汁，充分搅拌后，分别装入用耐热合成树脂制的包装袋中，排出袋内空气后密封，放入蒸锅中，在100～105℃的条件下蒸煮30min，然后取出经过冷却即为芝麻豆腐。

2. 工艺二

（1）配方　芝麻40g，芝麻油40g，大豆7kg，水和凝固剂适量。

（2）原料处理　将大豆用清水洗净，倒入缸中加水浸泡24h，捞出后磨浆；芝麻倒入锅内炒熟，捣碎后与纯芝麻油混合均匀。

（3）凝固成形　取10L豆浆与混合液搅拌均匀，加入适量的凝固剂，再按常规方法制作豆腐。

六、猪血豆腐

猪血具有很高的营养价值，猪血蛋白质含量为18.9%，含有18种氨基酸，其中8种人体必需氨基酸俱全，除苯丙氨酸及含硫氨基酸较低外，其他均接近联合国粮农组织/世界卫生组织（FAO/WHO）推荐的模式，仅次于完全蛋白质。特别重要的是，猪血中含有丰富的、易于被人体吸收的卟啉铁，因而它又是很好的补铁剂，对治疗缺铁性贫血具有较好的疗效。

1. 生产工艺流程

采血→过滤、脱气→配料、装盒→凝固→封盒→灭菌→检验→成品→入库

2. 操作要点

（1）采血　经过检疫合格的猪可以上屠宰生产线，用空心刀将全血收集在标有编号的容器内。该容器中事先加入一定量的抗凝剂，定量混合后放入4～10℃冷库备用。记住容器中血液与猪的对应编号。待肉检完毕，确认无病害污染后方可加工。其中，容器不可过大，以便于血液及时降温保存。

（2）过滤和脱气　降温后的血液经过20目筛过滤，除去少量凝块，与一定浓度的食盐水溶液混合，放入脱气罐中进行真空脱气。脱气温度40℃，真空度0.08～0.09MPa，时间约5min。

(3) 配料、装盒　在脱气后的血料中加入一定比例的豆浆、凝血因子活化剂，加热搅拌均匀并很快装入盒内，使之凝固。

(4) 封盒　凝固后，把盒边缘沾的血料擦干净，即可用热封机封盒。检查封好后灭菌。

(5) 灭菌　灭菌温度控制在121℃，时间15～30min，冷却。

(6) 检验　灭菌后的产品经检验无破损、无漏气、无变形，方可入库。

七、糙米豆腐

1. 生产工艺流程

生石灰→加适量水溶解→过滤
↓
糙米→挑选去杂质→浸泡→磨浆→煮浆→装盘定形→冷却→成品

2. 操作要点

(1) 选料　糙米以用早、中、晚稻籼型品种为好，碎米也行，但粳稻、糯稻米不行，因为黏性太重，不适合生产使用。石灰要用新鲜生石灰，用量根据原料数量而定，不宜过多或过少。

(2) 浸泡　将备好的糙米淘洗干净，然后放入容器中加水，浸泡10～12h。

(3) 磨浆　将浸泡好的糙米倒入磨浆机，加入一定比例泡好的糙米水，磨成米浆。浆液浓度很大程度上直接影响后面的煮浆和成形，所以米和水的比例要适当，一般以浆水能从磨浆机上流下来为宜。糙米与水添加比例为1∶2.5。

(4) 煮浆　熬煮水量要适量，要视浆糊熬煮的软硬程度确定添加水量（温水）。如果浆糊过稀，糙米豆腐不易成形；浆糊过硬，会造成糙米豆腐不够鲜嫩。煮浆温度要适当，过烫米浆易起团子，不易煮熟；要勤搅拌，以免煮焦。煮浆程度要足够，将米浆熬煮至全部熟透、不黏口时即可出锅，否则糙米豆腐易煳，不够软滑。同时石灰添加量要适当，同时兼顾口味和凝固状态，一般生石灰添加量为5%。添加凝固剂时的温度为90℃。

(5) 成形　将熬熟后的米糊趁热倒入一定形状的容器中，平放，自然冷却至凝固成形，即成糙米豆腐。对于1天内食用不完的糙米豆腐，不要用水浸泡，以免失去光泽。

八、豌豆豆腐

1. 生产工艺流程

豌豆粉→抽提→分离出淀粉→抽提液→加热→过滤→冷却→凝结→压榨→产品

2. 操作要点

（1）抽提　豌豆粉应通过 150～200 目筛，抽提按原料 1kg 加水 5L，用 0.2%氧化钙调节 pH 值为 8.8～9，不断地搅拌，抽提 30min。

（2）分离出淀粉、加热、过滤　用一个转速为 1000r/min 的离心机分离 20min 左右，所得沉淀物可用于生产豌豆粉及其制品。液体部分在 95～100℃条件下加热 20～30min，然后用双层粉布过滤，以进一步除去不溶性物质。

（3）冷却、凝结　待滤液冷却至 75～80℃时强力搅拌 20s，然后加入 0.54%硫酸钙，静置使蛋白质充分凝结。

（4）压榨　凝结物形成后转入一个 20 目孔筛的容器中，内衬一层粉布，加盖后在其上压适量重物，直到无滴水即可得到所需产品。

九、花生胡萝卜内酯豆腐

1. 生产工艺流程

胡萝卜→清洗→捣碎成泥
↓
花生米→清洗→浸泡→制浆→混合→煮沸降温→加凝固剂→灌装→保温成形→冷却→成品

2. 操作要点

（1）选取花生米，除杂清洗　选取籽粒饱满、健康、无虫蛀、无霉变新鲜优质花生米。将花生米清洗，去杂质和灰尘。

（2）浸泡　用 1%碳酸氢钠溶液在常温下浸泡 10～12h，使花生米充分吸水膨胀，浸泡时换水 3 次，进一步除去杂质，并防止蛋白质发生酸变。通过适当的浸泡可增加制品的产出率并提高制品的光泽。

（3）制浆　将浸泡好的花生米进行制浆，磨浆分离，匀浆机采用 100～120 目筛。磨浆时花生米与水的比例为 1∶4，水和花生米进料要均匀协调连续，使磨出的花生浆粗细均匀适当。过滤是保证豆腐质地细腻的一个重要因素。为了提高成品率，采用二次过滤，将滤液合并。

（4）制取胡萝卜泥　选取新鲜优质胡萝卜，清洗去杂，放入匀浆机中捣碎成泥。

（5）混合　将胡萝卜泥与花生浆按 2∶8 的比例混合加热，灭菌同时也可去除花生的腥味。

（6）加凝固剂　冷却后加凝固剂葡萄糖酸-δ-内酯 0.3%，混匀。凝固温度为 80℃时，做出的豆腐质量最好。

（7）保温成形　将混合均匀的物料装盒加热保温，凝固成形后，冷却即得成品。

3. 质量标准

有淡淡的胡萝卜色素，色泽均匀一致；口感细腻，有咀嚼感，有浓郁的花生香味、胡萝卜的味道；形态完整，组织结构均匀，光滑细腻，弹性好。

十、侗家特色米豆腐

湘西南与黔东南的侗家苗寨流传着一种特色食品米豆腐，可用清水浸泡，随时取用。即使存放 2～3 个月甚至半年也不会变质变味，且风味独特、清凉适口、食用方便。

1. 原料与配方

以 5kg 大米为例，选取新鲜草木灰 3kg（可用食用碱 200g 或石灰 400g 代替）。

2. 生产工艺流程

原料→浸米→磨粉或打浆→煮浆→蒸熟→存放→成品

3. 操作要点

（1）浸米　将草木灰或食用碱溶于 5L 50℃的温水中，澄清后取上层清液用于浸泡大米 24h。要求米粒吸水充分、颜色金黄，否则继续加碱浸泡。

（2）磨粉或打浆　把浸泡好的大米以清水淘洗，用石磨或机械磨成浆。浆汁以黏稠又能流动为宜。

（3）煮浆　浆汁用文火烧煮，边煮边搅拌。以加水量来调至米豆腐比普通豆腐稍硬为好。煮至半熟时倒入盆内，趁热和成馒头状的团块。

（4）蒸熟　把团块迅速放入甑或蒸笼内以大火蒸至熟透。

（5）存放　米豆腐冷却后，盛于缸或盆内加清水浸泡，置于阴凉处。

食用时将米豆腐块切成颗粒，以清水漂洗后，投入开水锅内煮开 2min，捞出加上调料即可食用。

第九章

大豆加工副产物的综合利用

第一节　豆腐渣生产食品

做豆腐、豆乳剩下的豆腐渣，含有丰富的蛋白质、脂肪、纤维质成分、维生素、微量元素、磷脂类化合物和甾醇类化合物。经常食用豆腐渣，能降低血液中胆固醇含量，还有预防肠癌及减肥的功效，它是一种新的保健食品。因此，豆腐渣的开发利用受到了极大的重视，现在豆腐渣已成为价值很高的一种原料，在食品领域中有着广泛的应用前景。目前，利用豆腐渣的食品有面包、饼干、海绵蛋糕等焙烤食品，以及炸丸子、汉堡肉饼、烧卖、包子、鱼糕等烹调加工食品。利用酶技术、膜技术等现代科技手段对豆腐渣进行综合利用与加工，使其营养成分得以全面开发，解决废弃豆腐渣所造成的环境污染，实现废物的循环利用，已经成为当今研究的热点和趋势。

一、豆腐渣焙烤糕点

豆腐渣与配料混合，经加工焙烤后成为饼干、点心和蛋糕饼。

首先进行豆腐渣的细化。用石磨或砂轮磨磨碎豆腐渣，用100目筛网过滤。根据实际需要可在磨碎前或磨碎后添加小麦粉，磨碎后的豆腐渣可直接与其他食品原料（淀粉、糖类、乳制品、油脂和乳化剂等）混合；也可经干燥加工成粉状，再与其他原料混合。以下分别介绍三种制作方法。

1. 产品配方

豆腐渣（含水量84%左右），小麦粉，砂糖，植物油，起酥油，膨松剂，香料，鸡蛋等。

2. 制作方法一

① 豆腐渣100份，加植物油18份，充分混合后，用陶瓷轧辊轧两遍。

② 取磨碎的豆腐渣糊25份，与100份小麦粉、30份砂糖、8份起酥油、6份全脂奶粉混合，再加适量膨松剂和香料，调制成硬饼干面团。

③ 将硬饼干面团轧成片状后，冲模成形，利用常规法烘焙，即得饼干。

④ 该饼干品尝时无粗糙感、无金属味，而且与普通饼干相比更加松脆。

3. 制作方法二

① 豆腐渣100份、水100份，用陶制球磨机磨碎。

② 取磨细的豆腐渣乳50份，与小麦粉50份、砂糖10份、鸡蛋5份混合再加膨松剂碳酸氢钠，调制成面团。

③ 加豆沙馅，用烤模成形后，制成烘焙点心。

4. 制作方法三

利用制作方法二制得豆腐渣乳50份，与小麦粉100份、砂糖28份、粉末油脂12份、发酵粉25份，以及少量的香料充分混合，经烤制得蛋糕饼。该蛋糕饼口感松软、无粗糙感。

二、豆腐渣膨化及油炸食品

利用豆腐渣加工膨化及油炸食品，可以制成快餐或西式食品，不仅口感好，生产成本低，而且成形物的坯料不会破裂，可以在短时间内批量生产。

1. 豆腐渣快餐食品

产品配方：豆腐渣100份，面粉120～180份，淀粉30～50份，调味料、膨松剂等适量。

（1）生产工艺流程

豆腐渣→碱浸→和料→蒸煮→轧片→冷却→成形→干燥→包装

（2）制作方法

① 将豆腐渣放入pH值为7.5～8.5的碳酸氢钠或明矾等溶液（微碱缓冲液）中浸渍5～12h，使其纤维质软润膨胀。

② 将配方中的豆腐渣、面粉、淀粉加入12～28份的水进行和料，可根据需要加入适量调味料和膨松剂，然后充分揉合均匀。

③ 将揉合好的面团置入蒸笼蒸熟，蒸熟的目的是得到强度和弹性适宜的熟面团。

④ 用轧辊将熟面团轧成厚1～3mm的片状。

⑤ 待冷却、熟化后，切成大小合适的形状。

⑥ 将切好的面片进行干燥，含水量达13%～20%即可包装成品。

⑦ 食用前，将干燥的豆腐渣面片经油炸或预热后油煎，用个人喜好的调味料蘸食。产品松脆芳香，十分可口。

2. 豆香薯片

豆香薯片是利用豆腐渣改善膨化快餐食品的性质，提高其经济效益。

以淀粉为主要原料制作膨化食品时，添加淀粉质量10%～50%的豆腐渣。

使用前先将豆腐渣粉碎后用100目网眼筛，膨化可以采用油炸或膨化机膨化处理。

（1）制作方法一

① 将5kg马铃薯淀粉加入1kg豆腐渣和5L水，在搅拌机里混合均匀。然后移到蒸锅里蒸30min。

② 把此坯料放到搅拌机里，加食盐90g，充分混合。

③ 制成大小为8mm×3.5mm×1.5mm的块状。

④ 油炸前进行干燥，使水分达到10.5%。

⑤ 用谷物色拉油在190℃油温下炸熟。

⑥ 出锅后，100g成品撒上食盐1g、咖喱粉1g、谷氨酸钠0.4g。把产品与不添加豆腐渣的对照品比较，可以观察到其外观均匀、细腻，口感醇美。

（2）制作方法二

① 在1kg马铃薯淀粉里加入豆腐渣400g、水1L，在搅拌机里混合后，放到蒸锅里蒸30min。

② 将坯料放入搅拌机里，加食盐36g、白砂糖6g、味精2g、谷氨酸钠8g、咖喱粉2g，充分混合（如果温度在80℃以下，再加马铃薯淀粉1kg、水600mL，再混合）。

③ 置于5℃下冷却12h后，用切块机细细地切断成形。

④ 在60℃温度下干燥到水分为15%，再用膨化机膨化处理。把得到的产品与没添加豆腐渣的产品相比较，此产品外观美观、口感好。

3. 油炸丸子

（1）产品配方　豆腐渣、豆浆适量，小麦粉250g，牛奶800～900mL，水800mL，油脂100g，以及鱼、肉类、胡萝卜、马铃薯和玉米等，油脂可使用奶油、色拉油及其他油脂。

（2）制作方法

① 取豆腐渣和豆浆各500份，混合后用搅拌机充分搅拌。在搅拌好的原料

中添加肉类、虾、鱼、胡萝卜、马铃薯、玉米等辅料，鱼、菜类辅料在添加前应充分搅碎。根据要求可以添加一种或数种，然后成形。

② 混合好的坯料送往冷冻室，在－25℃的温度下进行冷冻处理，使之大体凝固。为了使其迅速冷冻，可－30℃或－40℃以下的冷冻温度中冷冻3h。

③ 在小麦粉中添加奶油或色拉油，加热使之溶化，然后添加牛奶和水，充分搅拌加热，制成白糊浆，将其作为衣材包住从冷冻室取出的成形物。

④ 从冷冻室中取出成形物在常温下放置2～3min，使之表面解冻变松软时，立即滚一层白糊浆，再滚上一层鸡蛋糊，再滚上一层面包粉。

⑤ 油炸后制成油炸丸子。在调制糊浆时，首先在小麦粉中添加一定量的奶油，再加热，然后添加牛奶，加热搅拌。这样，面筋质没有被抽出，而且白糊浆也不产生黏性。另外，由于成形后立即冷冻，因此豆腐渣和白糊浆中的水分不会置换，各自保持成形时的状态和成分，于是成形物同时具有豆腐渣和白糊浆的风味，搅碎或加压处理后，渗出的液体生成豆腐的香味，与白糊浆的香味亲和。另外，由于冷冻使成形物膨胀，解冻后豆腐渣的组织结构疏松，因而加热时，热量能在成形物内部迅速传导。

4. 脆果

脆果色泽棕黄，酥脆清香，咸甜可口，久食不厌。

（1）产品配方　湿豆腐渣200g，面粉200g，淀粉适量，盐1.6g，果酱适量，植物油500mL（实耗约50mL），白砂糖30g。

（2）生产工艺流程

糖、淀粉、面粉、果酱
↓
湿豆腐渣→和料→静置→成形→油炸→冷却→包装→成品

（3）制作方法

① 先将糖放进豆腐渣，并加进适量淀粉和盐，和匀，放置一段时间，待糖溶化，再加入面粉和果酱，并揉匀成团。

② 将和好的料静置1～3h。

③ 把上述混合料擀成薄片，切成三角形或菱形。

④ 将油烧至八成热，下料片，炸至转棕色，捞出，沥干油。

⑤ 待料片冷却后，进行包装，即为成品。

5. 油炸糕点

（1）产品配方　豆腐渣12kg，淀粉4kg，小麦粉1kg，白砂糖1.8kg，食盐100g，芝麻50g。

（2）制作方法

① 将上述原料、辅料按需要加500～1000mL豆浆混合揉匀。由于豆腐渣本

身含有80%的水分，如果含水量少而不易揉匀时，可以再加入豆浆，并可提高豆腐渣制品的营养和风味。

② 揉匀的坯料用压制机压成一定厚度的带状，然后切成设计好的形状。

③ 成形的坯料炸后得到柔软、香甜可口、别有一番风味的油炸糕点。

（3）产品特点　咸鲜味美，色泽美观。

6. 糯米豆腐渣饼

（1）原料　糯米粉250g，五仁汤圆馅200g，豆腐渣150g，芝麻5g，猪油20g，色拉油100g（约耗100g）。

（2）制作方法

① 糯米粉加入豆腐渣、猪油及适量清水揉成面团，饧约30min。

② 取一份豆腐渣面团，包入一份五仁汤圆馅，制成直径为4～5cm的圆饼，依法逐一制完后，放入油锅炸熟即成。

（3）产品特点　外酥内软，馅心香甜。

7. 玉米豆腐渣饼

（1）原料　豆腐渣200g，核桃仁30g，嫩玉米浆100g，葡萄干25g，面粉50g，白糖80g，猪油30g，精炼油50g，蜜枣20g。

（2）制作方法

① 将蜜枣、核桃仁、葡萄干切碎，与豆腐渣、嫩玉米浆、面粉、猪油、白糖和匀，加适量清水揉成面团，制成直径为4～5cm的圆饼。

② 煎锅，炙锅后下精炼油，将圆饼入锅煎至两面金黄且熟即可。

（3）产品特点　色泽金黄，香甜酥脆。

8. 榨菜豆腐渣饼

（1）原料　豆腐渣150g，鸡蛋2个，面粉200g，熟榨菜肉馅180g，色拉油20g。

（2）制作方法　先将鸡蛋搅散，再加入色拉油调匀，加入豆腐渣、面粉及适量清水揉成面团，略饧一会儿。取面团一份，包入榨菜肉馅，制成直径为4～5cm的小圆饼，逐一做完后，放入烤箱（温度定在200℃），烤6～8min至熟即可。

（3）产品特点　酥香可口，风味独特。

9. 海带豆腐渣点心

（1）原料　海带豆腐渣点心是以豆腐渣、海带、面粉为主要原料，加入白砂糖、食盐、发酵粉等辅料，经油炸制得，除含有大量食物纤维外，还含有粗蛋白质、粗脂肪、碳水化合物、多种矿物质等营养物质，具有清理肠道、降压减肥等保健功效。

（2）生产工艺流程

干海带→清洗→用4%盐水浸泡→切粒┐
豆腐渣（加白砂糖）├→混合→揉搓和面→静置→成形→油炸→冷却包装
面粉（加发酵粉）┘

（3）操作要点

① 海带粒的制作。选用市售含水量在20%以下的干海带20g，用水洗去附着于海带表面的水草、泥沙等杂物，然后将海带切成约3mm×3mm的小块，加入4%的盐水120mL浸泡30min，让海带粒充分吸水膨胀至饱和状态，此时海带粒质量可达到干海带质量的7倍。

② 揉搓和面。取豆腐渣280g，加入上述已制好的海带粒和白砂糖17g，搅匀，搁置20min，待白砂糖溶化。取面粉560g，加入发酵粉25g，和匀。然后将豆腐渣和面粉充分混合揉搓和匀，调制成面团，以面团有一定黏性，但不粘手为最佳。

③ 成形。用面棒压扁成片，最好厚度在3～4mm，采用人工压片成形的方法制出各种形状。

④ 油炸。用食用棕榈油在150～180℃炸制转棕黄色，炸透为准。

⑤ 冷却包装。炸好后冷却至室温，真空包装机包装。包装最好采用热塑性复合包装材料包装。

三、豆馅

1. 原料

加工馅类的传统原料有红豆、菜豆、蚕豆、白豆等豆类。但是，这些豆类资源有限，价格较高。而大豆资源丰富，价格较低。以往以大豆为原料制作豆馅时，先将大豆洗净后蒸煮，得到煮豆；然后研磨、脱皮，加砂糖后搅拌。但是这种豆馅有强烈的煮豆味，而且由于大豆中含有可溶性糖类，致使豆馅有黏性。

豆腐渣有两种，一种是加工豆乳时产生的豆腐渣（以下简称豆乳豆腐渣）；另一种是加工豆腐时产生的豆腐渣。为了使豆乳具有良好的风味，加工豆乳时需使用脱皮大豆，并要进行除豆腥味处理。因而豆乳豆腐渣色泽较白，而且无豆腥味，风味、口感良好。而加工豆腐多以未脱皮的整粒大豆为原料，因而产生的豆腐渣口感差，豆腥味强，不宜作为豆馅原料。研究发现以加工豆乳时产生的豆腐渣为原料时，经过特殊处理，可加工出品质良好的豆馅。

2. 制作方法

将豆腐渣加热至80～100℃后，保持该温度10～30min，然后加砂糖，搅拌，进而加砂糖质量40%～60%的山梨糖醇，在品温80～100℃条件下进行搅拌，制成豆馅。

3. 操作要点

先将豆乳豆腐渣（水分含量80%～85%）放入蒸锅中，利用80～100℃的蒸汽蒸10～30min（最好蒸15～20min），使豆乳豆腐渣中所含的大豆蛋白质变成不溶性。这种不溶性蛋白质与豆乳豆腐渣中所含的不溶性糖类使豆馅具有独特的口感。接着在豆乳豆腐渣中加砂糖，待砂糖充分溶解后，添加相当砂糖质量40%～60%的山梨糖醇，在品温80～100℃条件下搅拌。通过上述处理使制品具有松散的口感及适口的滑腻感，而且外观有透明感。可根据需要添加砂糖及山梨糖醇，以调整最终制品的甜度。但是，为了加工出与普通豆馅相同的制品，最好使制品的糖度保持在60°Bé。

4. 实例

将100g豆乳豆腐渣（水分含量83.3%）放入蒸锅内，用蒸汽将品温加热到94℃后，继续加热18min，然后将原料水分降至78%后添加白糖60kg搅拌使之溶解，并添加山梨糖醇32kg，在品温96℃条件下搅拌15min，得到豆馅164kg。这种豆腐渣馅类似白豆馅，有适宜的松散口感、滑腻感以及透明感。这种豆馅可用于加工带馅面包、带馅点心等烘焙食品。这种豆腐渣豆馅口感良好，具有高保水性，用来加工带馅糕点时可防止水分蒸发，因而能够防止豆馅变硬。

四、风味豆腐渣——霉豆腐渣

1. 生产工艺流程

豆腐渣→清浆→压榨→蒸料→摊晾→成形→进霉箱→霉制→倒箱→霉制→成品

2. 操作要点

① 清浆。取新鲜豆腐渣1份，约加水2份，并加少量做豆腐的下脚水（又称黄浆水），在木桶或大缸中搅拌均匀，使呈糨糊状（注：酸化），直至豆腐渣表面出现清水纹路、挤出的水不混浊为止。浸泡时间、浸泡用水量与气温有关，气温高，时间短；气温低，时间长。一般在24h左右。气温高，加水多；气温低，加水少，一般水为豆腐渣质量的2倍左右。

② 压榨。将已清浆的豆腐渣装入麻袋中，进压榨设备，压榨出多余水分。经过压榨的豆腐渣，用手捏紧，可见少量余水流出。

③ 蒸料。将经过压榨的豆腐渣蒸熟，底锅水沸腾后，将豆腐渣搓散，疏松地倒在炊篦上，加盖，用旺火蒸料。开始，蒸汽有轻微酸味逸出，上气后酸味逐渐消失。从上大气算起，再蒸20min，直至有熟豆香味逸出为止。

④ 摊晾。将熟豆腐渣出锅，置干净竹席上摊晾至常温。

⑤ 成形。将散豆腐渣装入小碗。呈凸尖状，手工加压至碗口平止，然后碗口朝下，轻轻扣出。

⑥ 霉制、倒箱。霉箱大小、形状如腐乳霉箱。霉箱无底，每隔3～5cm有固定竹质横条，横条上竖放干净稻草一层，再将豆腐渣粑排列在稻草上，每块间隔2cm左右，每箱装80～90个豆腐渣粑。霉箱重叠堆放，每堆码10箱，上下各置空霉箱1只，静置霉房保温发酵。早春、晚秋季节，在霉房常温中霉制；冬天霉房里生炉火保温，室温在10～20℃。从发酵算起，隔1～3天（室温高，时间短；室温低，时间长），堆垛上层的豆腐渣粑，隐约可见白色茸毛，箱内温度上升到20℃以上，进行倒箱。倒箱是将上下霉箱颠倒堆码。

⑦ 豆腐渣粑全部长满纯白色茸毛，如箱温再上升，可将霉箱由重叠堆垛改为交叉堆垛，以便降温。再过1～2天茸毛由纯白变成淡红黄色时，可出箱，即制成霉豆腐渣。霉制周期：冬季5～6天；早春、晚秋3～4天。

3. 食用方法

将霉豆腐渣切成$1cm^2$的小块，置热油中煎炒，适当蒸发水分。然后按食用者的习惯加进油炒葱丁或蒜丁，配上食盐或辣椒等，即成炒霉豆腐渣。

4. 生产季节

一般是每年的5月1日以前和10月1日以后。

5. 工具设备

蒸锅、压榨设备、木模、竹席、霉箱、稻草等。

五、豆腐渣发酵调味品

1. 原料

豆腐渣、花生饼、面粉、麸皮、茴香、八角、蒜、胡椒、桂皮、香菇、米曲霉。

2. 生产工艺流程

（1）原料处理和制曲

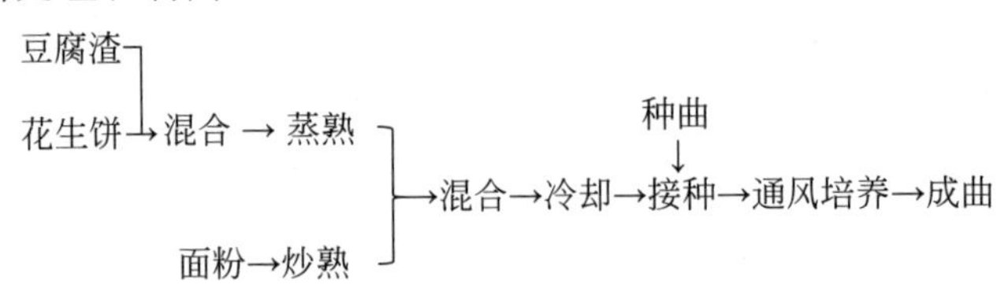

（2）发酵

① 固态无盐发酵。

成曲→粉碎→入容器→加温开水→加盖面料→保温发酵→成熟酱醅

② 固态低盐发酵。

成曲→粉碎→入容器→拌入盐水→保温发酵→成熟酱醅

③ 后发酵。

成熟酱醅→制醪→后发酵→成熟→烘干→塑形→包装→成品
↑
食盐→混合←香菇浸提液与香辛料浸出液

3. 操作要点

（1）原料处理　将豆腐渣与适量花生饼充分混匀，在121℃下蒸40min。取面粉适量，将其炒成黄色，有浓香味即可。

（2）制曲　取约1/10已炒熟的面粉，按原料总重的1/100加入事先用麸皮培养基制好的米曲霉种曲，混匀并捣碎。

取已蒸熟的豆腐渣、花生饼混合料放在盘中，待品温降至40℃时加入炒面粉混匀，然后再加种曲混匀，铺成约2cm厚，再划几条小沟，使其通气。放入培养箱，箱温28℃，经10～12h，曲霉孢子开始萌发，菌丝逐渐生长，曲温开始上升。进曲16h后，菌丝生长迅速，呼吸旺盛，曲温上升很快，此时要保持上、中、下层曲温大体一致。到22h左右，曲温上升至38～40℃，白色菌丝清晰可见，酱曲结成块状，有曲香此时可进行第一次翻曲。翻曲后，曲温下降至29～32℃。第一次翻曲后，将曲盘叠成“X”形，经6～8h，品温又升到38℃左右，此时可进行第二次翻曲，此期间菌丝继续生长，并开始着生黄色孢子。全期经60h左右，酱曲长成黄绿色、有曲香味时即可使用。

（3）发酵（固态低盐发酵）　将酱曲捣碎，表面扒平并压实，自然升温至40℃左右，再将准备好的12°Bé热盐水（60～65℃）加至面层，其加入量为干曲质量的90%，拌匀，面层用薄膜封闭，加盖保温。在发酵期间，保持酱醅品温45℃左右。发酵10d后，酱醅初步成熟。

（4）制醪　在发酵完成的酱醅中，加入香菇浸提液与香辛料浸出液，并添加酱醅质量5%的食盐，充分拌匀，于室温下后发酵3d即成熟。

香菇、香辛料配制方法如下：

香辛料浸出液的配制：茴香7g、八角8g、胡椒4g、桂皮6g、蒜5g，加水500mL，熬煮1h，补水至500mL煮沸，过滤，置阴凉处备用。

香菇浸提液的配制：香菇50g，加500mL水浸渍3h后，熬煮1h，补水到500mL煮沸，过滤，置阴凉处备用。

（5）烘干、塑形、包装　将酱平铺于瓷盘上于75℃烘箱中烘12h后，用模具塑形，再烘12h，冷至室温，最后用食品袋抽真空包装。

新鲜豆腐渣含水量高，蛋白质含量低，添加20%的花生饼，采用固态低盐发酵，发酵完成后加入香菇浸提液、香辛料浸出液进行后发酵，可在较短的时间内酿造出美味可口的调味品，为充分利用大豆资源提供了新途径，同时也给有关厂家带来了一定的经济效益。

4. 质量标准

（1）感官指标　色泽红褐色或棕红色，略带光泽；体态块状、无杂质；有酱香味，咸味淡、辛辣适口，舌觉细腻化渣，无其他异味。

（2）理化指标　水分 40%～45%，葡萄糖 5.1%～5.3%，食盐 12%～13%，总酸 0.495%，氨基酸态氮 0.4%。

六、豆腐渣饮料

1. 豆腐渣纤维饮料

（1）生产工艺流程

湿豆腐渣→蒸煮→酶处理→调配→均质→灌装→杀菌→成品

（2）操作要点

① 蒸煮。将含水量 37%的豆腐渣按湿豆腐渣：水＝0.5：1 的比例调匀，然后在 121℃下蒸煮 8min。

② 酶处理。待豆腐渣冷却到 40～50℃，用柠檬酸调 pH 至 3.3～3.5，加入 0.12%的复合纤维素酶酶解 1h，然后升温至 90℃灭酶 10min。

③ 调配。按下列配方混合调匀，加热至沸。

灭酶后的豆腐渣液 60%、白砂糖 10%、柠檬酸 0.15%、稳定剂 0.15%、蔗糖脂肪酸酯 0.2%。

④ 均质。调配好的汁液用均质机在 25～35MPa 的压力下均质两次。

2. 发酵碳酸豆乳饮料

（1）生产原理　豆乳通常是以全粒大豆、脱脂大豆等为原料，加水一起破碎后，除去不溶物，必要时可添加植物油、糖类等，然后将混合液乳化而成，是种以大豆蛋白质为主要成分的高营养饮料。但是，如果使用上述豆乳制作发酵碳酸豆乳饮料，在发酵及酸化过程中，蛋白质易生成凝聚沉淀物。为此，必须添加蔗糖酯、卵磷脂等乳化剂，果胶、角叉藻胶、琼脂、淀粉、藻酸丙二醇酯、耐酸性羧甲基纤维素等稳定剂，古柯豆胶、汉生胶等食用胶类。

为解决发酵及酸化过程中生成沉淀物的问题，采用一种新的方法生产发酵碳酸豆乳饮料。其制作方法是：将豆腐渣用温水浸出，得大豆固形物含量限定在 3.5%以下的粗豆乳，然后用米曲霉等曲霉发酵，再用德氏乳杆菌等乳酸菌发酵，最后在发酵液中添加食用酸将 pH 值调整到 3～4.2 后，充入二氧化碳保存。

（2）生产工艺流程

豆腐渣→浸出→曲霉发酵→灭菌→乳酸菌发酵→调酸→填充二氧化碳→灌装→成品

(3) 操作要点

① 浸出。豆腐渣的浸出通常使用约60℃的温水。粗豆乳的大豆固形物含量限定在3.5%以下，因为超过3.5%，在发酵及酸化过程中不能有效防止大豆蛋白质凝聚沉淀物的生成。

② 曲霉发酵。米曲霉可使用市场上出售的酱用曲霉。通过在粗豆乳中培养曲霉，曲霉所生成的蛋白酶、淀粉酶、脂肪酶、核酸酶等发生作用，蛋白质被分解为氨基酸。曲霉发酵后，将发酵液置于粉碎机中，将米曲霉粉碎，然后加热灭菌。

③ 灭菌。为了防止在发酵过程中杂菌繁殖，应在发酵前对粗豆乳进行灭菌。灭菌时最好采用高温瞬间灭菌法，即在125～130℃下灭菌数秒至数分钟。

④ 乳酸菌发酵。灭菌液冷却后，接种德氏乳杆菌等乳酸菌，可得到无豆腥味的发酵豆乳。乳酸菌的培养基如果使用含0.05%～0.1%酵母浸汁的脱脂乳，不但能促进乳酸菌的发育，而且可维持其活力。

⑤ 调酸。食用酸可使用柠檬酸、苹果酸、酒石酸、乳酸、富马酸、食醋等，应根据需要进行选择。同时还可添加乳糖、麦芽糖、葡萄糖等。添加食用酸时，应预先调制成适当浓度的水溶液，然后在4～5℃的低温下搅拌发酵后的豆乳，同时瞬时添加该食用酸水溶液。

通过添加食用酸，将豆乳的pH值调整至3～4.2，因为pH值低于3时，酸味过强，需大量使用食糖；反之，如果pH值超过4.2，接近大豆蛋白质的等电点（pH值4.6～4.8），大豆蛋白质变得不稳定，易发生凝聚沉淀。

⑥ 填充二氧化碳。填充二氧化碳时，为避免产生气泡需预先在9.33kPa的压力下将调酸后的豆乳脱气。二氧化碳的填充方法有后混合法和预混合法，最好采用预混合法。二氧化碳的填充量为2%～2.5%。

⑦ 灌装。将制得的发酵碳酸豆乳饮料分别灌装到容器中，采用热水喷淋方式或热水浸渍方式在70～75℃下加热灭菌，同时有助于大豆蛋白质的分散稳定性。

第二节　豆腐渣蛋白质提取

一、提取豆腐渣蛋白质

1. 生产工艺流程

新鲜豆腐渣→加水和碱→搅拌→离心分离→上清液→调等电点→离心→沉淀干燥→豆腐渣蛋白质→过滤→淀粉

2. 操作要点

（1）豆腐渣蛋白质溶解度与 pH 的关系　采用等电点沉淀法分离豆腐渣蛋白质，由豆制品生产工艺可知生产中被利用的是大豆中的水溶性蛋白质，水不溶性蛋白质及少量水溶性蛋白质则留在豆腐渣中。大豆蛋白质等电点已有报道，但豆腐渣蛋白质与大豆蛋白质在性质上有一定区别，因此有必要对豆腐渣蛋白质等电点进行测定。在 pH 为 4.0～6.0 范围内，豆腐渣蛋白质溶解度呈最低点所对应的 pH 为 5.4，即豆腐渣蛋白质等电点为 5.4。

（2）原料　原料豆腐渣水分含量大，且营养丰富，是微生物良好的栖身地。因此，工艺要求原料必须新鲜，符合卫生标准，加工要及时，且加工过程中要严防污染。

（3）酸碱度　酸碱度对蛋白质得率影响较大，一般随 pH 增大，蛋白质得率提高。由于提取蛋白质后的剩余部分还可提取淀粉或作他用，因此提取液 pH 要严格控制，碱度太小，蛋白质分离不完全；碱度太大，导致淀粉糊化，降低蛋白质、淀粉和其他物质的纯度及得率，pH 宜在 11～12。

（4）搅拌时间　搅拌的目的是促进蛋白质溶解，提高蛋白质得率，搅拌时间长短对结果有一定影响，一般以 30min 为宜。

因此，提取豆腐渣蛋白质的最适条件为：按料水比，豆腐渣∶水＝1∶6 混合，在 pH 为 11～12 的碱性条件下，搅拌 30min，上清液在 pH 为 5.4 时沉淀蛋白质并分离，沉渣经过滤后制取淀粉。

3. 豆腐渣蛋白质的特性

豆腐渣蛋白质为乳白色固体颗粒或粉末，具豆香味，灰分 3.6%，水分 6.1%，蛋白质质含量 80%左右，蛋白质得率 90%以上。蛋白质的氨基酸组成与大豆蛋白质基本一致，必需氨基酸组成与鱼粉、鸡蛋等动物性蛋白质相近。豆腐渣蛋白质中蛋氨酸较少，而鱼粉等动物性蛋白质中蛋氨酸较多，依据氨基酸互补原理，用一定比例的豆腐渣蛋白质代替现有饲料中部分鱼粉等动物性蛋白质，可以起到氨基酸互补作用，提高饲料蛋白质的营养价值，并降低生产成本。

二、生产蛋白质发泡粉

1. 原料

豆腐渣含水量 78.9%、蛋白质 6.45%、粗淀粉 4.20%。

氧化钙（CaO）含量大于 70%。

2. 设备

搪玻璃反应釜，板框过滤机，蒸发器，喷粉塔。

3. 生产工艺流程

去杂（↑消化）　滤渣（↑压滤）

水→CaO→消化→$Ca(OH)_2$→配料→水解→压滤→浆液→精滤→滤液

成品←包装←发泡粉←喷雾干燥←发泡液←浓缩←（滤液）

4. 操作要点

（1）加碱量　蛋白质发泡粉的 pH 大小，主要取决于加碱量的多少，加碱量少，pH 低，成品涩味小，但蛋白质水解困难，影响发泡高度。要使发泡高度大于 10cm，pH 应小于 11.8，加碱量应控制在 2.5%～3.5%，以 3.0%为最佳。

（2）反应时间　在一定加碱量条件下，反应时间与水解程度有关，对发泡高度和泡沫稳定性有一定影响。发泡高度和 pH 是两个相互制约的因素，pH 高，发泡高度高，但产品涩味明显，会影响产品口感、风味及其应用范围和添加量。在一定加碱量下，反应时间并不是越长越好，反应时间过长，水解程度过度，失水率大，即产品的泡沫稳定性差，产品的色泽深暗。综合考虑发泡高度、失水率、产品的色泽，反应时间应控制在 4h。

（3）配料浓度　配料浓度的大小决定着设备的利用率、生产周期及经济效益。配料浓度越大，一次滤液浓度小、能耗大、设备利用率低、生产周期长。根据设备利用率、生产周期和生产成本的综合考虑，配料浓度在 1∶1.75 为宜。

三、生产水解植物蛋白质

1. 原料

豆腐渣：含水量 78.90%、蛋白质 6.45%、粗淀粉 4.20%。

工业盐酸：HCl＞30%。

纯碱：Na_2CO_3＞98%。

2. 设备

搪瓷反应釜，板框过滤机，真空蒸发罐，喷粉塔。

3. 生产工艺流程

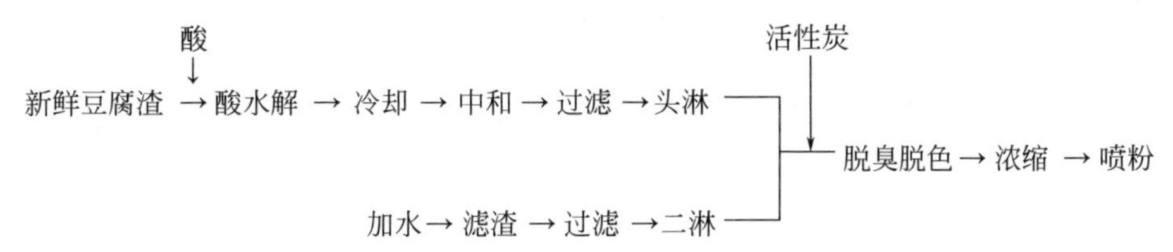

4. 操作要点

（1）配料比　蛋白质水解程度、水解速度与料液酸浓度成正比，而产品中盐含量与加酸量成正比。当加酸量一定时，料液中含水量越高，酸浓度越低，水解越不易进行。豆腐渣含水量高达80%，豆腐渣直接加酸水解较合理。

(2) 配料中酸最低用量　酸最低浓度确定的依据是水解液颜色鲜艳、色泽光亮、透明度好。水解时间、温度一致，加酸量不同，酸与豆腐渣比为0.2∶1时，水解液质量能达要求。酸与豆腐渣比小于0.2∶1时，豆腐渣中蛋白质水解难度大，水解不到位，水解液色暗、混浊、无光泽，味道不鲜，且带有不同的苦味，表现为氨基酸态氮含量低。故利用豆腐渣生产水解蛋白质，盐酸加量为酸比豆腐渣不小于0.2∶1。

(3) 酸最佳用量　依据是在水解液色泽鲜艳、有光泽，味鲜而无苦味的基础上，力求氨基酸态氮含量高即氨基酸态氮利用率高，而氯化钠含量低为最佳。同样水解时间、水解温度确定最佳加酸量，酸与豆腐渣比在(0.2～0.28)∶1时，氨基酸态氮利用率明显提高，当酸量再增加时，氨基酸态氮利用率提高很小，而产品中氯化钠含量增加幅度大，超过质量要求，同时原料消耗费用明显提高。因此，配料中盐酸最佳用量范围为酸∶豆腐渣等于(0.22～0.28)∶1。

(4) 水解时间　在一段时间内，氨基酸态氮利用率与水解时间成正比。在相同水解温度和加酸量情况下，根据氨基酸态氮利用率及生产周期确定最佳水解时间。水解时间小于20h，水解程度难以到位，蛋白质水解中间产物肽较多，终产物氨基酸较少；水解液不鲜，有苦味，色泽混浊、无光泽。故以豆腐渣为原料生产水解蛋白质，水解时间不得低于20h。

第三节　豆腐渣膳食纤维提取

大豆中膳食纤维的含量为12%～18%。针对这一点，从经济效益和社会效益出发，对豆腐渣进行研究，生产出大豆系列膳食纤维添加剂。膳食纤维的生产分总膳食纤维、水溶性膳食纤维(SDF)和水不溶性膳食纤维(IDF)的生产，主要有酶法、生物化学法、水浸提法、化学法、化学与酶结合法等。

碱煮-酸解法是通过碱作用，使纤维素中糖苷键断裂，降低纤维素聚合度和机械强度，除去淀粉层，并除去溶于碱的蛋白质、脂肪，然后再酸解以进一步降低聚合度，最后进行氧化脱色。此法简单，成本低，但是SDF几乎完全损失，因而一般只用于制备IDF。

酶法分两种：一种是用α-淀粉酶、蛋白酶除去淀粉、蛋白质等非纤维素成分，再分离SDF和IDF；另一种是采用纤维素酶水解纤维素，使之成为SDF。

一、总膳食纤维的提取

1. 生产工艺流程

湿豆腐渣→脱腥→脱色→还原→洗涤→挤压→干燥→冷却→超微粉碎和微胶囊化→包装

2. 操作要点

（1）豆腐渣脱腥　大豆在经过浸泡、磨浆和分离后，本身所具有的和在加工过程中产生豆腥味的挥发物（如正己醛、正己醇、正庚醇等）绝大多数留存在豆腐渣中，因而使豆腐渣发出浓重的豆腥味。只有脱除异味的豆腐渣才能加工成有市场的食用纤维粉，脱腥处理成为豆腐渣膳食纤维制备的一个重要步骤。

可行的脱腥方法有加碱蒸煮法、加酸蒸煮法、减压蒸馏脱气法、湿热处理法、微波处理法、己烷或乙醇等有机溶剂抽取法和添加香味料的掩盖法等。加酸蒸煮法会使纤维颜色加深、纤维成分分解损失严重，一般不使用。加碱蒸煮法、减压蒸馏脱气法、湿热处理法的处理效果比较好，能有效减少豆腐渣的豆腥味。

① 加碱蒸煮法。加碱蒸煮法可以使用的碱包括氢氧化钠、氢氧化钾、氢氧化钙、碳酸钠、碳酸氢钠等。不同的碱对碱浓度与蒸煮时间有不同的要求，例如使用氢氧化钠时，碱浓度调节在0.5%～2%，蒸煮温度为110℃，时间维持在10～30min。

② 湿热处理法。湿热处理法是最常用的对豆制品、豆腐渣脱腥的方法，这是因为湿热可以使大豆中的脂肪氧化酶失活，减少它对不饱和脂肪酸的分解作用，因而能大大减少豆腐渣中豆腥味物质的产生量。例如，使豆腐渣具有异味的主要化合物己醛、2-己烯醛、己醇、庚醇、1-辛烯-3-醇、己酸和辛酸等，在经过湿热处理后，它们的含量都有所下降，尤其是引起豆腥味的最重要组分正己醛。正己醛在整粒大豆中的含量可以高达10mg/kg，但在经过湿热处理的煮大豆中，它的含量明显降低，仅有0.6mg/kg，这也是湿热处理能有效减少豆腥味的原因之一。

湿热处理还能引起大豆的风味成分发生变化。酯类化合物是在湿热的过程中由醇和酸的相互作用形成的。它不仅没有令人不愉快的青豆味，而且通常还给予柔和芳香的水果味和酒香味。壬醛带有怡人的玫瑰和杏香味，苯甲醛具有类似樱桃和杏的香味，2,4-癸二烯醛具有类似土豆片的香味。在经过湿热处理后，这些风味成分的含量都会有所上升。

另外，采用湿热处理还可以钝化一些大豆中原先含有的抗营养因子如胰蛋白酶抑制物和植物凝集素等。因此，对豆腐渣采用湿热处理，能很有效去除豆腐渣中的腥味成分，得到风味和品质均良好的大豆纤维粉。

湿热处理脱腥的工序包括对豆腐渣进行调酸、热处理、中和三个步骤。

a. 调酸。将豆腐渣用水浸泡，用 1mol/L 盐酸溶液调节 pH 3～5。因为在酸性条件下加热处理，能有利于除去豆腐渣的异味，并且加酸还可以浸出部分色素物质，改善产品的色泽。

b. 热处理。加热使浸泡的豆腐渣温度达到 80～100℃，进行湿热处理 2h 左右，使脂肪氧化酶失活，减轻豆腥味，并使抗营养因子钝化。

c. 中和。以 1mol/L 氢氧化钠溶液调混合液 pH 至中性。

(2) 豆腐渣脱色　脱腥后的豆腐渣加入 1.5%的 H_2O_2 溶液，在 40℃下处理 1.5h 进行脱色，效果较好。

(3) 还原、洗涤　为除去豆腐渣中残留的 H_2O_2，加入 H_2SO_3 进行还原，然后用水洗 3～5 次。

(4) 挤压　将除去 H_2O_2 的豆腐渣送入挤压蒸煮设备，在压力为 0.8～1MPa、温度 180℃左右条件下进行挤压、剪切、蒸煮处理。挤压蒸煮处理是生产高品质大豆纤维粉的重要工序，它具有如下几个作用：提高水溶性膳食纤维的含量；改善大豆纤维的物化特性；降低植酸对微量矿物质元素吸收的负效应；还可以进一步消除豆腐渣中的抗营养因子，杀灭脂肪酶，使豆腐渣中的蛋白质适度变性，从而改善产品的风味和贮存性能，并利于机体的消化吸收。

(5) 超微粉碎和微胶囊化　干燥、冷却后的功能活化处理是制备高活性豆腐渣膳食纤维的关键步骤，只有经过活化处理的膳食纤维，才是真正的生物活性物质，可在功能性食品中使用。没有经过活化处理的纤维，只能属于低能量的填充剂。

① 超微粉碎。膳食纤维的保水力和膨胀力，除了与膳食纤维原料的来源和制备的工艺有很大关系外，还与终产品的粒度有关。最终产品的粒度越小，比表面积就越大，膳食纤维的保水力、膨胀力也相应增大，同时还可以降低粗糙的口感特性。因此，将挤压蒸煮后的豆腐渣粉干燥至含水 6%～8%后应进行超微粉碎，以扩大纤维的比表面积。

至此，经过挤压蒸煮和超微粉碎，已经完成了功能活化的第一步，即纤维内部组成成分的优化与重组。

② 微胶囊化。由于膳食纤维表面带有羟基团等活泼基团，会与某些矿物质元素结合从而可能影响机体内矿物质的代谢，如用适当的壁材进行包囊化处理，则可解决此问题，即完成功能活化的第二步。例如，可以使用亲水性胶体（如卡拉胶）和甘油调制而成的水溶液作为壁材，通过喷雾干燥法制成纤维微胶囊产品。它不仅可以在入口后给人一种柔滑舒适的感觉，提高食用性，还可以对大豆纤维粉进行矿物质元素的强化。

经功能活化处理的高活性豆腐渣膳食纤维外观为乳白色，无豆腥味，粒度为 1000～2000 目，膳食纤维含量为 60%，大豆蛋白质含量为 18%～25%。

3. 生物化学法分离豆腐渣中膳食纤维

准确称取一定量的豆腐渣，加入2%的碳酸氢钠溶液，进行浸提、过滤，再将滤渣用相应浓度的溶液浸提2h，过滤，合并两次滤液用10%的乙酸调pH至3，或出现白色絮状沉淀时静置，过滤沉淀，再用双氧水脱色。最后，用等量的无水乙醇凝析水溶性纤维，过滤、干燥、粉碎。将制备得到的水不溶性纤维加水稀释，加一定量的纤维素酶，在pH为6.0、温度50℃，水解24h后，重复上述操作，得到二次分离的水溶性纤维素和经酶解的水不溶性纤维。纤维素酶酶解包括两方面的目的，一方面是增加水溶性纤维的得率，另一方面是软化水不溶性纤维。

该工艺成本低廉、操作简便，适合实际生产。

4. 酶法提取豆腐渣中膳食纤维

（1）生产工艺流程

豆腐渣→漂洗、软化→蛋白酶水解→漂洗→脂肪酶水解→漂洗→过滤脱水

成品←改性←粉碎←干燥←过滤脱水←漂洗←漂白←过筛←磨细←干燥

（2）操作要点

① 漂洗、软化。将标准称量的豆腐渣用清水漂洗并使之软化。

② 蛋白酶水解。水解条件是50℃、pH 8.0、固液比13∶10、一定酶量、反应8～10h，其间通过加缓冲剂保持反应时pH不变。

③ 脂肪酶水解。水解条件是40℃、pH 7.5、固液比1∶10、一定酶量、反应6～8h，其间通过加缓冲剂保持pH不变。

④ 漂洗。均用清水将处理后的豆腐渣纤维冲洗至中性。

⑤ 过滤脱水。用板框过滤机将漂洗的纤维进行脱水处理。

⑥ 干燥。将脱水后的豆腐渣纤维均匀置于烘盘上，放入鼓风干燥箱中以110℃烘4～5h，以干透为止。

⑦ 漂白。准确称取细磨至40目的豆腐渣纤维，并按固液比1∶8加入浓度为4%的 H_2O_2 水浴加热至60℃，恒温脱色1h。

⑧ 粉碎、改性、强化。利用机械剪切法，进行超微粉碎及强化 Ca^{2+}、Zn^{2+} 等微量元素，即得到成品。

由于采用的是酶解技术，所以在加工过程中一定要控制好生产的各种条件，如温度、酸碱度、酶解时底物浓度与酶用量等。同时必须保持场地的清洁卫生，因为如果酶解液受污染会抑制酶的活性，从而影响生产。

二、水溶性膳食纤维的提取

从豆腐渣中提取水溶性膳食纤维对大豆的综合利用有很高的参考价值。

1. 水浸提法提取水溶性膳食纤维

（1）豆腐渣的预处理

原料→50℃烘干5h→粉碎→过20目筛

（2）提取水溶性膳食纤维　向预处理过的豆腐渣中加水，调pH，在水溶液中进行提取，再过滤，滤液以4倍体积无水乙醇处理，静置，通过已烘干恒重的多孔玻璃漏斗进行过滤，并用乙醇清洗盛滤液的容器，将沉淀物在100℃下烘干得成品。

用本工艺制备水溶性膳食纤维，工艺简单、成本低，无二次污染，乙醇可回收再利用。在制得水溶性膳食纤维的同时，也可制得水不溶性膳食纤维，从而使豆腐渣得到更充分的利用。

2. 酶法提取水溶性膳食纤维

称取一定量样品加水，再加入醋酸-醋酸钠缓冲液混匀，在沸水浴中煮沸1h，冷却，加入纤维素酶液，酶解1h，加热到85℃，10min后灭酶，降温，再加入木瓜蛋白酶溶液（浓度为10g/L），酶解30min，迅速冷却，过滤。其他操作同水浸提法。

研究表明，酶法的水溶性膳食纤维得率比水浸提法要大得多，而且污染少、工序简单，便于推广应用。

3. 磷酸盐缓冲液提取水溶性膳食纤维

（1）原料准备　将豆腐渣于80℃烘12h，粉碎后过20目筛，用工业己烷脱脂。

（2）生产方法　将一定量的脱脂豆腐渣用磷酸盐缓冲液混匀，在100℃沸水中振荡提取、离心，上清液真空浓缩到体积为原来体积的1/2，再加两倍体积的无水乙醇沉淀12h，分离沉淀物，80℃干燥8h，即得纯白的水溶性膳食纤维。

磷酸盐缓冲液是从豆腐渣中提取水溶性膳食纤维的理想试剂，产品得率高、蛋白质含量少、色泽白。此工艺条件下大豆膳食纤维得率可达50%。同时，对获得的水溶性大豆膳食纤维产品进行糖组分分析得知其半乳糖含量在60%以上，从而证实果胶类多糖为其主要成分。这类产品具有较好的水溶性、增稠性、保水性以及广泛的生理功能，它的深度开发利用必将带来很好的社会效益和经济效益。

三、水不溶性膳食纤维的提取

以豆腐渣为原料，采用化学法、酶法以及化学与酶结合法提取水不溶性膳食纤维。

1. 化学法提取水不溶性膳食纤维

（1）酸性处理法

湿豆腐渣→加热水→用 1mol/L HCl 调酸→放置（定时间）→用 NaOH 调 pH 至中性→压滤→烘干→粉碎→过 70 目筛→水不溶性膳食纤维

（2）碱性处理法

湿豆腐渣→加缓冲溶液→在不同温度下浸泡（定时间）→反复用清水洗至中性→压滤→烘干→粉碎→过 70 目筛→水不溶性膳食纤维

（3）酸碱共处理法

湿豆腐渣→加 1mol/L NaOH 溶液→放置（定时间）→加酸调至中性→再加 1 mol/L HCl→放置（定时间）→用水漂洗至中性→压滤→烘干→粉碎→过 70 目筛→水不溶性膳食纤维

2. 酶法提取水不溶性膳食纤维

酶法与化学法基本相同，但用酶液水解，一般采用木瓜蛋白酶于 60℃下水解 30min，其活性为（60～70）×10^4U/g。

3. 化学与酶结合法提取水不溶性膳食纤维

在化学法之前，先用木瓜蛋白酶于 60℃下水解 30min。

不同方法制取膳食纤维的得率比较：用单纯的化学法所制得的膳食纤维不够纯净，含有少量的蛋白质、淀粉，因而得率较高；而酶与化学结合法和酶法所得的膳食纤维较纯净，得率反而较低。

四、大豆膳食纤维在食品中的应用

大豆膳食纤维作为一种食品配料，对食品的色泽、风味、持油和保水量等均有影响。它可作为稳定剂、结构改良剂、增稠剂，控制蔗糖结晶，延长食品货架期以及作为冷冻或解冻稳定剂。

膳食纤维在烘焙食品中的应用比较广泛。大豆膳食纤维可用于生产饼干、蛋糕、桃酥、罗汉饼等烘焙食品。其中膳食纤维用量一般为面粉质量的 5%～10%。通常添加膳食纤维后，提高了此类食品的保水性，增加了食品的柔软性和疏松性，防止在储存期变硬。

经过处理的大豆膳食纤维能够增强面团结构特性，在面包中加入大豆膳食纤维可明显改善面包蜂窝状组织和口感，还可增加和改善面包色泽。糕点在制作中含有大量水分，烘焙时会凝固，使产品呈松软状，影响质量。糕点中加入大豆膳食纤维，因其具有较高保水力，可吸附大量水分，利于产品凝固和保鲜，同时降低了成本。大豆膳食纤维加入量，为湿面粉量的 6%。馒头中加入大豆膳食纤维，强化了面团筋力。

大豆膳食纤维还能用于挤压膨化食品和休闲食品中，而不影响其产品的品质。碾磨很细的大豆纤维并不影响挤压食品在挤压时的膨胀。经挤压膨化或油炸的休闲食品中添加大豆膳食纤维，可以改变小食品的持油保水性，增加其蛋白质和纤维的含量，提高其保健性能。

大豆膳食纤维在饮料制品中的应用，主要用于碳酸饮料等，此类饮料无异味、口感润滑，较受欢迎。例如，可将膳食纤维用乳酸杆菌发酵处理后制成乳清饮料，也可将膳食纤维用于多种碳酸饮料如高纤维豆乳等，还可将大豆纤维和维生素混合制成“双维饮料”。甜香原味酸奶添加大豆纤维后，酸化速度加快，同时酸奶的黏度明显增加。此外，大豆纤维在肉制品中也有较好应用效果。大豆膳食纤维含蛋白质18%～25%，经特殊加工后有一定的胶凝性、持油保水性，用于火腿肠、午餐肉、三明治、肉松等肉制品中，可改变肉制品加工特性，以增加蛋白质含量和纤维的保健性能。

1. 大豆纤维粉在面包生产中的应用

面包是一种以面粉、酵母、盐、水为基本原料的发酵焙烤食品。目前世界上大约有2/3的人是以面包为主食的。在中国，虽然人们的主食习惯是米饭、馒头、面条等，但随着生活节奏的加快、家务劳动社会化的需求以及对营养的重视，面包在人们生活中的地位越来越重要。

作为一种方便食品，面包具有多种营养强化的潜力，添加大豆纤维粉的面包即是强化了膳食纤维的优质食品。

（1）生产工艺　面包生产工艺有五种，即一次发酵法、二次发酵法、液体发酵法、连续搅拌法和快速法。由于传统的一次发酵法和二次发酵法生产的面包产品质量好，因而被广泛采用。

① 建议配方。面包基础配方：面粉（14%水分）100g、干酵母1.5g、盐2g、糖5g、油脂2g，水的添加量可以视面团的吸水力酌情加入。使用高筋力的面粉为原料时，以2%的大豆纤维粉为替代面粉；使用富强粉为原料时，添加量为5%。

② 生产工艺流程（以二次发酵法为例）。

面粉（30%～70%）、全部酵母液、水→第一次调制面团→第一次发酵→加入剩余原辅料→第二次调制面团→第二次发酵→分块、搓圆→静置→整形→饧发→烘烤→冷却→包装→成品

（2）操作要点

① 面团的第一次调制与发酵。把30%～70%的面粉、40%左右的水和全部酵母液加入调粉机，搅拌，使混合均匀。于28℃左右、在湿度80%的环境中开始第一次发酵，时间为2～3h。其目的是使酵母扩大培养，完成种子面团的制备。

② 面团的第二次调制与发酵。将第一次发酵成熟的面团和4%左右的大豆纤

维及剩余除油脂以外的原辅料在调粉机内搅拌，混合均匀后再加入油脂，继续搅拌，直到面团温度合适、不粘手、均匀有弹性，进行第二次发酵，时间为2～3h。其目的是使面团充分起发膨松、面筋充分扩展并增加面包中的香味物质。

③ 分块、搓圆、静置。将发酵好的大块面团分切成一定质量的小块、称量，进行揿粉、搓圆、静置。揿粉的目的是逐出过剩的二氧化碳，供给新鲜的空气以利于进一步发酵和防止产酸；搓圆的目的是使面团表面光滑、组织均匀、能保住内部气体；静置的目的是使面团在27～30℃、70%左右相对湿度的环境中轻微发酵，使面包坯恢复弹性。

④ 整形。将静置后的圆形面团按照要求，制成各种形状。

⑤ 饧发。整形后的面包坯在饧发室内，于38～40℃、85%～90%湿度下饧发发酵，使面包坯膨大到适当体积，具有松软的海绵状组织。

⑥ 烘烤。分为三个阶段进行。第一阶段炉温宜低，底火在250～260℃，使面包体积迅速增长，面火在120～160℃，以避免面包表面很快固结造成体积不足；第二阶段炉温宜高，面火为250℃，底火为270℃，使面包坯定形；第三阶段炉温中等，面火降至180～200℃，底火140～160℃，使有利于表皮上色、增加面包香味。

⑦ 冷却、包装。冷却的作用是减少面包表皮的破裂和压伤，并防止霉变。面包冷却以后应及时包装，以防止内部水分的散失而引起面包老化和满足卫生的要求。

在实际生产时，可用低能量及与胰岛素代谢无关的甜味剂代替蔗糖，这样就可更大限度地发挥大豆纤维粉的生理功能。

（3）大豆纤维粉对面包品质的作用

① 强化面包的营养与功能特性。由于大豆纤维粉本身的营养非常丰富，因而将大豆纤维粉添加到面包中，不仅可强化面包中的膳食纤维含量、改善面包的营养品质，而且可以赋予面包良好的功能特性。据报道，食用大量强化膳食纤维的面包可使体内胆固醇下降12%～17%。这对以面包为主食、心血管疾病高发的欧美国家有着重要的现实意义。

② 延缓面包陈化速率。面包在贮存过程中发生的最显著变化是“老化”。老化以后，面包风味变劣、由软变硬、易掉渣、消化吸收率降低等，大大降低了面包的食用和使用价值。面包的老化是面包中所有成分共同作用的结果。据研究，大豆纤维粉可以有效延缓面包的老化速率，主要是因为：一是纤维具有高的保水力，可以增加面团的含水量，起到延缓老化的作用；二是大豆纤维中的凝胶体能形成稳定的、具有三维结构的凝胶网络，包围部分淀粉和水，减少可以回生的淀粉数量，从而延缓淀粉凝胶和面包的老化速率。

③ 对面包体积的影响。对以富强粉为原料制作的面包，添加少量的大豆纤

维粉能增加产品体积。如添加量为3%时，能使面包体积增加7.5%；但当添加量超过4%时，面包比体积开始下降。因此，在不考虑使用其他品质改良剂的情况下，大豆纤维在以富强粉为原料的面包生产中其添加量不宜超过4%。对高筋力的面粉来说，添加大豆纤维粉可能会造成负面影响。实验表明在6%的添加范围内，面包比体积变化不大；当添加量大于9.0%时，体积开始明显减小，面包品质开始恶化；但在12%添加范围内产品质量仍可接受，虽然此时的面包比体积已明显减小。因此，大豆纤维粉的添加量应以12%为限。大豆纤维粉对面包比体积的影响见表9-1。

表9-1　大豆纤维粉对面包比体积的影响

豆腐渣添加量/%	面包质量的改变量/%	面包体积/mL	面包比体积/(mL/g)
0	143.10	503.0	3.52
1	143.24	527.2	3.68
3	143.90	560.2	3.90
5	143.88	493.6	3.43

为了不使面包比体积因纤维粉的大量添加而大幅度下降，在使用纤维粉的同时，可适当添加一些其他品质改良剂。有研究表明，添加5%的面筋粉能使高纤维面包比体积恢复到原来未添加纤维时的体积。

2. 大豆纤维粉在饼干生产中的应用

饼干也是焙烤类的方便食品，其花式品种繁多，发展非常迅速，并且已经形成了大规模工业化生产。

相对于面包来说，饼干对原料面粉中面筋数量与质量的要求较低，因此大豆纤维粉可较大量地添加在饼干（包括酥性与韧性）生产中。研究表明，当添加量达到20%时，对饼干工艺操作和产品质量没有表现出显著的影响，但是对面粉筋力的要求增加，同时由于大豆纤维的保水性强，在调制面团时，需适当多加水并延长和面的时间。

（1）生产工艺

① 建议配方。研究表明，大豆纤维粉的添加量只要控制在25%以内，可以以任意比例替代面粉。

酥性饼干配方：油∶糖=1∶1.5；(油+糖)∶(面粉+大豆纤维粉)=1∶1.5；大豆纤维粉替代面粉量为10%；膨松剂（碳酸氢钠0.5%、碳酸氢铵0.5%）；大豆磷脂2%；盐2%。

韧性饼干配方：油∶糖=1.2∶1；(油+糖)∶(面粉+大豆纤维粉)=1∶2.5；大豆纤维粉替代面粉量为12%；膨松剂（碳酸氢钠0.5%、碳酸氢铵0.5%）；大豆磷脂2%；盐2%。

② 生产工艺流程（以大豆膳食纤维饼干为例）

原料预处理→面团调制→面团静置→辊压成形→烘烤→冷却→包装→成品

（2）操作要点

① 原料预处理。大豆纤维饼干生产的原辅料主要有面粉、淀粉、油脂、糖、大豆纤维粉及膨松剂。饼干生产对面粉筋力的要求比面包低；对油脂，要求应具有优良的起酥性和稳定性，如可以选择人造奶油、氢化起酥油等。低糖饼干可以使用糖浆，而高糖饼干则需要用糖粉作为原料。饼干使用的膨松剂多为化学膨松剂如碳酸氢钠、碳酸氢铵等，在某些品种如苏打饼干中也使用酵母为膨松剂。当大豆纤维粉的使用量增大时，对面粉筋力的要求也提高，如当用量为15%～20%时，需要选用面筋含量为26%～30%的面粉，并要适当增加水量、油脂量及膨松剂的用量（但不超过1.5%）。

② 面团调制。将各种原料按照要求配合好，在和面机中进行调制。不同的饼干产品各原辅料的用量及加入的顺序是不同的。例如，调制酥性面团时，要求油、糖与大豆纤维粉、面粉之比在1∶1.5以下，在调粉前先将油、糖、水、膨松剂等各种辅料充分搅拌均匀，然后再投入面粉、淀粉、大豆纤维粉等原料进行调制，通过控制加水和淀粉量及调粉时间等来控制面筋的形成；而韧性面团则要求油、糖与大豆纤维粉、面粉之比在1∶2.0以上，调制时先使面粉在适宜的条件下充分胀润，然后再使形成的面筋在搅拌中逐渐被撕裂而降低弹性。

③ 辊压。一般来说，酥性面团不需要辊压，而韧性面团及苏打饼干和粗饼干的面团则需要经过辊压。面团在辊压的过程中，在机械的作用下受到剪切力和压力而变形，使面团产生均匀的纵向和横向张力，并使面团中的空气分布均匀、面带结构均匀且产生层次，从而使产品获得较好的胀发度和松脆性，并使产品表面光泽、形态完整、冲印后的花纹保持能力增强。

④ 成形。成形的方式有辊印、冲印和辊切等方式。其中辊切是先形成面带，然后辊压成形，具有广泛的适应性，能用于生产苏打、韧性、酥性等多种不同类型的饼干品种。

⑤ 烘烤。成形以后的饼坯，在烤炉中经过胀发、定性、脱水、上色四个阶段，成为成熟的、具有多孔性海绵状结构的、散发令人愉快香气的、稳定的成品。不同品种、不同阶段对烤炉温度的要求是有区别的。

⑥ 冷却。饼干刚出炉时，表面温度可以达到180℃，中心层温度约110℃，需要在低温的烤炉中继续烘烤使水分缓慢挥发，最终温度达到38～40℃时才能包装。

（3）大豆纤维粉对饼干品质的作用

① 强化饼干的营养和功能。强化饼干的营养与功能和强化面包的营养与功能相同。

② 改变面团的特性。较多量的大豆纤维粉加入，使面团的可塑性增加、弹性降低，因而面团易成形，且模纹清晰；同时，产品的咀嚼感好、酥脆性增加。

③ 影响饼干的风味。在烘烤过程中，由于大豆纤维中的一些成分发生变化，产生挥发性的物质，因而增进饼干的风味，使之具有特有的豆香味。

④ 影响饼干的色泽。大豆纤维粉的添加提高了面团中的蛋白质含量，饼干中的含糖量较高，因此在烘烤时由于美拉德反应会使产品表面的色泽加深。

3. 大豆纤维粉在挂面生产中的应用

挂面，是由于湿面条挂在杆上进行干燥而取名为挂面，是一种方便的加工食品，也叫作卷面、筒子面等。挂面的花式品种很多，以制作面条的小麦粉等级来分，有富强粉（特制一等粉）、上白粉（特制二等粉）和标准粉挂面，各种富强粉精制挂面以其良好的口感占据了挂面市场的主导地位，而含有一定纤维素的标准粉挂面在口感和耐煮性上则显得明显不足，难以在挂面市场上有好的份额。

（1）生产工艺　研究表明，从改良面条品质上看大豆纤维的添加以4%为宜，若添加量增大，虽然面条强度进一步增大，但同时也会因面条延伸性变差而发脆、煮面发黏，使品质恶化。只有当大豆纤维添加量在5%以上时，纤维食品才具有功能效果，因此在面条中还需要添加其他品质改良剂如海藻酸钠、三聚磷酸钠等，才能保持面条正常的物理状态。

海藻酸钠可与面团中的湿面筋蛋白形成共凝胶沉淀，并随着海藻酸钠加入量的上升，这种效应逐渐增强，从而使面筋的网络更加致密、面团弹性与强度增加，这均有助于抵抗高温水煮对面筋的破坏，起到减少面条断头率和水煮溶出量的作用。研究表明，当海藻酸钠为1%、三聚磷酸钠为0.1%及用水量为28%时和面，可显著提高这种高纤维挂面的耐煮性能。

① 建议配方。富强粉95%，大豆纤维粉5%，海藻酸钠1%，三聚磷酸钠0.1%，盐2%，水28%，其他辅料适量。

② 生产工艺流程。

原辅料→和面→熟化→轧片→切条→烘干→切断→计量→包装检验→成品

（2）操作要点

① 和面。将面粉、水等各种原辅料在和面机内进行调制，使面团吸水比较充足，成小颗粒的豆腐渣状，湿度均匀，色泽一致，手捏成团，搓动时能松散成小颗粒状。加水量为面粉和大豆纤维粉质量的28%左右，和面最适宜的温度为25～30℃，和面机转速为12～15r/min，和面时间应不少于10min。

② 熟化。可以采用静置熟化，也可以采用低速搅拌熟化，目的是让蛋白质比较充分地吸水膨胀，形成较好的面筋网络组织，提高面团的工艺性能。熟化时间也不少于10min。熟化后的面团不结成大块，不升高温度。

③ 轧片。经过熟化后的颗粒状面团已初步形成了面筋，但这种面筋是分散

的、疏松的、分布不均匀的，淀粉粒子吸水浸润后也是分散的。由于面团的颗粒没有连接起来形成面带，所以面团的可塑性、延伸性和黏弹性还没有显示出来。把经过和面及熟化的面团，经过多道作相对旋转的轧辊，轧成薄而均匀的面片，使面筋压展成细密的网络组织在面片中均匀分布，并把淀粉粒子包围起来，使面条具有一定的烹调性能。

④ 切条。使面带变成面条的成形工序，要求切出的面条光滑而无并条。

⑤ 烘干。挂面的干燥采用的是调湿干燥，即在干燥的过程中，调节烘房内部的温度与排湿量，保持一定的相对湿度，减少表面水分的蒸发，抑制挂面的外扩散速度，促使内外扩散平衡，控制干燥速度，防止内外干燥不平衡产生收缩不一的现象，保证面条质量。

挂面的干燥过程可以分为三个阶段：

预备干燥阶段：即将温度控制在 20～30℃，吹入大量的干燥空气促使湿面条表面水分蒸发，在此阶段内，湿面条水分应降到 28%左右。

主干燥阶段：前期温度控制在 30～45℃，相对湿度 75%左右，使热量逐步传递到面条内部，加快内扩散速度并控制表面的扩散速度；后期温度为 45～50℃，相对湿度下降到 59%左右，使在内外扩散平衡的状态下加快速度，排出湿面条中的大部分水分。

最后干燥阶段：即降温散热阶段，通过逐步降温，并在降温的过程中蒸发除去多余的水分。

⑥ 切断。切成 14～16cm 长的挂面，计量、包装。

第四节　黄浆水的利用

黄浆水是大豆制品加工时排放的废水。黄浆水中含有较多的营养物质，排放后不但造成可利用营养成分的损失，而且给微生物繁殖创造了条件，造成环境污染。通过再加工充分利用黄浆水，变废为宝，会创造更大的经济效益和社会效益。

一、清凉饮料的制作

黄浆水营养价值高，但是由于有豆腥味和涩味，因此不能直接用作食品或饮料。日本研究用碳酸化处理的方法，脱除黄浆水的豆腥味和涩味，并且由于二氧化碳与黄浆水中所含有机酸的综合作用，可使其具有比一般碳酸饮料更为浓厚适口的风味，从而可制成清凉饮料。

1. 制作方法一

① 先将黄浆水加热，再加入糖和香料，然后作碳酸化处理。

加热处理的目的是杀菌、脱臭。加热时黄浆水中的蛋白质便凝聚而悬浊于液体中。如果要制作澄清的饮料，可将蛋白质悬浊物用过滤或离心分离的方法去除。如果要制作含有悬浊物的饮料，适量添加豆乳等，可以将 pH 值较高的豆乳加热，因为豆乳呈中性和弱酸性，通过加热不会提高蛋白质的凝聚性。即使在以后的蛋白质分离过程中 pH 值下降，蛋白质仍能在乳清中充分溶解而不发生沉淀。

加热温度以 60～145℃为宜，如果低于 60℃，就不能达到杀菌、脱臭的目的；如果超过 145℃，又会产生一种不适的味道。通常在 100℃以下必须长时间加热，100℃以上可用瞬间加热。加热可在常压下进行，也可在减压下进行，同时也可以在常压或减压下用蒸汽加热。

② 糖和香料的添加可根据饮料的风味要求适当选择，糖的浓度一般可掌握在 6%～12%。

香料可选用柠檬香精、橘子香精等。至于碳酸化处理，可采用充入二氧化碳或者将液态碳酸气与经过上述处理的大豆乳清混合等方法。这样制成的清凉饮料风味很好，可与一般市售调味碳酸饮料相匹敌，特别是醇厚的口感，更是胜于一般碳酸饮料。

2. 制作方法二

① 市售 732 型酸性阳离子交换树脂买来后用水反复洗干净。洗干净的树脂用 4mol/L 盐酸浸泡 8h，再用水洗去酸，使成为中性，再洗 3～4 次就可以使用。

② 把阳离子交换树脂装在交换柱中，使黄浆水反复通过交换柱就可以得到饮料原液。在此原液中是具有新鲜酸味的乳状液体，用酸度计测量 pH 值为 2～6。在此原液中加 20%糖、适量食用香料和食用色素，用凉开水稀释 3～4 倍即可。这种饮料味道与柑橘汁类似，成分也类似，不仅味道可口，营养也丰富。

用过的树脂可以再生。用水洗干净，继续用盐酸浸泡，再洗干净就可以再次使用。

采用黄浆水生产清凉饮料工艺简单、投资费用低、原料来源充足、成本低、容易操作，开辟了饮料生产新的原料来源，进一步提高了大豆利用价值，满足了人们在炎热的夏季对饮料的需求。这种饮料不仅解渴，而且有益于身体健康。

二、发酵黄浆水制营养饮料

采用现代生物发酵技术，对以黄浆水为主的原料进行乳酸菌发酵，制作黄浆水营养饮料。

1. 生产工艺流程

发酵剂
↓
黄浆水、牛乳→混合→均质→杀菌冷却→接种→发酵→均质→装杯→杀菌→成品

2. 操作要点

（1）发酵剂制备　采用嗜热乳酸链球菌和保加利亚乳杆菌共生的混合发酵剂，以新鲜牛乳为培养基料。种子培养基料采用110℃、30min高温灭菌，扩大培养基料采用95℃、30min加热灭菌，均冷却至40℃并在此温度下依次进行三次扩大培养。培养发酵时间为12h，工作发酵剂发酵时间为13h左右。

（2）均质　按黄浆水∶牛乳为3∶1的体积比将二者在混合罐内混合均匀，然后将混合料液经均质设备在1.5×10^{4}kPa均质压力和50℃左右下均质处理，使料液细化并具有较好的胶体性能。

（3）杀菌冷却　将均质后的料液在95℃下，加热25min后冷却至40℃供接种发酵用。

（4）接种、发酵　将杀菌冷却后的料液加10%的蔗糖在发酵罐内搅拌混合均匀，按5%的接种量接入工作发酵剂，边接种边混合均匀，在40℃下发酵3.5h。

（5）第二次均质　发酵结束后，在料液中加入0.5%的果胶（已溶好的）作为稳定剂，并混合均匀，经均质设备在1.1×10^{4}kPa均质压力下进行第二次均质，使产品具有稳定良好乳性饮料的胶体性能。

（6）装杯、杀菌　将第二次均质后的料液在自动塑杯灌装封口机上定量灌装并封口，然后经巴氏杀菌即可。

参考文献

[1] 李杨. 传统豆制品加工工艺学 [M]. 北京：中国林业出版社，2017.
[2] 邓林. 豆制品加工实用技术 [M]. 成都：四川科学技术出版社，2018.
[3] 于新，吴少辉，叶伟娟. 豆制品加工技术 [M]. 北京：化学工业出版社，2012.
[4] 杜连启，郭朔. 豆腐优质生产技术 [M]. 北京：金盾出版社，2016.
[5] 于新，黄小丹. 传统豆制品加工技术 [M]. 北京：化学工业出版社，2011.
[6] 于新，胡林子. 大豆加工副产物综合利用 [M]. 北京：中国纺织出版社，2013.
[7] 王瑞芝. 中国腐乳酿造 [M]. 北京：中国轻工业出版社，2009.
[8] 刘井权. 豆制品发酵工艺学 [M]. 哈尔滨：哈尔滨工程大学出版社，2017.
[9] 王凤忠，来吉祥. 豆制品工业化加工技术与设备 [M]. 北京：科学出版社，2016.
[10] 赵良忠，尹乐斌. 豆制品加工技术 [M]. 北京：化学工业出版社，2019.
[11] 张振山. 中式非发酵豆制品加工技术与装备 [M]. 北京：中国农业科学技术出版社，2019.
[12] 高玉荣，李大棚. 新型功能性大豆发酵食品 [M]. 北京：中国纺织出版社，2015.
[13] 马涛，张春红. 大豆深加工 [M]. 北京：化学工业出版社，2016.
[14] 曾学英. 豆腐 [M]. 重庆：西南师范大学出版社，2018.
[15] 赵雷，朱杰，苏恩谊，等. 南豆腐加工过程中品质及蛋白质结构的变化 [J]. 食品科学，2019，40 (01)：70-77.
[16] 何笑薇. 云芝豆腐的加工工艺 [J]. 食品安全导刊，2017 (015)：115.
[17] 李华. 南溪豆腐干——文化与美食的完美结合 [J]. 巴蜀史志，2019，226 (06)：43-45.
[18] 白晓州. 东汉时期的豆腐制作工艺 [J]. 食品安全导刊，2019 (003)：182-183.
[19] 孙莹莹. 果蔬魔芋豆腐加工工艺研究 [J]. 中国食物与营养，2019 (7)：56-58.
[20] 罗清铃，黄业传，张可. 紫甘蓝豆腐的工艺优化及其营养成分分析 [J]. 食品工业科技，2020，452 (12)：168-174.
[21] 张久全. 宋代豆腐诗考——兼译朱熹素食诗《豆腐》[J]. 安徽理工大学学报 (社会科学版)，2020，22 (5)：5.
[22] 迟晓君，郭玉清，刘慧，等. 蒲公英小豆腐工艺优化及应用研究 [J]. 食品研究与开发，2021 (2)：103-108.
[23] 李雨露，刘丽萍，毕海燕. 豆腐凝固剂的研究现状及发展前景 [J]. 食品与发酵科技，2015 (03)：6-9.
[24] 佚名. 臭豆腐干生产 HACCP 探讨 [J]. 中国食品卫生杂志，1995 (1)：56-57.
[25] 黄元銮. 腐竹质量关键在于生产控制 [J]. 质量技术监督研究，2006 (12)：33.
[26] 黄建立. HACCP 系统在腐竹生产中的应用 [J]. 福建轻纺，2006 (11)：49-51.
[27] 张麟，曾洁，高海燕，等. 腐竹复合改良剂的研究 [J]. 河南科技学院学报 (自然科学版)，2020，48 (04)：48-52.
[28] 曾仕晓，年海，程艳波，等. 大豆品种特性对腐竹产量及品质的影响 [J]. 中国农业科学，2021，54 (02)：449-458.
[29] 沈银杰，代安南，许良元，等. 腐竹自动切割装置的一种优化设计 [J]. 重庆科技学院学报 (自然科学版)，2021，23 (3)：4.
[30] 陈红玉，何胜生，郭达伟，等. 青豆腐竹加工工艺 [J]. 现代农业科技，2021 (12)：2.
[31] 刘东菊. 豆腐皮保鲜贮存方式探索 [J]. 中国高新区，2017 (09)：148-149.
[32] 李韦杭，刘琳琳，石彦国，等. 豆腐皮形成机理及品质影响因素研究进展 [J]. 粮食与油脂，2021，34 (04)：12-14.
[33] 王晓珊. 即食豆腐皮加工工艺及货架期模型研究 [D]. 福州：福建农林大学，2015.
[34] 黄颖颖，陈慎，杨成龙，等. 浸泡条件对清流豆腐皮产率影响的研究 [J]. 中国调味品，2018，43 (06)：65-70.
[35] 任洁萍，谷鑫，张佳苗，等. 豆腐渣的营养功效及综合利用 [J]. 粮食加工，2020，45 (02)：

46-47.
[36] 刘洋. 豆腐渣粉对面团和面包品质特性的影响研究 [D]. 新乡：河南科技学院，2013.
[37] 贾丽. 豆腐渣功能性饼干的研发及相关物质的测定 [D]. 烟台：烟台大学，2013.
[38] 孙婉玲，于寒松. 豆渣中膳食纤维的研究进展 [J]. 粮食与油脂，2021，34 (03)：6-8.
[39] 包峻州，佟硕秋，蒲静，等. 腐乳白点控制生产工艺参数的研究 [J]. 中国酿造，2021，40 (07)：117-122.
[40] 张蒙冉，李淑英，高雅鑫，等. 传统发酵豆制品研究进展 [J]. 食品科技，2021，46 (01)：98-104.
[41] 张涛，沐万孟，江波，等. 谷氨酰胺转氨酶对豆腐凝胶强度的影响 [J]. 现代食品科技，2007，23 (10)：18-21.
[42] 秦三敏. MTG 在豆腐加工中的应用及其分离纯化的初步研究 [D]. 上海：上海交通大学，2009.
[43] 王君立，唐传核，周志红，等. 加工条件对微生物转谷氨酰胺酶 (MTGase) 酶促豆腐凝胶质构性质的影响 [J]. 现代食品科技，2006，22 (2)：1-3.
[44] 王艳，张海松，张倩，等. 乳酸钙充填豆腐工艺技术研究 [J]. 食品工业科技，2012，33 (04)：315-319.
[45] 吴超义，夏晓凤，成玉梁，等. 以氯化镁为凝固剂的全豆充填豆腐质构与流变特性研究 [J]. 食品工业科技，2015，36 (06)：143-146.
[46] 钱丽颖，高红亮，常忠义，等. $MgCl_2$ 乳化液的制备及其在豆腐生产中的应用 [J]. 西北农林科技大学学报 (自然科学版)，2011，39 (05)：179-184.
[47] 吕博，黎晨晨，刘宁，等. 双菌发酵黄浆水制备豆腐凝固剂培养条件优化 [J]. 食品工业科技，2015，36 (02)：212-216.
[48] 张影，刘志明，刘卫，等. 酸浆豆腐的工艺研究 [J]. 农产品加工 (学刊)，2014 (04)：21-23.
[49] 王岩东，徐晓旭，叶素萍. 复合凝固剂对豆腐品质的影响 [J]. 粮油加工，2010 (11)：133-135.
[50] 王璐，李健，刘宁，等. 用山楂中酸性成分制备新型天然豆腐凝固剂 [J]. 化学工程师，2012，26 (09)：65-68.
[51] 王学辉，薛风照. 沙棘内酯豆腐的工艺研究 [J]. 农业机械，2011 (29)：124-125.
[52] 张涛，沐万孟，江波，等. 谷氨酰胺转氨酶对豆腐凝胶强度的影响 [J]. 现代食品科技，2007 (10)：18-21.
[53] 秦三敏. MTG 在豆腐加工中的应用及其分离纯化的初步研究 [D]. 武汉：中南民族大学，2009.
[54] 王君立，唐传核，周志红，等. 微生物转谷氨酰胺酶促豆腐质构性质研究 [J]. 粮食加工，2006 (03)：77-80.
[55] 张燕燕，鲁志刚，刘丽，等. 细菌纤维素在传统豆腐中的应用 [J]. 食品科学，2011，32 (11)：48-51.
[56] 丁保森，徐焱春，熊洪录，等. 以黄原胶为改良剂的复配胶魔芋豆腐的制备 [J]. 食品科技，2014，39 (01)：65-69.
[57] 代安南，徐可可，刘洋，等. 腐竹切割刀具的设计与试验 [J]. 安阳工学院学报，2019，018 (004)：29-34.
[58] 张麟，曾洁，高海燕，等. 腐竹复合改良剂的研究 [J]. 河南科技学院学报 (自然科学版)，2020，48 (4)：5.
[59] 肖付刚，侯雪贝，屠青霞. 响应面分析法提高腐竹产率研究 [J]. 许昌学院学报，2015 (05)：84-88.